「联创世纪
LINCREATION

—— 移动互联网运营 ——
"1+X"证书制度系列教材

U0176778

移动互联网运营实训（中级）

曾令辉 门阳丽 倪海青 主编

联创新世纪（北京）品牌管理股份有限公司 组编

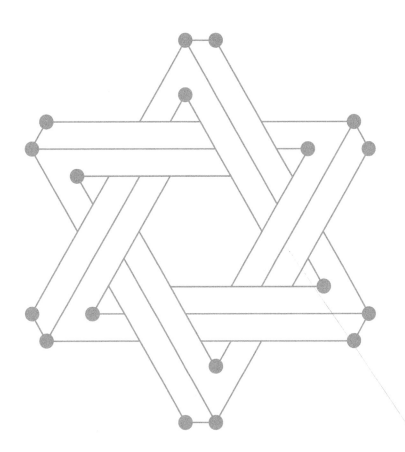

人民邮电出版社

北京

图书在版编目（CIP）数据

移动互联网运营实训：中级 / 曾令辉，门阳丽，倪海青主编；联创新世纪（北京）品牌管理股份有限公司组编. -- 北京：人民邮电出版社，2022.7
移动互联网运营"1+X"证书制度系列教材
ISBN 978-7-115-58981-1

Ⅰ. ①移… Ⅱ. ①曾… ②门… ③倪… ④联… Ⅲ.
①移动网－运营管理－职业培训－教材 Ⅳ. ①TN929.5

中国版本图书馆CIP数据核字(2022)第048992号

内 容 提 要

本书根据教育部"1+X"项目——"移动互联网运营职业技能等级证书"试点工作要求，结合《移动互联网运营职业技能等级标准》细则，介绍了移动互联网运营领域的内容运营与用户运营的基本工作方法。

本书为《移动互联网运营（中级）》的配套实训教材，包含社交网络内容运营、短视频内容运营、用户运营、生活服务平台流量运营4个工作领域的工作任务实训，读者可通过跟随任务步骤完成实训练习来提升职业技能。

本书可作为职业院校、应用型本科院校、高等职业本科院校以及各类培训机构中与移动互联网运营相关课程的教学用书，也可作为希望学习移动互联网运营相关知识和技能的人员的参考书。

- ♦ 主　编　曾令辉　门阳丽　倪海青
  组　编　联创新世纪（北京）品牌管理股份有限公司
  责任编辑　颜景燕
  责任印制　王　郁　胡　南
- ♦ 人民邮电出版社出版发行　北京市丰台区成寿寺路 11 号
  邮编　100164　电子邮件　315@ptpress.com.cn
  网址　https://www.ptpress.com.cn
  固安县铭成印刷有限公司印刷
- ♦ 开本：800×1000　1/16
  印张：9.75　　　　　　　　　2022 年 7 月第 1 版
  字数：183 千字　　　　　　　2022 年 7 月河北第 1 次印刷

定价：55.00 元

读者服务热线：(010)81055410　印装质量热线：(010)81055316
反盗版热线：(010)81055315
广告经营许可证：京东市监广登字 20170147 号

移动互联网运营"1+X"证书制度系列教材编委会名单

移动互联网运营"1+X"证书制度系列教材编委会主任

郭巍
联创新世纪(北京)品牌管理股份有限公司董事长

周勇
中国人民大学新闻学院执行院长
中国高等教育学会新闻学与传播学专业委员会理事长

移动互联网运营"1+X"证书制度系列教材编委会成员(按照姓氏拼音排列)

崔恒
联创新世纪(北京)品牌管理股份有限公司总经理

段世文
新华网客户端总编辑

高赛
光明网副总编辑

郎峰蔚
字节跳动副总编辑

李文婕
联创新世纪(北京)品牌管理股份有限公司课程委员会专家

武颖
凌科睿胜文化传播(上海)有限公司副总裁

尹力
联创新世纪(北京)品牌管理股份有限公司课程委员会专家

余海波
快手高级副总裁

序 FOREWORD

20世纪60年代,加拿大人马歇尔·麦克卢汉(Marshall Mcluhan)提出了"地球村"(global village)概念。在当时,这富有诗意的语言更像是个浪漫比喻,而不是在客观反映现实:虽然电视、电话已开始在全球普及,大型喷气式客机、高速铁路也大大缩短了环球旅行时间,但离惠及全球数十亿的普通人,让地球真正成为一个"村落",似乎还有很长的路要走。

但近30年来,特别是进入21世纪以后,"地球"成"村"的速度远远超过了当初人们最大胆的预估:互联网产业飞速崛起,智能手机全面普及,人类社会中个体之间连接的便利性得到前所未有的增强;个体获取信息的广度和速度空前提升,一个身处偏僻小村的人,也可以通过移动互联网与世界同步连接;信息流的改变,也同步带来了物流、服务流以及资金流的改变,这些改变对各行各业的原有规则、利益格局、分配方式都产生了不同程度的影响。今天,几乎所有行业,尤其是服务业,都在与移动互联网、新媒体深度结合,这些就像当初蒸汽机改良、电力广泛应用于传统产业中一样。

作为一名从20世纪90年代初就专业学习并研究新闻传播学的教育工作者,我全程经历了近30年互联网对新闻传播领域的冲击和改变,深感我们的教育工作应与移动互联网、新媒体实践深入结合的紧迫性和必要性。

首先,学科建设与产业深度融合的紧迫性和必要性大大增强了。

在以报刊、广播电视为主要传播渠道的时代,我们用以考察行业变迁、开展教学研究的时间可以是几年或十几年;而在移动互联网、新媒体广泛应用后,这个时间周期就显得有些长了。几年或十几年的时间,移动互联网、新媒体领域已是"沧海桑田":现在流行的短视频平台,问世至今才4年多;已经实现全中国覆盖的社交网络,只有10年的历史;即便是标志着全球进入移动互联时代的智能手机,也是2007年才正式发布的。移动互联网、新媒体领域的从业人员普遍认为他们一年所经历的市场变化，相当于传统行业 10 年的变化。

这种情况给教学研究带来了新的挑战和机遇，它需要我们这些教育工作者不断拥抱变化，时时关注和了解新产品及其与产业的深度融合。唯有如此，才能保持教研工作的先进性和实践性，才能为理论研究和课堂教学赋能，才能真正提升学生的理论水平和实践能力。

其次，跨学科、多学科教学实践融合的紧迫性和必要性大大增强了。

传统行业与移动互联网、新媒体的紧密结合，是移动互联时代的显著特征。如今，无论是国家机关、企事业单位，还是个体经营的小餐馆，其日常传播与运营推广都离不开移动互联网的应用：为了更好地传播信息、拓展客户，他们或开通微信公众号，或接入美团和饿了么平台，或在淘宝、京东开店，或利用抖音、快手传播和获客，而熟悉和掌握这些移动互联网和新媒体平台运营推广技巧的人，自然也成了各行各业都希望获得的人才。

这样的人才是由新闻传播学科来培养，还是由市场营销学科来培养？是属于商科、文科还是工科？实事求是地说，我们现在的学科设置还不能完全适应市场需求，要培养出更多经世致用的人才，需要在与产业深度融合的基础之上，打破学科设置的界限，在跨学科、多学科融合培养方面下功夫，让教学实践真正服务于产业发展，让学生们能真正学以致用。

要实现学校教育与移动互联网、新媒体实践深入结合，为学习者赋能，满足社会需要，促进个人发展，并不容易。这些年来，职业教育领域一直在提倡"产教融合"，希望通过拉近产业与教育、院校与企业的距离，让职业院校的学生有更多更好的工作实践机会。从目前情况来看，教育部从 2019 年开始在职业院校、应用型本科高校启动的"学历证书 + 若干职业技能等级证书"（简称为"1+X"证书）制度试点工作，鼓励着更多既熟悉市场需求又了解教育规律，能够无缝连接行业领军企业与职业院校，使双方均能产生"化学反应"的、专业的职业教育服务机构进入这一领域，并发挥积极作用。

在我看来，开发移动互联网运营与新媒体营销这两种职业技能等级标准的联创新世纪（北京）品牌管理股份有限公司（后文简称"联创世纪团队"），就是在"1+X"证书制度试点工作中涌现的杰出代表。如前所述，移动互联和新媒体时代的运营、营销和推广技能，应用范围广、适用岗位多、市场需求大，已成为新时代经济社会发展进程中的必备职业技能。而职业院校，甚至整个高等教育领域，目前在移动互联网运营和新媒体营销教学、实践方面还存在短板，难以满足学生和用人单位日益增长且不断更新的需求。要解决这个问题，首先要对移动互联网运营和新媒体营销这两个既有区别又有紧密联系，而且还在不断变化演进中的职业技能进行通盘考虑和规划，整体开发两个标准，这样会比单独开发其中一个标准更全面，也更具实效。在教学实践中，哪些工作属于移动互联网运营？什么技能应划归新媒体营销？开发团队分别以"用户增长"和"收入增长"作为移动互联网运营和新媒体营销的核心要素，展开整个职业技能图谱，应该说是抓住了"牛鼻子"。在此基础上，开发好这两个职业技能等级标准、做好教学与实训，至少还需要具备以下两个条件。

第一，移动互联网也好，新媒体也好，都是集合概念，社交媒体、信息流产品、电子商务平台、生活服务类平台、手机游戏，等等，都是目前移动互联网的主要平台，而它们由于产品形态、用户用法、盈利模式、产业链构成都各不相同，因此各自涉及的传播、运营、推广营销业务也各有特色。这就需要职业技能等级标准的开发者、教材的编写者具备上述相关行业较为资深的工作经历，熟谙移动互联网运营和新媒体营销的基础逻辑及规则，掌握各个平台的不同特点和操作方法。

第二，目前，对移动互联网运营、新媒体营销人才的需求广泛而层次多样：新闻媒体有需求，企业的市场推广部门也有需求；中央和国家机关、事业单位为了宣传推广，有这方面的需求；个体经营者和早期创业团队为了获客、留客也有需求。这些单位虽然性质不同，规模不同，需求层次也不同，但综合在一起的岗位需求量巨大，以百万、千万计，这是学生们毕业求职的主战场。要满足岗位需求，就需要准确了解上述企事业单位的实际情况，有针对性地为学生提供移动互联网运营和新媒体营销的实用技能和实习实训机会。

呈现在读者面前的移动互联网运营和新媒体营销系列教材，就是由具备上述两个条件的联创世纪团队会同字节跳动、快手、新华网、光明网等行业领军企业的高级管理人员，与入选"双高计划"的多所职业院校的一线教师，共同编写而成的。

值得一提的是，本系列教材的组织编写单位和作者们，对于"快"与"慢"、"虚"与"实"有较深的理解和把握：一方面，移动互联时代，市场变化"快"、技能更新"快"，但教育是个"慢"的领域，一味图快、没有基础、没有沉淀是不能长久的；另一方面，职业技能必须要"实"，它来自于实际，要实用，但技能的不断提升，也离不开"虚"的东西，离不开来自实践的方法提炼和理论总结。

　　本系列教材的组织编写单位正尝试着用移动互联网和新媒体的方式，协调"快"与"慢"、"虚"与"实"的问题，开发了网络学习管理系统、多媒体教学资源库，将与教材同步发布，并保持实时更新。市场上每个季度、每个月的运营和营销变化，都将体现在网络学习管理系统和多媒体教学资源库中。考虑到移动互联网和新媒体领域发展变化之迅速，可想而知这是一项很辛苦也很艰难的工作，但这是一项正确而重要的工作。

　　如今，移动互联网和新媒体正深刻改变着各行各业，在国民经济和社会发展中发挥着越来越重要的作用，与之相关的职业技能学习与实训工作意义重大、影响范围广泛。人民邮电出版社经过与联创世纪团队的精心策划，隆重推出此系列教材，很有战略眼光和市场敏感性。在这里，我谨代表编委会和全体作者向人民邮电出版社表示由衷的感谢。

　　中国职业教育的变革洪流浩荡，移动互联时代的车轮滚滚向前。移动互联网运营和新媒体营销这两种职业技能的"1+X"证书制度系列教材，以及与之同步开发的网络学习管理系统、多媒体教学资源库，会为发展大潮中相关职业技能人才的培养训练做出应有的贡献。这是所有参与编写出版此系列教材的全体人员的共同心愿。

2021 年 1 月

前言 PREFACE

近年来，移动互联网产业蓬勃发展，已成为国民经济的重要组成部分。基于移动互联网技术、平台发展起来的移动互联网相关产业正在深刻改变着各行各业。第 48 次《中国互联网络发展状况统计报告》的数据显示，截至 2021 年 6 月，我国网民规模达到 10.11 亿，其中手机网民规模达到 10.07 亿。随着 5G、大数据、人工智能等技术的发展，移动互联网已经渗透到人们生活的各个方面。

随着移动互联网企业的竞争加剧以及传统产业和移动互联网融合的加深，运营人才的重要性将进一步提升。自《中华人民共和国职业分类大典》（2015 年版）颁布以来，截至 2020 年，我国已发布 3 批共 38 个新职业。其中，在 2020 年发布的两批 25 个新职业中，就包括"全媒体运营师""互联网营销师"两个新职业，足见基于互联网、新媒体的运营和营销工作之新、之重要。

为满足移动互联网产业快速发展及运营人才增长的需求，教育部决定开展移动互联网运营"1+X"证书制度的试点工作，并联合联创新世纪（北京）品牌管理股份有限公司等企业制定了《移动互联网运营职业技能等级标准》。"1+X"证书制度即在职业院校实施"学历证书 + 若干职业技能等级证书"制度，由国务院于 2019 年 1 月 24 日在《国家职业教育改革实施方案》中提出并实施。职业技能等级证书（X 证书）是"1+X"证书制度设计的重要内容。该证书是一种新型证书，其"新"体现在两个方面：一是 X 与 1（学历证书）是相生相长的有机结合关系，X 要对 1 进行强化、补充；二是 X 证书不仅是普通的培训证书，也是推动"三教"改革、学分银行试点等多项改革任务的一种全新的制度设计，在深化办学模式、人才培养模式、教学方式方法改革等方面发挥重要作用。

为了帮助广大师生更好地把握移动互联网运营职业技能等级认证要求，联创新世纪（北京）品牌管理股份有限公司联合《移动互联网运营职业技能等级标准》的起草单位和职业教育领域相关学者，成立移动互联网运营"1+X"证书制度系列教材编委会，根据《移动互联网运营职业技能等级标准》和考核大纲，组织开发了移动互联网运营"1+X"证书制度系列教材。该系列教材分为初级、中级和高级 3 个等级，每个等级又根据理论和实际操作两个侧重点分为两本教材。例如，面向中级，有侧重于理论的《移动互联网运营（中级）》和侧重于实际操作的《移动互联网运营实训（中级）》。

本书为《移动互联网运营实训（中级）》，根据《移动互联网运营职业技能等级标准》中对中级技能的要求开发，是《移动互联网运营（中级）》的配套教材。本书依据工作场景中的典型工作任务，划分为社交网络内容运营、短视频内容运营、用户运营、生活服务平台流量运营 4 个实训模块，并提供解决问题、完成任务的工作技能和工具，帮助学习者快速提升就业能力。

作为实训教材，本书在每一项任务讲解中均设置了任务背景、任务分析、任务步骤和任务思考等特色栏目。其中，"任务背景"栏目以职场情景的形式，引出处于这个岗位的工作人员需要完成的某项典型工作任务，将知识讲解和工作实践高度结合。"任务分析"栏目以"参谋"的视角，帮助学习者理清任务目标，明确任务的重点，让学习者在开展具体工作之前可以形成清晰的工作思路。"任务分析"栏目多为澄清任务的隐含信息、分解任务的结构、总结任务的关键点、明确任务的真实目标。"任务步骤"栏目是对解决某一任务的关键步骤进行讲解，帮助学习者掌握实际操作的关键环节。"任务思考"栏目则注重在实践的基础上进行拓展思考，将本任务的解决方法进行迁移，提升学习者的创造性。

我们深知，职业技能的掌握重在实际操作。为了更好地推动"移动互联网运营职业技能等级证书"的考核工作，我们推出了网站 www.1xzhengshu.com，实时发布关于该证书报考的相关内容，供学习者参阅。

移动互联网运营作为一项职业技能，始终在不断更新发展之中，欢迎广大学习者和行业、企业专家对我们编写的教材提出宝贵的意见和建议。我们的联系邮箱是 muguiling@ptpress.com.cn。

移动互联网运营"1+X"证书制度系列教材编委会

目 录 CONTENTS

1-1

工作领域一
社交网络内容运营

- **工作任务一：选择并开通社交网络内容账号**

▶ 任务目标

- 明确微信公众号类型的分类
- 开通微信公众平台账号：资料准备、账号申请、账号基础设置

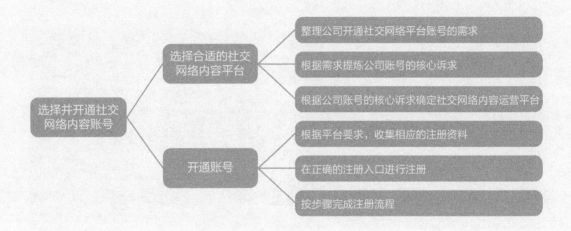

选择并开通社交网络内容账号

选择合适的社交网络内容平台
- 整理公司开通社交网络平台账号的需求
- 根据需求提炼公司账号的核心诉求
- 根据公司账号的核心诉求确定社交网络内容运营平台

开通账号
- 根据平台要求，收集相应的注册资料
- 在正确的注册入口进行注册
- 按步骤完成注册流程

▶ **知识回顾**

请回顾《移动互联网运营（中级）》教程中的知识讲解，回答以下问题。

（1）如何正确开通微信公众平台账号？

（2）微信服务号和订阅号在功能上有什么区别？

子任务一：选择合适的社交网络内容平台

▶ 任务背景

互联网技术的飞速发展，大大改变了人们的生活和社交方式，社交网络内容平台逐渐成为人们获取信息、建立社交网络的重要工具。

小张是一家影视投资公司运营部门的职员，部门决定让他负责开通与公司业务相关的社交网络平台账号，以帮助公司扩大品牌影响力、吸引优质资源、增加商业合作机会。小张希望能在适合公司业务拓展的平台上开展运营工作，以保证后续工作能够顺利落地执行。

▶ 任务分析

首先，小张要明确公司开通社交网络平台账号的主要目的是什么，并基于该目的，了解几类主流的社交网络内容平台；其次，要根据各类平台的优势与劣势，结合公司需求选择合适的平台；最后，思考是否能够同时运作多个账号，利用不同平台账号的配合实现宣传与推广的目的。

▶ 任务步骤

步骤 1 整理公司开通社交网络平台账号的需求。

要找到能够满足公司需求的社交网络平台，首先需要整理公司需求，从背景、目的、时间、预期目标、可用资源、相关方6个方面，收集公司内部资料，通过分析，梳理出公司需求。

（1）背景：明确公司开通社交网络平台账号的出发点。例如，业务拓展成绩不佳、品牌影响力弱等。

（2）目的：明确运营公司社交网络平台账号（以下简称"公司账号"）想要达成的目标有哪些。例如，获取新用户、传达企业价值观等。

（3）时间：明确开通社交网络平台账号的最晚期限。例如，公司要在开展某大型文化艺术活动的时间段做线上营销，那么账号必须在活动开始前投入使用。

（4）预期目标：明确公司账号需要承载的主要功能、需要达成的阶段性成果指标。

（5）可用资源：明确公司内部有哪些资源，需要外部哪些资源支持。

（6）相关方：明确公司账号开通及后续运营过程中，可能涉及的参与方与利益方。例如，开通账号时，可能需要法务部门配合把关账号平台的相关规则；公司账号内容的制作可能需要合作方、投资方等的支持。

请按照上述 6 个方面分析公司开通社交网络平台账号的需求，将相应的分析结果填入表 1–1。

1-1

表 1–1

分析开通社交网络平台账号的需求	
背景	
目的	
时间	
预期目标	
可用资源	
相关方	

步骤 2 根据需求提炼公司账号的核心诉求。

用表 1–1 整理需求，可以总结出符合公司需求的平台及账号应满足以下 3 个核心诉求。

（1）目标人群：主要通过表 1–1 中的背景、目的、可用资源来确定公司账号面向的目标人群。

（2）重点传达内容：通过表 1–1 中的目的、预期目标、可用资源及相关方来确定公司账号需要重点传达的内容。

（3）所需功能：通过表 1–1 中的目的、时间、预期目标、相关方来确定公司账号所需的功能。

根据表 1–1 中填入的内容总结公司账号的 3 个核心诉求，将结果填入表 1–2。

表 1–2

目标人群	重点传达内容	所需功能

步骤 3 根据公司账号的核心诉求确定社交网络内容运营平台。

完成步骤 1 和步骤 2 后，我们已经对公司账号的开通诉求有了明确的认知，请选择 3 个社交网络内容运营平台，根据公司账号的核心诉求，结合以下要求完成表 1-3。

（1）对 3 个平台的用户人群、功能权限、平台特色和平台分值进行评估。

（2）以分值的形式呈现评估结果，最高 5 分，依次递减，最低 1 分，将各项分值填入表 1-3。

（3）将各项分值相加，按照总分值高低确定主运营平台，以及同步运营平台。例如，平台 A，用户人群 3 分，功能权限 4 分，平台特色 4 分，平台分值 3 分，总分 14 分；平台 B，用户人群 4 分，功能权限 4 分，平台特色 4 分，平台分值 3 分，总分 15 分，平台 B 的总分值高于平台 A，则确定平台 B 为主运营平台。

表 1-3

社交网络内容运营平台分项评估				
平台名称	用户人群	功能权限	平台特色	平台分值
结论	主运营平台			
	同步运营平台 1			
	同步运营平台 2			

▶ 任务思考

（1）在互联网时代背景下，请分析企业使用社交网络内容平台运营的优势有哪些？

（2）目前市面上主流的社交网络内容平台有哪些？它们的相似之处和主要区别是什么？

子任务二：开通账号

▶ 任务背景

小张充分了解和仔细比对各平台后，根据公司账号的核心诉求，选定了合适的社交网络内容平台。接下来，他需要按照各平台的注册要求，准备资料，开通账户。

各个社交网络内容平台会为不同的申请主体设置不同的账户类型，那么根据公司账号的核心诉求，小张该如何做出选择？在开通账号的过程中，又有哪些具体步骤？

▶ 任务分析

不同的社交网络内容平台有不同的账号申请流程和要求。

确定平台后，首先应该选择申请主体，然后按照平台要求进行相应资料的准备。申请过程需要注意注册资料须准确无误，以便顺利通过系统审核。

▶ 任务步骤

步骤 1 根据平台要求，收集相应的注册资料。

开通账号前，需要提前了解平台公布的入驻条件、入驻流程、所需资料和其他相关要求，明确公司账号的注册类型、注册流程、所需资料和注册要求等细节内容。请分析任务一中选择的主运营平台和同步运营平台的入驻要求，准备注册所需的相关资料，将它们整理后填入表 1-4。

步骤 2 在正确的注册入口进行注册。

为了便于用户注册，一些平台会同时提供 PC 端和移动端这两个注册入口，请根据步骤 1 的分析结果，将平台的注册入口填入表 1-5。

1-1

表 1-4

注册所需资料			
平台类型	注册类型	注册流程	注册要求
主运营平台			
	所需资料		
同步运营平台 1			
	所需资料		
同步运营平台 2			
	所需资料		
……			

表 1-5

运营平台	注册入口 1（PC 端）	注册入口 2（移动端）
微信公众号		
今日头条		
百家号		
企鹅号		
网易新闻		
大鱼号		

步骤 3 按步骤完成注册流程。

    按照步骤 1 和步骤 2 的要求，我们已经完成了平台注册的准备工作。请在注册入口，按照系统提示一步步完成注册流程。

▶ **任务思考**

（1）我们常说的微信号等同于我们所注册、开通的微信账号吗？

（2）注册微信公众号、今日头条、百家号等账号时需要准备哪些资料？

1-2

■ 工作领域一
社交网络内容运营

·· 工作任务二：创建人格化账号并完成设置

▶ 任务目标

- 能够独立设置账号基础形象
- 能够完善账号人格化设定
- 能够策划账号的菜单栏、常规自动回复和关键词自动回复功能

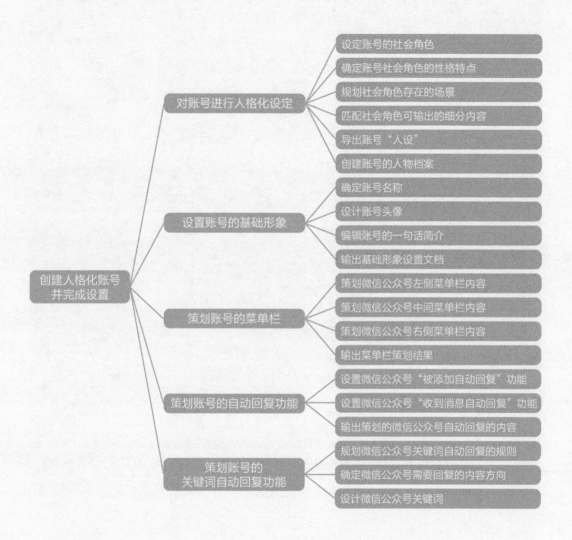

请回顾《移动互联网运营（中级）》教程中的知识讲解，回答以下问题。

（1）开通账号之后，运营者应该先完善哪些设置？请以微信公众号为例进行回答。

（2）不同主体能够运用不同的社交网络内容平台实现哪些运营目的，请举例说明。

子任务一：对账号进行人格化设定

▶ 任务背景

一个新媒体账号人格特征越鲜明，就越容易与用户形成密切的关系。

为了让新注册的账号快速赢得受众的好感，小张准备在完成账号的基础设置之前，对该账号进行剖析，确定账号的市场定位及鲜明的"人设"。如何确定账号的"人设"呢？该从哪几个方面入手呢？

▶ 任务分析

一个让用户产生感知的"人设"，需要有鲜明的性格特征、社会角色，以及应对各场景的合理反应。

首先，可以确定账号的市场定位，明确账号的社会角色，确定账号功能，它能为用户解决什么问题等；其次，基于它的社会角色定位，分析它可以出现在哪些场景中；最后，分析它会向受众输出哪些内容，采用什么输出方式等。

▶ 任务步骤

步骤 1 设定账号的社会角色。

社会角色如何定位，主要取决于我们希望和用户建立何种关系。初始的社会角色定位会影响账号的内容输出、与用户互动的形式等一系列事项，因此，建立适合的社会角色设定，关系着账号运营能否成功。例如，高德地图采用的"小团团语音导航"，以朋友的身份传达最新的路况信息，与用户交流所见所闻，进而拉近与用户的关系。

请将你能想到的市面上存在的，并且设定较为成功的账号角色及其特点填入表1-6。

表1-6

账号	社会角色	人格特征

步骤 2 确定账号社会角色的性格特点。

在确定了账号社会角色之后，需要丰富角色的性格特点。角色的性格特点越丰富，呈现出来的内容越立体，有利于与用户建立良好的关系。

账号社会角色可以展现出多种多样的性格，例如，幽默、亲切等。请将可以想到的所有角色性格填入表 1-7 中。

表 1-7

角色性格	

步骤 3 规划社会角色存在的场景。

为了使角色形象更生动、合理，在对角色进行人格化设定的过程中，也要考虑角色与用户的交流场景。例如，场景是地铁，可能会触发看手机、小憩等行为；场景是商场，可能会触发拍照分享、查询商品等行为。

请将表 1-6 中填写的账号的社会角色存在的场景填入表 1-8 中。

表 1-8

账号	社会角色	角色存在的场景

1-2

步骤 4 匹配社会角色可输出的细分内容。

完成步骤 1 到步骤 3 后，公司账号的人格化设定逐渐明晰。但在社交网络内容平台上，账号最终输出的内容决定了账号发展的广度和深度。

账号在自己所属行业或主营内容的范围内，可以进行细分内容的输出。例如，"三联生活周刊"微信公众号属于报刊类，其细分内容为生活评论，账号主要用于传播杂志倡导的生活；"物种日历"微信公众号属于自然科普类，其细分内容为"冷知识"，账号主要用于传播"萌"和奇怪的自然科学知识。

请将公司账号所属行业或主营内容范围内可以输出的细分内容填入表 1-9。

表 1-9

所属行业 / 主营内容	细分内容

步骤 5 导出账号"人设"。

根据前面 4 个步骤的分析结果，按图 1-1 所示的流程导出一个符合公司需求的账号"人设"，填入表 1-10。

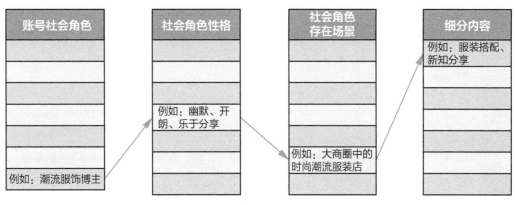

图 1-1

1-2

表 1-10

账号"人设"	

步骤 6 创建账号的人物档案。

确定账号的"人设"之后，还要进一步细化，形成一份信息更加丰富、更加立体的人格化档案。

例如，"人设"的性别、年龄等基本信息，输出的细分内容，解决了用户的哪些问题，实现了账号运营的哪些目标。

请按照以上思路，为自己账号的"人设"创建人物档案，并完成表 1-11。

表 1-11

人物档案	基本信息			性格特征（5 ~ 10 条）
	姓名		照片 / 头像	1.
	年龄			2.
	性别			3.
	国家			
	民族		所在地	
	出生地		职业	
	教育程度		工作地点	
	婚姻状况		收入水平	
	家庭住所		子女年龄	
	方言		其他情况	
	……		……	

场景	内容（账号想要传播的内容）
1.	1.
2.	2.
3.	3.

▷ **任务思考**

（1）根据用户画像确定账号"人设"，围绕"人设"运营账号会成功吗？为什么？

（2）你发现的比较成功的账号都具备哪些人格化特征？它们发挥了什么样的功能？

子任务二：设置账号的基础形象

▷ **任务背景**

确定账号的"人设"后，账号的基础形象在小张的脑海中已经非常清晰了。账号的基础形象是账号展现给用户的第一印象，将直接影响用户的感受。

那么，如何进行账号基础形象的设置呢？

▷ **任务分析**

账号的基础形象通常由账号名称、账号头像及账号简介组成。账号形象的设置不应过于复杂，否则会给用户理解造成阻碍。要特别重视账号形象的设置，因为其会让用户对账号产生共鸣或好感，进而增加账号与用户之间的情感联系。

▷ **任务步骤**

步骤 1 确定账号名称。

账号名称最好能让用户瞬间联想到账号的内容。

首先，账号名称要方便用户能够按照他理解的逻辑找到账号。如果不确定名称是否合适，可以参考同领域或同行业其他账号的名称。

其次，可以考虑在账号名称中使用一些同音词，或者创新词汇，这样可以为用户留下深刻的印象。

步骤 2 设计账号头像。

账号头像是非常容易被用户识别和认知的信息。

首先，账号头像需要图片高清、无水印、无广告、无不良信息，保证用户在想起账号时有一个清晰的印象。

其次，最好使用单独的设计标志或图形作为账号头像，也可以使用公司的图标或与账号定位相符的图片。

步骤 3 编辑账号的一句话简介。

账号的一句话简介比账号头像和账号名称表达的内容更多，但字数有限制，通常为 30 字以内，因此，要求简短精练，便于用户理解。

一句话简介一定要专业，向用户传达一种值得信赖的感觉，这样有利于让用户了解账号所运营的领域及运营态度。例如，"樊登读书"微信公众号的简介——"加入我们，和 5000 万书友一起，用读书点亮生活"，一句话表明出一个读书类账号的态度。

步骤 4 输出基础形象设置文档。

按照前 3 步的分析，完成表 1-12 的内容。

表 1-12

项目	内容
账号头像（文字描述）	
账号名称	
账号简介	

▶ **任务思考**

（1）如果同时运营多个类型的账号，这些账号需要保持同样的形象设置吗？

（2）请结合各类账号基础形象设置的普遍要求，思考是否还有更好的方式来展现账号特色和形象？

子任务三：策划账号的菜单栏

▶ **任务背景**

　　一些社交网络内容平台的账号可以设置菜单栏，如微信公众号。清晰而便捷的菜单栏可以帮助用户快速找到所需的内容，也可以通过菜单栏直接为用户提供服务功能，从而与用户建立高效的互动。菜单栏是一个账户与用户互动的重要入口和通道。

　　本任务将以微信公众号为例进行菜单栏策划。

　　那么，小张应该如何设置菜单栏，以符合当下用户的使用习惯呢？

▶ **任务分析**

　　设置菜单栏不仅可以方便用户查看内容信息，还可以为用户提供相应的服务。微信公众号的自定义菜单目前可以设置 3 个一级菜单，5 个二级菜单。

　　账号菜单栏通常可以实现 4 种功能：展示内容、曝光活动、提供服务、转化变现。

▶ **任务步骤**

步骤 1 策划微信公众号左侧菜单栏内容。

　　最左侧的菜单栏通常以活动、转化变现的内容为主，因为根据用户的阅读习惯，左侧是用户视觉的第一落脚点。

　　左侧菜单栏内可以主推近期活动、服务、产品等内容，并根据账号近期的主要运营方向进行及时更换，如图 1-2 所示。

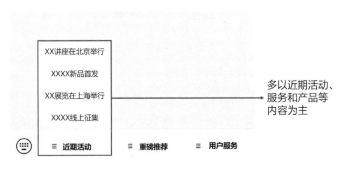

图 1-2

1-2

步骤 2 策划微信公众号中间菜单栏内容。

中间菜单栏以展示特色内容为主，是账号内容输出的重要出口，能够集中展现账号的特色内容，帮助用户减少查找内容的时间，快速获取优质内容。

中间菜单栏可以放置精选历史内容、优质文章、商城等内容，如图 1-3 所示。

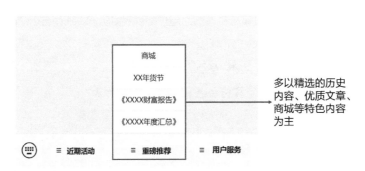

图 1-3

步骤 3 策划微信公众号右侧菜单栏内容。

右侧菜单栏可以放置相关服务，这里主要指的是功能性服务和联系方式等。例如，账号介绍、客服、商务合作联系方式等，如图 1-4 所示。

图 1-4

步骤 4 输出菜单栏策划结果。

将账号的菜单栏策划结果填入表 1-13。

表 1-13

主菜单栏	
左侧主菜单名称	
左侧子菜单名称	
中间主菜单名称	
中间子菜单名称	
右侧主菜单名称	
右侧子菜单名称	

▶ **任务思考**

（1）以用户需求为出发点，账号菜单栏还可以有哪几种设置方法？

（2）请思考：不同类型的微信公众号账号，其菜单栏的设置相同吗？

1-2

子任务四：策划账号的自动回复功能

▶ 任务背景

账号的自动回复功能，在一定程度上可以给用户带来亲切感，也可以引导用户在账号中进一步浏览信息。

小张要设置公司微信公众号账号中的自动回复功能，该如何设置呢？

▶ 任务分析

首先，要熟悉平台不同种类自动回复的功能；其次，要站在用户的立场巧妙地设计自动回复的内容，以获得用户好感，与用户建立更好的联系；最后，注意回复的内容要符合相关法律法规及平台规则。

▶ 任务步骤

步骤 1 设置微信公众号"被添加自动回复"功能。

微信公众号被用户添加后，自动回复的文案是账号向用户发出的"第一条信息"，也是用户与账号发生的第一次互动。

设置自动回复的目的是与用户发生良好的互动。可以为"被添加自动回复"功能撰写以下 4 种类型的文案。

（1）风格表现型。

"被添加自动回复"的文案可以是幽默风、抒情风、卖萌风、搞怪风、高冷风等风格，但需要根据账号的"人设"来选择合适的文案风格。

例如，用户关注读书类账号"樊登读书"后收到账号的自动回复为"欢迎加入！和 5000 万书友一起成长。"

（2）自我介绍型。

这类文案通常从"我"是谁、"我"能提供的服务、选择"我"的理由、"我"的价值理念等几个方面进行自我介绍，展现账号自身的形象。

例如，节目类账号"中国诗词大会"曾用的自动回复文案为"《中国诗词大会》是央视首档以诗词为内容的大型全民互动文化节目，以'赏中华诗词、寻文化基因、品生活之美'为宗旨，力求通过比拼诗词知识，带动全民重温那些大家记忆中的古诗词，分享诗词之美、感受诗词之趣。"该文案介绍了账号及节目是什么，同时，也介绍了账号的价值理念、功能等。

（3）引导回复型。

使用引导回复型的文案是最直接的产生互动的方式。引导词一定要有足够的吸引力，可直观地体现互动后用户可获得什么收益，以引导用户积极互动。

例如，学习类账号"考虫"曾用的回复文案为"欢迎关注考虫，我们是专业的大学生在线备考学习平台……接收开课提醒，请绑定账号"。

（4）创意设计型。

这类回复的内容不仅有文字，还有图片、语音，甚至视频，所以，尽情想象、创新，使用特别的、新颖的回复形式会有意想不到的效果。

步骤 2 设置微信公众号"收到消息自动回复"功能。

"收到消息自动回复"功能只有在用户做出回应时才会被激活。

例如，"鹿知秋"微信公众号，当用户回复"感谢""谢谢""超厉害"等词汇时，该公众号曾用的自动回复文案为"不客气哟，要感谢的话就来点实际的，多帮我分享一下文案，嘻嘻～"。

步骤 3 输出策划的微信公众号常规自动回复的内容。

按照步骤 1 和步骤 2，撰写回复文案，并填入表 1-14。

表 1-14

常规自动回复		策划内容（回复文案）
被添加自动回复	风格表现型	
	自我介绍型	
	引导回复型	
	创意设计型	
收到消息自动回复		

1-2

▶ **任务思考**

（1）如果你是一位社交网络内容平台账号的运营人员，你认为除了以上常规的自动回复功能，还有哪些情况需要添加自动回复功能？

（2）找一段你认为不错的"被添加自动回复"文案，分析它的撰写方式和特点。

子任务五：策划账号的关键词自动回复功能

▶ **任务背景**

关键词自动回复实现的功能就是当用户输入某个关键词时，账号就会自动推送回复的内容。用户输入的内容比较随意，但站在用户的角度设计，要选择大多用户可能输入的关键词，并为它们设计回复内容。关键词所关联的内容是否能回答用户问题、进而引导用户的持续关注，这是小张遇到的难题。

▶ **任务分析**

首先，要根据用户人群的特性和账号的定位，挑选合适的关键词添加自动回复；其次，确定这些关键词对应的回复内容，要避免文不对题，让用户失望。

▶ **任务步骤**

步骤 1 规划微信公众号关键词自动回复的规则。

完整的设置关键词自动回复的规则包含添加规则名称、添加关键词、设置回复内容、选择匹配方式 4 个要素。下面以"A 公众号需要用户发送关键词'22'查看如何注册 App"这个需求为例，进一步介绍设置规则的 4 个要素。

（1）添加规则名称。规则名称在这里指的是需要用户完成的操作。在本例中，"发送'22'查看如何注册 App"就是要添加的规则名称，也是需要用户完成的操作。

（2）添加关键词。本例中，需要用户发送的"22"就是要添加的关键词。

（3）设置回复内容。回复内容可以包含文字、图片、视频、链接等多种方式。本例中，回复内容就是注册 App 的方法。

（4）选择匹配方式。匹配方式有两种，即"全匹配"和"半匹配"。全匹配与精准搜索类似，用户必须输入完整的关键词，即"22"才能得到回复内容；半匹配则只需要输入部分关键词，即"2"就可以得到与该关键词相关的所有回复内容。通常，大部分账号会选择半匹配模式，以增加用户成功的概率。

步骤 2 确定微信公众号需要回复的内容方向。

通常，用户输入文字，是想查找以下 4 个方向的内容。

（1）公众号的历史爆文。

（2）用户感兴趣的文章内容。

（3）公众号举办的活动。

（4）公众号提供的福利。

因此，关键词自动回复的内容也应围绕上述 4 个方向进行设计，以满足用户的需求。

步骤 3 设计微信公众号关键词。

围绕上述 4 个内容方向，可以推测每个方向中用户可能会使用的关键词。

（1）公众号的历史爆文。可以选择"热文""爆文""10W+"等核心词汇。

（2）用户感兴趣的文章内容。可参考用户的阅读数据，选择与账号自身特性相符的内容，摘取其中的关键词。

（3）公众号举办的活动。通常会将关键词设置为"活动"或与活动相关的内容。例如，某公众号经常组织线下的讲座活动，用户在该公众号下方的文本框内输入"活动"或"讲座"即可获取相关活动内容和最新活动资讯。

（4）公众号提供的福利。需要根据公众号具体能够提供的福利和资源制定福利政策。福利也不仅仅是优惠券等现金福利，像"干货""课程""好物"等均可作为福利。相应的，"干货""课程""好物"都可设置为关键词。

结合公司账号的需求和特点，设计微信公众号关键词和关键词自动回复内容，填入表 1-15 中。

表 1-15

内容方向	微信公众号关键词	关键词自动回复内容
公众号的历史爆文		
用户感兴趣的文章内容		
公众号举办的活动		
公众号提供的福利		

1-2

▶ **任务思考**

（1）关键词自动回复内容中设置的关键词是不是越多越好，越全面越好？

（2）选择关键词的原则有哪些？

1-3

■ 工作领域一
社交网络内容运营

∴ 工作任务三：制订一份选题规划

▶ 任务目标

- 能独立完成稿件发布的计划
- 能合理安排稿件的选题策划

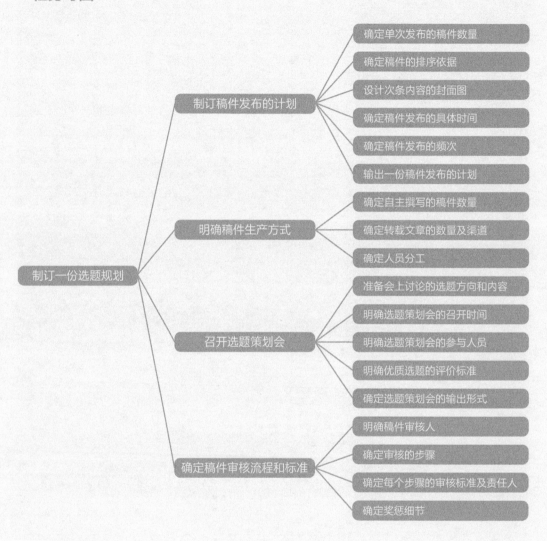

请回顾《移动互联网运营（中级）》教程中的知识讲解，回答以下问题。

（1）如何成为优质账号？

（2）内容策划的完整流程是什么？

子任务一：制订稿件发布的计划

▶ **任务背景**

　　顺利开通了账号，账号"人设"也已确定，就该发布稿件了，可每次要发布几篇稿件合适呢？应该在什么时间发布？小张意识到账号运营应该遵循一个完整、科学的流程，只有制订一份科学的、合理的运营规划，才能保证高效工作。

　　小张现在的任务是制订一份稿件的发布计划，制订这样一份计划需要综合考虑哪几个因素呢？

▶ **任务分析**

　　一份稿件发布计划应包括发稿数量、发稿时间和发稿标准等。同时还要确定稿件生产的各个环节，更要细化各个环节的具体工作内容，以确保工作能顺利开展。

　　制订计划要遵循简练、直接、目的性明确的原则。目标可量化，这也是评估运营成果最直接的标准。

▶ **任务步骤**

步骤① 确定单次发布的稿件数量。

　　请根据公司账号的角色定位和特征，以及内容方向，制订一个季度稿件发布计划，细化至单次发布数量，将最终结果填入表1-16。注意，本任务以微信订阅号为例来完成。

表 1-16

稿件发布数量规划		
季度内容产出	月度内容产出	单日内容产出

步骤② 确定稿件的排序依据。

　　如果单次发布数量超过一条，请明确头条信息、次条信息和三条信息的内容准则，将其填入表1-17，并以此作为稿件的排序依据。

1-3

表 1-17

头条信息内容准则	次条信息内容准则	三条信息内容准则

步骤 3 设计次条内容的封面图。

自微信订阅号消息显示方式改版后，阅读量受影响最大的不是头条文章，而是次条及其后的文章，因为当一次推送多条图文时，在订阅号信息流中一般只显示两条，其余内容则以"**余下 *n* 篇**"的形式折叠起来，连让用户看到的机会都没有。对次条内容来说，除了标题，封面图的好坏就显得更加重要了。想要充分利用次条内容，可以选用主题文字、引导阅读、连接成句等方法来设计封面图。

（1）主题文字封面图。

微信订阅号信息从次条信息开始，刻意把与信息有关的文字设计成连贯的封面图，可增加非头条信息被点开的概率，或者是专门的栏目名称和获得名称等，如图 1-5 所示。

图 1-5

（2）引导阅读封面图。

微信订阅号次条信息封面图设计具有引导性，刺激用户进一步点开非头条信息，如图 1-6 所示。

（3）连接成句封面图。

对封面图稍加设计，将非头条内容的主题文案和封面图连接成句，同样会增加用户点开的概率，如图 1-7 所示。

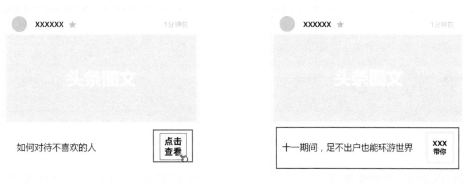

图 1-6　　　　　　　　　　　　　图 1-7

步骤 4 确定稿件发布的具体时间。

稿件发布时间会影响阅读量。根据统计可知，一般微信订阅号稿件发布有 4 个黄金时段，如图 1-8 所示。请参考图 1-8 的数据，确定稿件发布的具体时间，并归纳稿件内容、受众主体、预计发布时间等内容，填入表 1-18。

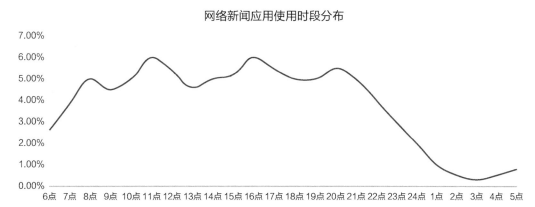

图 1-8

表 1-18

稿件内容	受众主体	稿件预计发布时间	选择这个时间的依据

步骤 5 确定稿件发布的频次。

主要输出平台，且由多人负责运营的账号可每天发布一次内容。如果该账号定位为公司的备选输出平台，且只有一人运营，那么可以一周发布 2 ～ 3 次。注意，微信服务号每月只能做 4 次群发，因此可一周发布一次内容。请根据公司账号定位，确定稿件发布频次，并思考发布内容。

步骤 6 输出一份稿件发布的计划。

请根据步骤 1 至步骤 5 的准备工作，制订一份稿件发布的计划，并填入表 1-19。

表 1-19

序号	发布日期	受众群体	单次发稿数量	文章排序	具体发布时间	发布频次	发布主题	发布渠道	内容形式	负责人
1										
2										
3										
例	1 月 2 日	白领	两篇	头条：文章 B 次条：文章 A	17:00	2 天发布一次	头条：口碑案例TOP10 次条：如何看待知乎的新 Slogan?	微信公众号	图文形式	老张

▶ **任务思考**

（1）稿件发布频次和发布时间与账号活跃度的关系是怎样的？

（2）影响稿件发布时间的因素有哪些？

子任务二：明确稿件生产方式

▶ **任务背景**

小张确定好稿件发布计划后，发现稿件的生产必须得跟上发布节奏。如果稿件生产出现问题，就很有可能导致账号断更、停更，从而影响用户的体验和阅读习惯的养成，使之前所做的努力付诸东流。

小张现在要明确账号稿件的生产方式，以保证账号的正常运营。

▶ **任务分析**

明确稿件生产方式最重要的是明确人员分工和任务内容，以及稿件的标准。

▶ **任务步骤**

步骤 1 确定自主撰写的稿件数量。

自主撰写的稿件通常被称为原创稿件。账号如果有大量原创文章，会让账号变得特色鲜明，增加从同类账号中脱颖而出的概率，从而吸引大量的用户关注。但自主撰写稿件的成本较高，包含人力成本、时间成本、资金成本等，产出率也相对较低。请根据公司账号特点，对自主撰写稿件的优劣势进行分析，确定数量，将最终结果填入表 1-20。

表 1-20

原创稿件成本	原创稿件收益
原创稿件数量（每月）	

1-3

步骤 2 确定转载文章的数量及渠道。

　　账号也可在获得其他账号的许可后，转载该账号的文章。在转载一篇文章之前，需参考表 1-10 创建的账号人设档案，充分考虑角色、内容、受众等因素，尽量保证转载文章符合账号"人设"。要特别注意稿件转载渠道和转载行为的合法合规。

　　请根据公司账号的需要和特点，思考可转载文章的渠道、转载需要考虑的因素与转载文章的数量（以月为单位），并将最终结果填入表 1-21。

表 1-21

转载文章的渠道	转载需要考虑的因素
转载文章的数量（每月）	

步骤 3 确定人员分工。

　　一个专业的社交网络内容账号的运营团队最好要有主策划编辑、内容运营人员、技术支持人员、内容策划人员、平面设计人员等，但实际上，一人兼多职的情况也十分常见。

　　请根据公司账号的需要和特点，确定人员分工，并明确具体岗位职责，将最终结果填入表 1-22。

表 1-22

账号特点		人员安排				
		主策划编辑	内容运营人员	技术支持人员	内容策划人员	平面设计人员
原创文章形式	图文					
	纯文字					
	长图					
	视频 / 音频					
转载的文章						

▶ **任务思考**

　　（1）账号使用原创稿件有哪些好处？

　　（2）转载文章时需要注意哪些事项？

子任务三：召开选题策划会

▶ **任务背景**

稿件生产过程中，选题策划是非常重要的一个环节，它决定文稿的定位、切入点和论述角度，也会影响账号文章的整体风格。小张觉得一个人的思路还是有限的，个人思维的局限性可能会导致选题方向过于主观，于是小张决定成立一个选题策划小组，以选题策划会的形式，保证高质量选题和稿件的输出。

小张准备召开第一次选题策划会，那么，本次选题策划会应该包括哪些流程呢？

▶ **任务分析**

选题策划会要有明确的会议目标，也要采取开放探讨的形式。组织一场高效的选题策划会，需要设定好每个步骤的任务和目标。

▶ **任务步骤**

步骤 ① 准备会上讨论的选题方向和内容。

准备会上讨论的选题方向和内容可分为 3 步。

（1）收集基本材料，初步拟定选题方向。

（2）利用内容素材库确定选题切入点，切忌"散、乱、杂"；基于市场调研评估切入点的可行性。

（3）初步拟定选题方向和内容，填写选题申请表作为会议讨论资料。

请结合公司账号的角色定位，准备选题申请表，并填写表 1-23。

表 1-23

填写项目	具体内容
选题栏目	
切入点	
热点事件	
受众特点	
发布时间	
内容呈现形式	

1-3

步骤 2 明确选题策划会的召开时间。

可根据企业发展计划和账号的稿件发布计划确定召开选题策划会的时间，可每年、每月或每周召开。

请根据公司账号的特点，确定公司选题策划会召开的时间。

步骤 3 明确选题策划会的参与人员。

选题策划会一般由内部策划团队人员参加，也可以邀请外部人员参加，共同研究讨论，开拓选题思路。

请思考：公司需要召开选题策划会，除既定的内容策划团队人员外，还可邀请哪些外部人员参加？

步骤 4 明确优质选题的评价标准。

选题的评价标准可以从账号定位相关性和用户需求相关性两个方面来制定。请根据公司账号的定位，拟定选题评价标准，将其填入表 1-24。

表 1-24

评估项	等级划分及具体阐释
账号定位相关性	
用户需求相关性	

步骤 5 确定选题策划会的输出形式。

请根据前期的准备工作，制订一份选题发布清单，填入表 1-25，以确保运营团队后期可以据此进行稿件内容的撰写。

表 1-25

选题	选题内容	优先程度

▶ **任务思考**

（1）选题策划会的参会人员应具备哪些能力？

（2）除了上述 5 个步骤外，是否还有需要补充或细化的环节？

子任务四：确定稿件审核流程和标准

▶ **任务背景**

一套行之有效的稿件审核流程和标准能让稿件审核有章可循，及时纠正稿件中的问题，实现选题策划意图，保证稿件质量，保障账号的顺利运营。

请与小张的团队一起制定一份稿件审核的流程和标准。

▶ **任务分析**

稿件审核工作要保证内容的准确性和安全性，以免稿件发出后引起争议及不良反馈，要制定稿件审核工作的流程、标准和责任人，并以书面形式呈现。

▶ **任务步骤**

步骤 1 明确稿件审核人。

为了确保发布稿件的质量，查找并消灭文字错误、虚假内容以及政治导向等问题，需要明确稿件审核人，按照审核标准审定稿件。请思考公司账号的稿件审核人员需要具备哪些素质？请依照公司账号的定位和审稿人员需具备的素质确定稿件审核的具体人员。

步骤 2 确定审核的步骤。

稿件审核主要包含文字审核、图片审核、视频审核、音频审核 4 个方面。请在网上选择一篇稿件对其内容进行再次审核，看看它是否还存在问题。

步骤 3 确定每个步骤的审核标准及责任人。

请根据公司账号的定位，细化审核项目，拟定审核标准和容错率，并确定相关责任人，将结果填入表 1-26。

1-3

表 1-26

审核方向	审核项目	审核标准	第一责任人	第二责任人
文字审核				
图片审核				
视频审核				
音频审核				
例：音频审核	1. 音频来源 2. 音频质量 3. 音频与稿件内容的匹配度 4. 音频时长	质量审核： 1. 音频无音损，无杂音 2. 音频中没有出现与整体内容无关的内容 3. 发音正确，无吐字不清 容错率审核： 1. 音频中杜绝无关广告，不得出现黄、赌、毒及相关内容 2. 音频音调平稳，节奏合理，音质、音色优良 3. 音频中文字内容错误不得超过 1‰ 4. 音频时长不得超过相关平台的时长规定 5. 音频版权符合相关法律、法规，不得涉及不正当竞争	老张	小刘

步骤 4 确定奖惩细节。

为落实审核流程，保证稿件的审核质量，应建立一套明确的奖惩制度，其中包括审核方向、责任人、奖/惩事件、事件反馈来源，以及对该事件影响程度的预判、奖/惩等级和处理结果。请为自身账号确定奖惩细节，并填入表 1-27。

表 1-27

审核方向	第一责任人	第二责任人	奖/惩事件	事件反馈来源	事件影响程度预判	奖/惩等级	处理结果
例：文字内容	老张	小刘	错别字	内部反馈	基本无影响	1级	1. 对小刘和老张进行口头告知 2. 对纠错人员给予物质奖励

▶ **任务思考**

（1）稿件审核标准和流程是一成不变的吗？变或者不变的依据有哪些？

（2）账号的用户可以参与到审核工作中吗？如果可以，要如何挑选参与审核工作的用户呢？

1-4

■ 工作领域一
社交网络内容运营

:: 工作任务四：编辑一篇合格的稿件

▶ 任务目标

- ■ 完成一篇稿件的策划
- ■ 完成一篇稿件的排版与发布

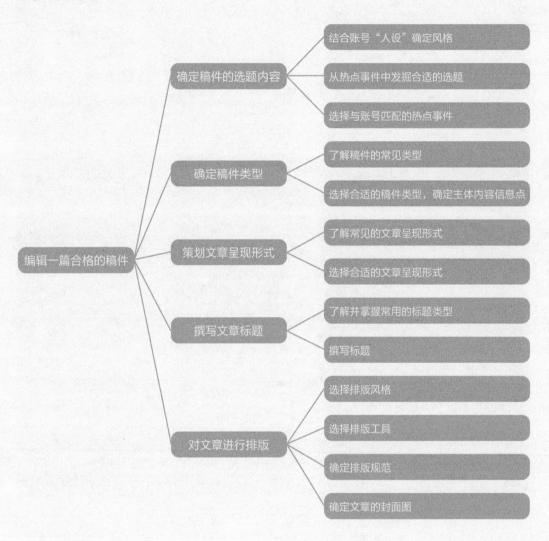

结合账号"人设"确定风格

从热点事件中发掘合适的选题

选择与账号匹配的热点事件

确定稿件的选题内容

了解稿件的常见类型

选择合适的稿件类型，确定主体内容信息点

确定稿件类型

了解常见的文章呈现形式

选择合适的文章呈现形式

策划文章呈现形式

编辑一篇合格的稿件

了解并掌握常用的标题类型

撰写标题

撰写文章标题

选择排版风格

选择排版工具

确定排版规范

确定文章的封面图

对文章进行排版

▶ 知识回顾

请回顾《移动互联网运营（中级）》教程中的知识讲解，回答以下问题。

（1）今日头条若想要获得更多推荐量，应在内容创作方面考虑哪些内容？

（2）对稿件进行排版时需要注意哪些要素？

子任务一：确定稿件的选题内容

▶ 任务背景

　　一个好的选题是文章成功的开始。一篇好文章在内容上可以强化账号定位和专业属性，吸引并引导用户与账号互动。

　　考虑到自身账号的定位，小张想结合热点，阐释内容，文章还要有趣，给用户带来新鲜感，所以，账号的第一篇稿件应该选择什么样的选题内容呢？

▶ 任务分析

　　确定选题内容是稿件创作的第一步。确定选题时，需要考虑选题方向是否符合账号定位，是否有足够的资料支撑后续文稿创作，能否解答用户感兴趣、想了解的问题等。另外，如果小张想要在文稿中添加趣味性，可结合时下热点事件。

▶ 任务步骤

步骤 1 结合账号"人设"确定风格。

　　账号"人设"越立体，选题内容可发散的方向越广泛。例如，科普类公众号"好奇博士"，账号主要内容在于有关人们身体的各类科普，但因账号以博士自居，并与用户形成了互开玩笑的良好互动关系，因此，账号的科普内容以"玩笑式"的风格输出，更容易获得用户的支持和喜爱。这是体现账号人格化的一则经典案例。

步骤 2 从热点事件中发掘合适的选题。

　　热点事件分为突发性热点事件和既定热点事件两种，整理各平台榜单中的当下热点事件，完成表1-28。

步骤 3 选择与账号匹配的热点事件。

　　根据账号的社会角色、输出内容、受众需求 3 个方面，选择与账号匹配的热点事件内容。

　　（1）社会角色匹配。判断热点事件内容是否符合账号的社会角色。例如，账号的社会角色是潮流服饰博主，那么"巴黎时装周的某品牌秀"这一热点事件内容与账号的社会角色定位就是相匹配的。

（2）输出内容匹配。判断热点事件内容是否与账号的输出内容相匹配。例如，账号的输出内容主要为服饰搭配、潮流新品分享等，那么巴黎时装周某品牌秀发布的新款的热点事件内容就与账号的输出内容相匹配。

（3）受众需求匹配。判断该热点事件内容是否与账号的受众需求相匹配。例如，账号的受众需求是提高服饰审美、预判服饰时尚，那么巴黎时装周的相关热点事件内容也与账号的受众需求相匹配。

请按照以上思路，参照公司账号的"人设"，筛选出表 1-28 中与账号匹配度最高的热点事件，填入表 1-29。

表 1-28

热点事件类型	榜单	热点事件内容
突发性热点事件	微博热搜	
	微信热门话题榜	
	知乎热搜榜单	
	豆瓣话题榜单	
既定热点事件	节日	
	节气	
	预期固定热点（如赛事、活动等）	

表 1-29

热点事件	热点事件发生时间	热点事件标签	是否与社会角色匹配	是否与输出内容匹配	是否与受众需求匹配	综合匹配程度	发稿档期
例如：某美妆新品上市发售	1月20日	例如：美妆、时尚、潮流	√	√	√	完全匹配	1月21日

▶ **任务思考**

（1）表 1-29 中，为何会设置"热点事件发生时间"和"发稿档期"两个指标？

（2）有哪些方法可以帮助我们不过于依赖热点，也能找到受用户欢迎的选题内容？

子任务二：确定稿件类型

▶ 任务背景

确定稿件的选题后，小张心里的石头算是放下了一半。信心满满的他准备落笔成文，为用户呈现自己公司的产品。那么，稿件应该主要阐述哪些方面的内容呢？要选择什么样的稿件主体类型来呈现这些内容呢？

▶ 任务分析

在确定好选题方向后，我们需了解稿件有哪些常见的类型，每种类型的稿件是如何呈现产品的，然后选择出最符合该账号定位的类型进行内容的创作。

▶ 任务步骤

步骤 1 了解稿件的常见类型。

稿件的常见类型有3种：宣传产品、介绍人物、描述事件。稿件的类型不同，其写作方式也不同。

（1）宣传产品。

宣传产品的文章可以换种角度写，如从测评的角度描述产品的研发原因、主要功能、突出卖点等。

（2）介绍人物。

介绍人物的文章可以采用讲述故事的方式来写，这样人物在故事情节中可以表现得更立体。讲述人物故事时，随着故事进程的推进，可展现人物的成长历程、工作经历和人生选择等。

（3）描述事件。

描述事件离不开三要素：冲突、行为、结局。要深度挖掘事件中的关键人、关键事、关键物，追溯事件发生的原因，还可对比同类事件。整理事件脉络时，可选择5W1H分析法，即什么人？在什么时间？选择什么地点？发生了什么事情？事件原因是什么？接下来怎么做？

步骤 2 选择合适的稿件类型，确定主体内容信息点。

选择合适的稿件类型，并在主体内容框架下丰富内容的信息点，填入表1-30。

表 1-30

稿件类型	主体内容框架	内容信息点
宣传产品	研发原因	
	产品功能	
	产品卖点	
介绍人物	成长历程	
	工作经历	
	人生选择	
描述事件	什么人	
	在什么时间	
	选择什么地点	
	发生了什么事情	
	事情原因是什么	
	接下来怎么做	

▶ 任务思考

（1）试着分析、总结几种稿件类型的优缺点。

（2）同一个账号可以根据不同的稿件内容经常变换创作风格吗？

子任务三：策划文章呈现形式

▶ 任务背景

现在的用户很难在有限的时间内对文章进行深度阅读，反而可能会因为满屏文字或篇幅过长而失去耐心、放弃阅读。

所以，小张不但要在文章内容上满足用户的喜好，还要在文章的呈现上花些心思，尽可能地吸引用户继续阅读，保证用户的阅读时长。

▶ 任务分析

增加文章可读性的方法有很多，如大众所熟知的"图文并茂"。还可以使用动态图、音频、视频等让文章更"有趣"。当然，也不仅限于在文稿中插入上述元素，还可以将文稿的主要内容浓缩并演化成图像，让用户更容易、更愿意接收文章所传递的信息。

值得注意的是，这些文章的呈现形式都需要在符合账号定位、符合信息传达的前提下进行选择。

▶ 任务步骤

步骤 1 了解常见的文章呈现形式。

首先要了解几个问题：文章的风格定位是什么？发布文章的目的是增加微信公众号的关注量、增加公信力、品牌推广还是转化销售？文章在运营规划中起到的是主导作用还是配合作用？文章篇幅大概是多少？要根据这些问题的答案确定文章以什么形式呈现。

常见的文章呈现形式有如下几种。

（1）全文字。

信息单一且较为简短的内容更适合使用全文字的形式呈现。文章字数较少，用户读起来不会感到吃力，也不会产生理解阻碍，如图 1-9 所示。

（2）静态图 + 文字。

静态图 + 文字是非常常见的一种文章呈现形式，适合呈现千字以上的文章内容。在文章的相应位置搭配图片，既能帮助用户快速理解内容、调节阅读节奏，也能对部分内容起到汇总、提示的作用，如图 1-10 所示。

（3）GIF 图 + 文字。

这种形式与前一种形式相似，只是将静态图换成了 GIF 图。两者也有一些区别，如"GIF 图 + 文字"的文章的字数更少，幽默类、评论类文章常常采取这种呈现形式，如图 1-11 所示。

（4）长图。

将故事性内容或专业内容用长图的形式进行展现，可让用户轻松阅读，且印象深刻，如图 1-12 所示。

（5）视频 + 音频 + 图文。

情感类、娱乐类和生活类的文章适合使用这种呈现形式，如图 1-13 所示。多种形式的综合使用能快速调动用户的情绪，把用户带入文章所创设的情境当中。

图 1-9

图 1-10

图 1-11

图 1-12

图 1-13

步骤 2 选择合适的文章呈现形式。

根据公司账号稿件的主体内容和素材，选择合适的文章呈现形式，并填入表 1-31。

表 1-31

考虑内容	全文字	静态图 + 文字	GIF 图 + 文字	长图	视频 + 音频 + 图文	合适的文章呈现形式
文章风格						
发布文章的目的						
文章字数						

▶ **任务思考**

（1）请总结几种文章呈现形式的特点。

（2）找到一篇优质文章，分析它的呈现形式和内容是如何高效配合的。

子任务四：撰写文章标题

▶ **任务背景**

标题是一篇文章的点睛之笔，一个优秀的标题可以让文章在内容平台上脱颖而出，为文章增加更多的点击量，还能提高文章的转发量，甚至引发用户热议。

小张深知文章标题的重要性，那么，可供使用的标题类型有哪些呢？它们有什么特点？哪种类型的标题最适合小张的文章呢？

▶ **任务分析**

在撰写文章标题之前，首先，了解并掌握常用的标题类型；然后，结合文章的主要内容，提炼内容关键词；最后，结合关键词，选用相应的标题类型后，拟定符合文章内容和用户喜好的标题。

1-4

▶ **任务步骤**

步骤 **1** 了解并掌握常用的标题类型。

常用的标题类型有如下几种。

（1）"如何体"标题。

"如何体"是运用提问的方式引起用户的共鸣，用户看到这种自己关心的问题就会产生兴趣，想要点开文章找寻答案，如图 1-14 所示。

（2）"数字型"标题。

"数字型"标题的归纳总结性强，可以让用户一目了然，视觉冲击感强，如"x 种方法""x 个建议""x 个趋势""x 种分析"等。这种类型的标题强调数字，一是因为数字的辨识度高；二是因为数字能够给人基本的预期，加速用户的判断时间；三是数字的表达更具体、更直观。"数字型"标题的示例如图 1-15 所示。

图 1-14   图 1-15

（3）带负面词汇的标题。

"负面词汇"并不是指敏感、消极的词汇，而是一些中性偏负面的词汇，如"错误""避免""误区""失业"等，这样的标题可以警醒用户，促使用户想要点开文章看看如何不犯错，如图 1-16 所示。

（4）"福利型"标题。

这类标题向用户表明了文章中包含的福利，这个福利既可以是物质福利，也可以是内容福利，如"指南""读物"等，如图 1-17 所示。

| 图 1-16 | 图 1-17 |

步骤 2 撰写标题。

一篇文章的标题往往会组合使用前面介绍的几种形式，用来快速表达文章含义，吸引用户打开文章。

（1）"如何体"+数字。

这类组合形式的标题通常用于合集、建议类干货输出的文章，能够帮助用户迅速做出是否需要观看的决定。例如，《某 HR 十年内面试过的 2000 人中，混得好的年轻人都有这 5 种特质》。

（2）"如何体"+警醒+数字。

这类组合形式的标题适用的文章类型与上一种相似，但因加了警醒类词汇，因此，更多用于指导用户如何规避问题的干货文章。例如，《坐 1 小时＝抽 2 支烟，如何避免"坐以待毙"》。

（3）福利+数字。

这类标题虽然带有数字，但重点在呈现文章福利上，以福利吸引用户。例如，《毕业 5 年，我的月薪从 1000 元到 50000 元（深度干货）》。

按照前面介绍的方法，撰写适合公司账号的文章标题，并填入表 1-32。

表 1-32

主推标题	
备选标题 1	
备选标题 2	

▷ **任务思考**

（1）只要能吸引用户的标题就是好的标题吗？

（2）尝试总结拟定优秀标题的 5 个技巧。

子任务五：对文章进行排版

▷ **任务背景**

在发布文章前，小张还面临一道关卡的考验，即文章排版。

由于用户大多使用移动设备阅读内容平台上的文章，因此，排版过程中要考虑文章在移动设备上的呈现效果，以便给用户带来更好的阅读体验。

▷ **任务分析**

排版时尤其要重视字号、格式等直接影响阅读体验的细节问题。注意图片的处理方式，避免因图片大小、质量等问题影响文章的显示效果。另外，如果内容平台有自己的编辑器，需要提前熟悉编辑器的使用规则和方法。

▷ **任务步骤**

对一个账号而言，文章内容的排版不仅需要让用户看得舒服，还要有意识地利用排版风格传递账号调性。

步骤 1 选择排版风格。

排版风格首先要与账号调性统一，根据不同的用户特点和文章内容确立不同的排版风格。

例如，用户以中老年人群为主，应优先保证版面清晰，阅读舒适；用户以年轻人为主，则要在保证阅读流畅的基础上添加独特、炫酷的元素，让人印象深刻。

步骤 2 选择排版工具。

常用的排版工具有 135 编辑器、秀米编辑器、新榜编辑器等，可为文章一键套用合适的模板。让排版变优秀需要考虑的内容较多，如字体、颜色、字号、行间距、配文图片、音视频的位置等。

步骤 3 确定排版规范。

为了让用户能够对账号特色记忆深刻，通常要遵循一定的排版规范。

请拟定账号文章的排版规范，并填入表 1-33 中。

表 1-33

排版项目	排版要素	排版规范
文字部分		
图片部分		
版式底纹		
音频		
视频		

步骤 4 确定文章的封面图。

账号文章的点击量和阅读量是非常重要的两项运营指标。以微信公众号为例，改版之后的公众号界面中，公众号封面图变得更加显眼，封面图会直接影响账号内容的点击率。

（1）图片类型。

封面图会在信息流中展现，因此，图片要能抓人眼球才行。表 1-34 中列出了几种封面图的特点。

表 1-34

类型	特点
蹭热点类	将实时热点放入其中，利用用户的好奇心理增加文章的点击率
文艺插图类	以小清新风格和抒情风格为主，可以让用户感觉到生活气息，容易引起用户情感共鸣
幽默漫画类	可以将自身 IP 形象带入其中，通过画中人物更好地表达自己的想法，同时还能让账号形象深入人心，起到品牌推广的作用
专业简洁类	专业性较强，适用于专业科普类账号
色调统一类	与次条封面图色调统一，形成自身特色
固定条目类	固定专栏，可形成固定的模式，利于培养用户的习惯
简单直白类	直接放大加粗标题中的关键词或用一些夸张的符号图形，在同质化内容中反而能脱颖而出

（2）图片比例。

目前，微信公众号头条文章封面图的图片长宽比为 2.35∶1，次条文章封面图的长宽比为 1∶1，大小为 200 像素 ×200 像素。次条的封面图尽量选择与头条的封面图风格一致的图片。

（3）图片质量。

上传的图片会被平台二次压缩，因此，经常有在计算机上显示十分清晰的图片，经过压缩后变得模糊的情况发生。注意以下两点可以解决这个问题。

① 上传的图片的宽度不小于 600 像素，这样可以保证图片被压缩之后还能足够清晰。

② 图片的保存格式首选 PNG 格式而非 JPG 格式。微信公众号平台对图片压缩的程度从高到低分别是 JPG、GIF、PNG。JPG 格式的图片上传时被压缩得最厉害，图片变模糊的概率最大。

▶ 任务思考

（1）试着找出 3 款常用的第三方平台排版工具，并阐述它们受欢迎的原因。

（2）如果稿件内容中需要植入广告，广告内容放置在哪个位置才能不影响用户的阅读体验？

2-1

工作领域二
短视频内容运营

- 工作任务一：选择并开通短视频账号

▶ 任务目标

- 了解典型短视频内容平台的类型
- 能够独立完成短视频内容平台账号注册所需资料的准备
- 能够注册并开通短视频内容平台账号

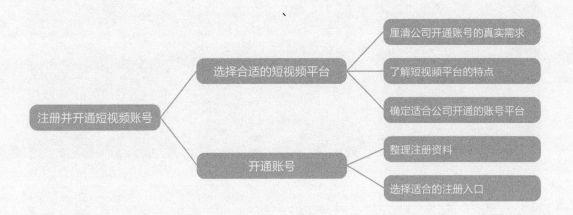

请回顾《移动互联网运营（中级）》教程中的知识讲解，回答以下问题。

（1）选择合适的短视频平台需要考虑哪些因素？

（2）短视频平台有哪些类型？

子任务一：选择合适的短视频平台

2-1

▶ 任务背景

如今，短视频已成为移动互联网内容传播的主流方式之一，因此，各企业都开始利用短视频宣传自己的产品和服务。

小范大学毕业后进入一家公司的运营部，接到的首个任务是为公司注册并开通一个短视频账号。毕业前，小范已经考取了移动互联网运营职业技能等级证书，这个任务对他来说比较容易，于是小范立即投入新工作中。

▶ 任务分析

开通短视频账号首先需要选择一个合适的平台。作为运营人员，需知道选择平台时要考虑的事项。

▶ 任务步骤

步骤 1 厘清公司开通账号的真实需求。

运营人员想要找到能够满足公司需求的短视频平台，需要先厘清公司开通账号的真实需求。运营人员可以从背景、目的、时间要求、效果、可用资源、相关方 6 个方面收集公司内部资料，回答图 2-1 所列的问题。

图 2-1 所示的问题清单也可以修改和扩展。按图 2-1 所示的问题清单进行分析，并将分析结果填入表 2-1。

步骤 2 了解短视频平台的特点。

运营人员需要对主流的短视频平台进行研究，旨在为下一步决策提供依据。分析一个短视频平台，可以按照图 2-2 所示的问题清单，从用户数据、用户属性、品类偏好、平台功能等方面进行分析。还可以进一步细化相应的问题，并通过收集资料、询问专家等方式，获得问题的答案。请利用图 2-2 分析抖音、快手、微信视频号 3 个短视频平台，并将分析结果填入表 2-2。

2-1

厘清公司开通账号的核心诉求的问题清单

背景	• 公司开通账号的背景是什么？
目的	• 公司开通账号的出发点是什么？ • 需要达到什么目的？
时间要求	• 公司需要什么时候开通账号？ • 什么时间必须完成账号开通工作？
效果	• 公司希望达成什么效果？ • 负责人对此有什么期望？
可用资源	• 公司开通账号有哪些可以借助的资源？
相关方	• 公司开通账号和谁有关？ • 需要考虑哪些相关人员？

图 2-1

表 2-1

问题清单分析结果	
背景	
目的	
时间要求	
效果	
可用资源	
相关方	

了解短视频平台的问题清单

用户数据	• 该平台的用户总量及日活跃用户是多少？ • 在该平台中，需要调研哪些特定行业的用户？用户量各是多少？
用户属性	• 用户的年龄分布及占比如何？ • 用户的地域分布及占比如何？
品类偏好	• 在该平台中，最受欢迎的前5个品类是什么？ • 在该平台中，调研的行业或品类的受欢迎程度如何？
平台功能	• 了解调研平台的所有功能，并分析各平台间有哪些相同功能和不同功能？ • 不同功能会产生哪些影响？

图 2-2

表 2-2

平台名称	分析项目			
	用户数据	用户属性	品类偏好	平台功能
抖音				
快手				
微信视频号				

步骤 3 确定适合公司开通的账号平台。

　　请结合步骤 1 和步骤 2 的两份分析结果，确定适合公司开通的账号平台，并将结果和 3 条原因填入表 2-3。

表 2-3

分析结果	分析项目	
	平台（确定最适合的一家，如果是多家，要区分主运营平台和同步运营平台）	原因（总结 3 条原因）
结果（最符合我方诉求）		

▶ **任务思考**

　　（1）开通账号的时候，为什么要先了解公司的真实需求？

　　（2）使用问题清单时，需要注意什么问题？

子任务二：开通账号

▶ **任务背景**

　　经过调研与分析，小范认为抖音、快手和微信视频号 3 个平台都符合公司的需求。接下来，小范需要根据各平台注册账号的规则，准备资料，正式开通短视频账号。

▶ **任务分析**

　　运营人员若要开通多个平台的账号，在运营过程中就要分清主次，明确优先关注和解决哪个平台的问题。同时，在注册账号时，应保证注册资料的合法合规，操作得当，避免无效工作。

2-1

▶ **任务步骤**

步骤 1 整理注册资料。

开通账号前，需要了解入驻平台的注册要求、注册流程、所需资料等。请针对子任务一中选出的最合适的平台（主运营平台），以及准备同步运营的平台进行分析，然后，收集注册所需的资料，汇总结果并填入表 2-4 中。

表 2-4

项目	平台		
	主运营平台	同步运营平台	同步运营平台
入驻资格要求	1. 2.		
注册流程	第一步： 第二步： 第三步： ……		
所需资料	1. 2.		

步骤 2 选择适合的注册入口。

为了便于用户注册，提升注册效率，一些平台会同时提供 PC 端和移动端两个端口进行注册，请选择最适合的注册入口。通常来说，短视频账号最好在短视频平台移动端的 App 中进行注册。

▶ **任务思考**

（1）简单分析社交网络内容平台账号注册和短视频平台账号注册的区别。

（2）哪个短视频平台的账号注册过程较为复杂？请列出其比其他平台注册多出的步骤或多准备的资料。

2-2

工作领域二
短视频内容运营

·· 工作任务二：创建人格化账号并完成设置

▶ 任务目标

- 能够独立设置账号基础形象
- 能够完善账号人格化设定

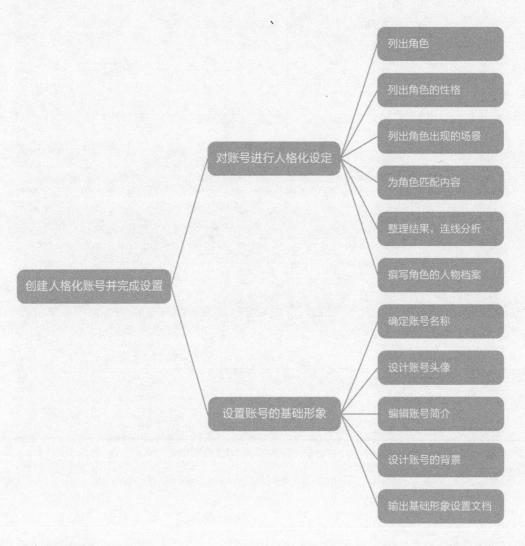

请回顾《移动互联网运营（中级）》教程中的知识讲解，回答以下问题。

（1）账号的人格化设定包含哪些要素？

（2）短视频账号的基础形象如何设置？

子任务一：对账号进行人格化设定

2-2

▶ **任务背景**

　　短视频账号中出现的人物形象、宠物形象或内容都有明显的人格化设定（以下简称"人设"），这是短视频账号的重要特征之一，也是账号和用户建立情感连接的重要方式。

　　开通账号后，小范的领导让他为账号确立"人设"，小范应该如何做呢？

▶ **任务分析**

　　设定账号的"人设"时，要注意不要将"人设"设置成一个大机构、大企业的形象，而应尽可能选择让用户感觉亲切、有趣、有料的"人设"。可以从角色、性格、场景、内容 4 个方面进行设定。

▶ **任务步骤**

步骤 1 列出角色。

　　角色主要是指人物的身份，如老师、学生、老板、老公、妻子、科学家、程序员、运营人员等。这个身份可以是家庭身份，也可以是职业身份，或者是其他身份。在选择角色的过程中，运营人员可以组织一个小组进行头脑风暴，将各类角色都罗列出来并进行对比甄选。

步骤 2 列出角色的性格。

　　运营人员可以赋予角色性格，这个性格可以和角色通常给人的印象不同。例如，一说起老板，就觉得这个老板很威严。运营人员可以给这个"老板"设定幽默风趣的性格，让人印象深刻。

　　运营人员也可以进行头脑风暴，列出各种性格。

　　每种性格会对应一些典型的行为，这一步也间接地确定了角色可能的行为。

步骤 3 列出角色出现的场景。

　　典型场景会给人带来典型的感受。例如，一个人如果站在路中间，旁边车辆呼啸而过，这个场景会让人紧张。

　　运营人员可以运用头脑风暴列出角色可能出现的各种场景。

步骤 4 为角色匹配内容。

内容是指运营人员希望向用户传递的信息以及信息呈现的形式。如果是企业账号，需要明确企业希望传递哪些信息；如果是个人账号，则可以思考运营人员擅长哪些内容或者目标用户感兴趣的内容。除了内容本身，还要思考呈现内容的形式。

步骤 5 整理结果，连线分析。

经过上述 4 个步骤，可得到各项结果。将这些结果汇总在类似图 2-3 所示的图表中，并按图中的连线方式连线，每次连线都会得到一组不同的结果。

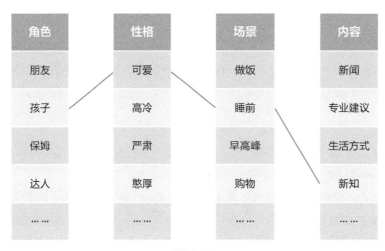

图 2-3

分析这些组合的合理性，确认是否符合账号的需求，是否能实现信息传播的目的，是否能吸引用户并给用户带来乐趣或知识技能。

以图 2-3 中连线得到的组合为例，一个可爱的孩子在睡觉前介绍新知这不太符合逻辑，如果更换其中的一个模块，把"新知"换成"故事"，就形成了一个合理的组合。

利用这种方法找出既能完成目标，又富有创意的组合，为账号确定一个独特的人格化形象。

步骤 6 撰写角色的人物档案。

经过前 5 个步骤，运营人员为账号创造了一个独特的"人设"，但是这个"人设"还不够清晰。还需要进一步完善这个"人设"的各项细节，形成一份人物档案。运营人员在细化的过程中，可以参考图 2-4 所示的清单。

2-2

角色（角色特点）			性格特点（5~10条性格及典型行为）
姓名			1.
年龄		照片/头像	2.
性别			3.
国家			
民族		所在地	
出生地		职业	
教育程度		工作地点	
婚姻状况		收入水平	
家庭住所		子女年龄	
方言		周边情况	
……		……	

人物档案

场景（角色出现的场景）	内容（账号想要传播的信息）
1.	1.
2.	2.
3.	3.

图 2-4

完成了这份人物档案，公司的短视频账号就不再是一个模糊的形象，而是变成一个"活生生"的人。运营人员在创造内容的过程中，就能够更容易代入这个人物的性格和与之相符的场景。用户也更容易和这个"活生生"的人建立起情感连接，观看视频的过程也变成了某种互动。

▶ **任务思考**

（1）为什么要用连线的方式来创造"人设"？

（2）人物档案为什么要写得非常细致、具体？

子任务二：设置账号的基础形象

2-2

▶ **任务背景**

短视频账号"人设"确定之后，小范还需要对账号形象进行一系列的基础设置，具体包括确定账号名称，设置账号头像，撰写简介等。小范该如何做好这些事情呢？

▶ **任务分析**

账号的名称、头像和简介，相当于一个人的姓名、照片和自我介绍，它们是用户对账号的第一印象。好的第一印象，一是要有吸引力，二是要能够体现自身特色。

▶ **任务步骤**

步骤 1 确定账号名称。

好的账号名称，能够让用户瞬间联想到账号的特色内容。在确定名称时，首先，可以基于账号的人物档案进行发散性思考，列出最符合人物档案的多个词汇，再组合生成账号名称。其次，名称也要具有一定的新颖性和吸引力。如果团队人员较多，可以基于几个精选的名称让大家一起投票决定。如果团队人员较少，可以借助微信群或者朋友圈，邀请网友点评、投票。

步骤 2 设计账号头像。

账号的头像代表账号的人格化形象。头像一旦定好，需要长期保持，以不断地强化用户对这个账号的认识。当用户想起这个账号时，脑海中就会映射出这个头像的形象。

设置头像时，需要注意使用的图片需无水印、无广告、无不良信息，且清晰度高。企业账号可将企业标志用于账号头像，但更好的方式是将企业标志等元素和账号的"人物形象"进行结合。

步骤 3 编辑账号简介。

账号简介通常只用一句话来介绍账号。短视频平台通常对"简介"这个模块设置了字数限制，总长度不能超过30字或50字。账号简介要简短精练，以降低用户的阅读成本。

账号简介可以突出企业的特点、账号内容的领域、人格化角色的专长、人格化角色的态度等。抖音平台的某萌宠类账号设定的简介是"把日子过成童话"，通过表达生活态度的方式，吸引目标用户，如图 2-5 所示。

图 2-5

步骤 4 设计账号的背景。

　　账号背景一般位于账号首页顶部区域，是展示账号形象、加深用户认知的一个重要的视觉模块，如图 2-6 所示。账号背景可根据账号"人设"选用不同的图片，如角色的形象图、角色工作环境图，以及体现角色态度的氛围图等。无论是哪一种，都需要和账号的名称、头像及简介保持统一，以便于从多个角度突出账号的形象和定位。

图 2-6

步骤 5 输出基础形象设置文档。

　　经过前面 4 个步骤，运营人员已经得到了完整的账号基础形象，这些内容非常重要，一经确定就尽量不要更改，因此，运营人员还需要得到领导的肯定。运营人员可将步骤 1 至步骤 4 的结果填入表 2-5 中，用这个表与相关人员沟通。

2-2

表 2-5

账号基础形象			
账号名称		账号头像	
一句话介绍			
背景图			

▶ **任务思考**

（1）为什么要重视账号基础形象的设计？

（2）你觉得哪些账号的简介写得好？为什么？

2-3

■ 工作领域二
短视频内容运营

∴ 工作任务三：策划短视频内容

▶ 任务目标

- 能够完成短视频内容的策划
- 能够撰写短视频拍摄脚本

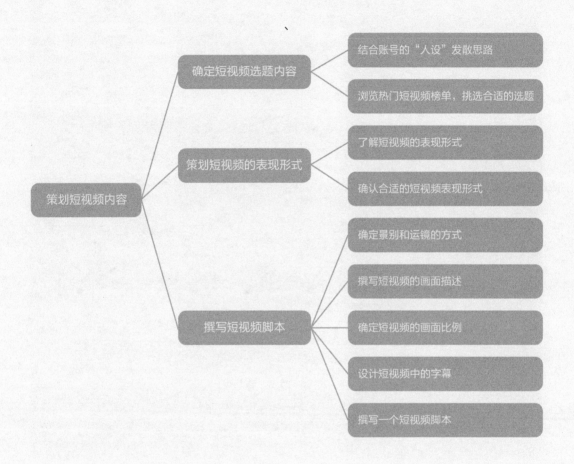

策划短视频内容

确定短视频选题内容
- 结合账号的"人设"发散思路
- 浏览热门短视频榜单，挑选合适的选题

策划短视频的表现形式
- 了解短视频的表现形式
- 确认合适的短视频表现形式

撰写短视频脚本
- 确定景别和运镜的方式
- 撰写短视频的画面描述
- 确定短视频的画面比例
- 设计短视频中的字幕
- 撰写一个短视频脚本

请回顾《移动互联网运营（中级）》教程中的知识讲解，回答以下问题。

（1）一条短视频从选题策划到制作完成会经历哪几个阶段？

（2）撰写短视频脚本应注意哪些问题？

子任务一：确定短视频选题内容

▶ 任务背景

完成账号基础形象设置后，小范要开始筹划第一条短视频内容了。小范觉得视频选题内容很重要，会直接影响视频的播放量、点赞量和推荐量。

小范正为这些问题犯难：应该如何寻找合适的选题内容呢？账号用什么样的选题内容能在短时间内引起用户的兴趣呢？

▶ 任务分析

短视频具有短、平、快的特性，需要在有限的几秒时间内抓住用户眼球，因此选题内容至关重要。运营人员可以参考账号的"人设"和人物档案的细节内容策划选题，也可以结合热门事件进行策划选题。

▶ 任务步骤

步骤 1 结合账号的"人设"发散思路。

一个优质的短视频账号，需要在选定好的领域精耕细作、持续发声，内容越垂直，越能精准吸引用户，持续积累影响力。例如，萌宠类账号持续发萌宠的视频才会吸引喜欢萌宠的用户，如果该账号偶尔还发布一些财经内容、军事内容，就会让用户不知所以。

选题方向要符合账号的定位，首先要结合账号的"人设"梳理出能够持续创作的选题方向。请尝试发散思路策划 3 个跟公司账号定位相关的选题方向，并将结果填入表 2-6。

表 2-6

选题编号	项目	
	选题方向	理由
选题一		
选题二		
选题三		

步骤 ② 2 浏览热门短视频榜单，挑选合适的选题。

确定好选题方向后，具体策划某个选题时，可以参考热门短视频榜单获得灵感。热门短视频榜单包括微博热搜榜单、抖音热点榜、快手实时热榜等。如果同一话题同时出现在多个榜单之中，说明该话题已经被很多人关注，基于这个话题进行的内容创作更容易受到关注。

运营人员可以整理各平台的热门话题，与账号的定位进行比对，寻找合适的选题，并将相应的结果填入表 2-7。

表 2-7

热门事件盘点表			
日期	事件名称	热榜名称及排名	是否可以作为选题

▶ **任务思考**

（1）为什么选题内容要符合账号定位？

（2）为什么要结合热点内容来寻找选题？

子任务二：策划短视频的表现形式

▶ 任务背景

确定了视频选题之后，小范主动邀请了部门的几位同事，成立了一个短视频创作小组，针对已经确定好的选题内容策划表现形式。

▶ 任务分析

选题策划解决了短视频"说什么"的问题，短视频表现形式则需要具体考虑用什么形式展现选题内容，需要什么素材，从什么角度切入。总的来说，一方面需要收集、整理内容素材，另一方面需要考虑视频内容的具体表现形式、切入点等。

▶ 任务步骤

步骤 1 了解短视频的表现形式。

常见的短视频表现形式有真人纪实、知识讲解、剧情演绎等几种类型。

类型 1：真人纪实。

真人纪实的短视频代表是视频博客（Vlog），以第一人称视角记录生活，分享经历。

类型 2：知识讲解。

这种类型用结构化的方式，在短时间内，通过视频来分享知识。

类型 3：剧情演绎。

剧情演绎主要是通过短剧情的形式表现主题，相较于其他形式的视频，这一类视频制作更复杂，需要完成资料收集、脚本编写、场景设计、内容拍摄、视频剪辑等多个环节，但表现力更丰富，更易吸引用户，引起共鸣。

除了上述类型外，运营人员还可以持续分析流行短视频的表现形式，分析其特点。分析得越细致，对创造新的形式越有帮助。

步骤 2 确认合适的短视频表现形式。

请为子任务一的选题确定合适的表现形式，并将结果填入表 2-8 中。

表 2-8

确认短视频表现形式	
选题	表现形式

▶ **任务思考**

（1）请梳理近一个月流行的短视频的表现形式。

（2）为什么需要分析流行短视频的表现形式？

子任务三：撰写短视频脚本

▶ **任务背景**

完成前面的工作之后，小范需要根据分析结果撰写短视频脚本，以保证后续工作的顺利展开。

▶ **任务分析**

视频内容脚本多以表格的形式呈现，其中要呈现影片文案、运镜方式、音乐、音效、字幕等主要内容。

▶ **任务步骤**

短视频脚本的每个部分描述得越细致，后续的拍摄越容易。一个短视频脚本主要包括镜号、画面内容、景别、拍摄方法、时间、机位、台词、音效等信息。

步骤 1 确定景别和运镜的方式。

当摄像机与拍摄主体的距离不同时，拍摄对象在相机中所呈现的大小也不一样，不同距离所产生的画面效果称为景别。根据画面所承载的不同范围，以人体为参照对象，景别主要可以分为 5 种，由近至远分别为特写（人体肩部以上）、近景（人体胸部以上）、中景（人体膝部以上）、全景（人体的全部和周围部分环境）、远景（被摄体所处环境）。

　　景别和运镜方式的合理使用可以使视频更加有质感。回顾《移动互联网运营（中级）》中关于景别和运镜方式的相关知识，结合账号和选题的需要确定短视频拍摄的景别和运镜方式。

步骤 2 撰写短视频的画面描述。

　　画面描述主要描述演员所做的任务、所说的台词等。一般来说，一个 15 秒的短视频会采用 2 ~ 3 个分镜头，需要完成 2 ~ 3 个画面描述。好的画面描述能够让摄影师明确画面内容。

步骤 3 确定短视频的画面比例。

　　画面比例就是指视频的长宽比例（宽高比例），比较常见的比例是横版 16：9、竖版 9：16、正方形 1：1 等。

步骤 4 设计短视频中的字幕。

　　短视频中通常会用文字标出视频中的对话，或是想要用户了解的内容。可以采用特殊软件添加一些特殊文字效果，以突出内容或表现某种氛围或风格。

步骤 5 撰写一个短视频脚本。

　　综合上述步骤，填写表 2-9 所示的指导拍摄的短视频脚本。

表 2-9

镜号	景别与运镜方式	音效	时间	画面描述	旁白同期声字幕	参考分镜	备注
例1	中景＋特写	轻松背景乐＋新消息音效	8s	描述具体画面内容	旁白：…… 同期声：…… 字幕：……	找出相应的参考画面图	辅助拍摄的内容
例2	（1）全景背景为昏暗的楼梯 （2）保持摄像机不动	《有模有样》插曲	4s	A 和 B 两个女孩忙碌了一天，拖着疲惫的身体爬楼梯	无	无	两个女孩的侧面镜头，距离镜头 5 米左右

▶ **任务思考**

（1）为什么拍摄前需要撰写短视频脚本？

（2）对比横版短视频和竖版短视频，说说两者的特点和区别。

2-4

工作领域二
短视频内容运营

:: 工作任务四：拍摄短视频

▶ 任务目标

- 能够熟练使用拍摄器材
- 能够完成一条视频的拍摄

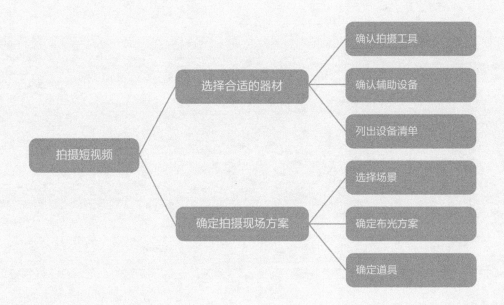

请回顾《移动互联网运营（中级）》教程中的知识讲解，回答以下问题。

（1）拍摄短视频需要用到哪些器材？

（2）拍摄短视频时应注意哪些方面？

子任务一：选用合适的器材

▶ **任务背景**

完成短视频脚本后，小范他们开始准备拍摄短视频。他们需要哪些设备？公司有哪些设备？还需要采购哪些设备呢？

▶ **任务分析**

虽然拍摄器材不用特别专业，但拍摄器材会影响短视频产出的质量，因此，要根据实际的需求选择合适的拍摄器材。

▶ **任务步骤**

步骤 1 确认拍摄工具。

请回顾《移动互联网运营（中级）》教程中介绍的拍摄工具，根据拍摄需求和拍摄团队自身的实力选择合适的拍摄工具。

步骤 2 确认辅助设备。

请根据《移动互联网运营（中级）》中对辅助设备的介绍，选择合适的辅助设备。

步骤 3 列出设备清单。

在运营人员真正开始拍摄之前，一定要通过清单的方式，确认所有需要的设备都已准备好，避免遗漏设备，影响拍摄进度。

▶ **任务思考**

（1）拍摄短视频的时候，为什么不能只用一部手机？

（2）为什么要列出短视频拍摄设备的清单？

子任务二：确定拍摄现场方案

2-4

▶ **任务背景**

采购完拍摄器材后，小范的拍摄工作就要开始了。拍摄场地也非常重要，需要提前进行设计和调整。

▶ **任务分析**

短视频拍摄小组要提前对拍摄过程进行预判，并尽量做好准备。例如，拍摄短视频时的天气、灯光布置、现场道具摆放等。

▶ **任务步骤**

步骤 1 选择场景。

要根据短视频脚本内容选择拍摄的环境，如会议室、广场、超市、酒店、街道等。一条短视频有时会选择 2 ~ 3 个场景，以增加故事性。例如，拍摄校园剧时，会选择教室、操场等不同的场景。

选择好场景后，有时还需要对场景进行布置，以满足拍摄的要求。在布景时，需要考虑成本因素，如时间、资金等成本是否在预算范围内。

步骤 2 确定布光方案。

场景布光，要综合考虑主光、辅助光、背光、侧光、实用光源等。

布光使用的工具主要有顶灯架、八角柔灯箱、长方形柔灯箱、背景架、背景纸、雷达罩、反光板等。可根据需要选择合适的布光工具。

一些特殊的场景和特定的拍摄对象，会有成熟的布光方案。例如，演播室的布光组合、针对单人拍摄的布光组合等，单人布光组合举例如图 2-7 所示。可以直接利用这些布光方案，也可以借鉴、优化。

步骤 3 确定道具。

道具是拍摄视频时要考虑的重要元素。在一个短视频中，道具的样式不用太多；道具的风格要和视频整体的风格相符，也要和视频中人物的形象和性格相符，能烘托人物的性格特点。请根据工作任务三中撰写的短视频脚本，列出拍摄该视频要用的道具清单，并填入表 2-10。

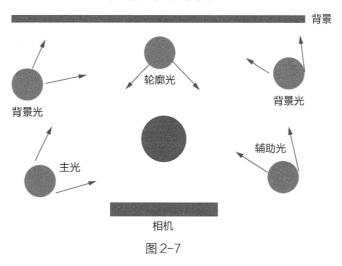

图 2-7

表 2-10

道具清单		
序号	道具名称	作用

2-4

▶ 任务思考

（1）拍摄短视频时，场景的选择需要考虑哪些因素？

（2）准备拍摄道具时需要注意什么？

2-5

■ 工作领域二
短视频内容运营

✸ 工作任务五：剪辑短视频

▶ 任务目标 ────────────────────────────→

- ■ 能够熟练掌握剪辑软件的使用方法
- ■ 能够独立完成一条短视频的剪辑

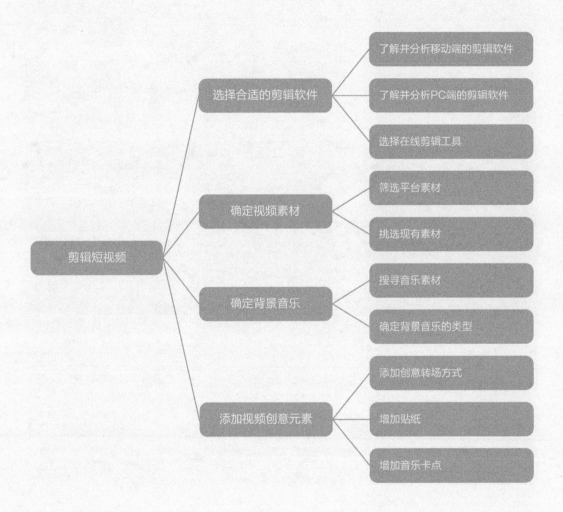

请回顾《移动互联网运营（中级）》教程中的知识讲解，回答以下问题。

（1）什么类型的剪辑软件是剪辑短视频的首选？为什么？

（2）剪辑过程中都需要考虑哪些要素？

2-5

子任务一：选择合适的剪辑软件

▶ **任务背景**

小范的制作小组顺利完成了现场拍摄。接下来，他们将拍摄的素材进行剪辑，最终输出成片。小范他们需要如何选择剪辑软件呢？

▶ **任务分析**

剪辑软件有很多种，但对小范他们团队的视频制作人员来说，专业的剪辑软件并不适合他们，便捷、易操作、好上手的软件才是他们的首选。

▶ **任务步骤**

步骤 1 了解并分析移动端的剪辑软件。

移动端系统通常有自带的剪辑软件。例如，苹果手机自带的 iMovie 软件，可以轻松地将照片和视频片段制作成精彩的视频，还可以进行调色、剪辑片段等。不同品牌的安卓手机也自带相应的剪辑软件，在手机的应用商店中搜索即可找到。

用户除了可使用移动端系统自带的剪辑软件外，还可以在手机的应用商店等中下载剪辑软件来使用。常用的剪辑软件有剪映、必剪、秒剪等。

请选择 3 个移动端剪辑软件并进行优劣势分析，将分析结果填入表 2-11 后，再确定最适合的移动端剪辑软件。

表 2-11

移动端剪辑软件分析			
软件名称	优势	劣势	是否适合

2-5

步骤 ② 了解并分析 PC 端的剪辑软件。

PC 端的剪辑软件比移动端的拥有更多的功能，可进行更为复杂和专业的剪辑。在选择 PC 端剪辑软件时，对于基础用户，可优先选择剪映、快剪辑等软件；对于需要更复杂、更全面的剪辑功能的用户，可以选择 Adobe Premiere、Final Cut Pro、Adobe After Effects 等兼具视频剪辑和特效功能的软件。

请对上述 3 个 PC 端剪辑软件进行优劣势分析，并将结果填入表 2-12，然后再确定最适合的剪辑软件。

表 2-12

PC 端剪辑软件分析			
软件名称	优势	劣势	是否适合你

步骤 ③ 选择在线剪辑工具。

在线剪辑也称为云剪辑，不用安装任何软件即可完成剪辑工作，方便快捷，能满足如裁剪、旋转、加字幕等各种简单的剪辑要求。常用的在线剪辑工具是哔哩哔哩的云剪辑。

▶ **任务思考**

（1）选择一个短视频剪辑软件需要考虑哪些因素？
（2）你认为哪个剪辑软件最适合你？为什么？

子任务二：确定视频素材

▶ **任务背景**

拍摄时，小范唯恐素材量不够，每个场景都加拍了不少镜头，结果导致后期需要花费大量的精力去挑选合适的画面素材。那么，什么样的素材才是视频的可用素材？拍摄失败的镜头又该如何弥补呢？

▶ 任务分析

挑选可用素材时，可以根据视频的整体要求，在画面的明暗程度、整洁程度，以及色调等细节对比中做出取舍判断。如遇失败镜头，缺少相应素材时，可及时在网络等渠道上寻找补充素材，但要避免引发版权纠纷。

▶ 任务步骤

步骤 1 筛选平台素材。

有的时候为了确保视频内容更加丰满，需要添加一个视频素材，但拍摄这样一个素材需要花费较多的成本，在这种情况下，一般会选择在聚合型的平台直接筛选需要的视频素材。

聚合型平台是指包含了现在市面上主流视频平台的视频素材的平台，只要通过相应的领域和关键词搜索就可以得到想要的素材。

步骤 2 挑选现有素材。

视频素材包括字体、贴纸、同期声、音乐、音效、滤镜、转场、特效、水印、画布、涂鸦、模板等多种形式。

▶ 任务思考

（1）什么情况下需要搜寻平台素材？

（2）选择一个你认为素材丰富的短视频，列举其包含的素材类型。

子任务三：确定背景音乐

▶ 任务背景

在影片成型之际，小范开始考虑背景音乐。作为短视频中的视听语言之一，合适的背景音乐可以与画面内容相互配合，为观众带来强烈的情感冲击。想要选出一段与视频内容和风格相匹配的背景音乐，小范他们要如何做呢？

2-5

▶ 任务分析

背景音乐的主要功能是辅助视频内容，切忌喧宾夺主。根据视频内容的整体调性、故事节奏，参考时下热点音乐来选择合适的背景音乐，有助于在保证画面流畅的同时获得较高的播放量。

选择背景音乐时要特别注意音乐的版权问题。

▶ 任务步骤

步骤 1 搜寻音乐素材。

好的背景音乐在开场就能吸引用户，有些热门音乐或创意音乐甚至可以打造热门视频。想要找到合适的背景音乐并不是一件一蹴而就的事情，不仅需要日积月累，而且要多了解热门乐曲和经典乐曲。

一些短视频创作者会直接选用平台音乐榜单中的热门背景音乐，一些专业的视频剪辑人员还会在音乐素材网站中收集不同类型的音乐，来充实自己的音乐素材库。

请寻找 3 个音乐素材网站，并填入表 2-13，创建属于自己的音乐素材库。

表 2-13

音乐素材网站分析			
序号	网站名称	网址	优势
1			
2			
3			

步骤 2 确定背景音乐的类型。

不同的视频类型需要选择不同类型的背景音乐。例如，拍摄青春校园类的视频，要选择校园歌曲；拍摄运动、竞技类的视频，要选择节奏感强的摇滚音乐；拍摄育儿或家庭生活类的视频，要选择温馨的轻音乐。

▶ 任务思考

（1）请在任意短视频平台中选择一段视频，分析其背景音乐的特点，并思考背景音乐类型是否可以更换。

（2）萌宠类视频可以用哪些类型的背景音乐？

子任务四：添加视频创意元素

▶ 任务背景

完成前面几道工序后，小范的视频制作任务终于临近尾声。但看过不少短视频的小范总觉得自己的视频稍显平淡，想增加一些创意，让视频看起来更加灵动、有趣。那么他要如何做呢？

▶ 任务分析

缺乏创意的短视频就像一段没有经过润色的文字，会让人觉得乏味、无趣。想让短视频更加有趣或特别，就需要思考还可以为短视频增加什么创意元素，如音效、节奏等是否还有提升的空间，或者是否可以增加有趣的字幕。

▶ 任务步骤

视频剪辑要想讲求创意、追求新意，就要为视频增加一些创意元素。

步骤 1 添加创意转场方式。

转场是指视频中的场景与场景之间的转换与过渡。例如，在一段视频中，第一个镜头展现的是北京的街道，第二个镜头展现的是上海的街道，这两个镜头之间的切换就是转场。转场处理方式是每个剪辑师要掌握的基本功之一，好的剪辑师可以做到镜头与镜头衔接流畅且有特色。短视频中可运用的转场技巧有镜头拍摄和特效叠加。

镜头拍摄转场又称无技巧转场，主要有两级镜头转场、空镜头转场、相似体转场等方式，考验的是视频创作者的空间想象力和摄影师的拍摄技巧。

特效叠加又称技巧转场，包括淡入淡出转场、缓淡减慢转场、划像转场、叠化转场、多画屏分割转场、字幕转场等方式，这种转场方式在短视频中十分常见。

步骤 2 增加贴纸。

想要制作有创意的视频，还可以在某些重要或意想不到的节点添加有意思的小元素，如在视频中添加贴纸就是一种简单的操作方法，利用不同的贴纸可以让视频内容新奇、有趣。很多手机端的剪辑软件都具有为视频添加贴纸效果的功能。

2-5 步骤 3 增加音乐卡点。

音乐卡点视频已经成为短视频平台中的一类热门视频。卡点视频的音乐节奏感特别强，想要制作这类视频，首先要选择节奏明快、鼓点清晰的音乐；其次，为了让视频更加生动，可以在标记点增加动画或转场效果；最后，为了凸显个性，还可以在视频中添加动画、文字。手机端的剪辑软件就可以制作出音乐卡点的视频。

▶ **任务思考**

（1）请在任意短视频平台分别找出一段使用镜头拍摄转场（无技巧转场）和特效叠加（技巧转场）方式的视频，并分析它们使用的转场方式。

（2）请在短视频平台中找出 3 段利用贴纸增加创意的视频，分析它们使用贴纸的技巧和实现的效果。

工作领域二
短视频内容运营

工作任务六：明确短视频运营规划

▶ 任务目标

- 制订完善的账号运营规划
- 根据运营规则提升账号运营数据

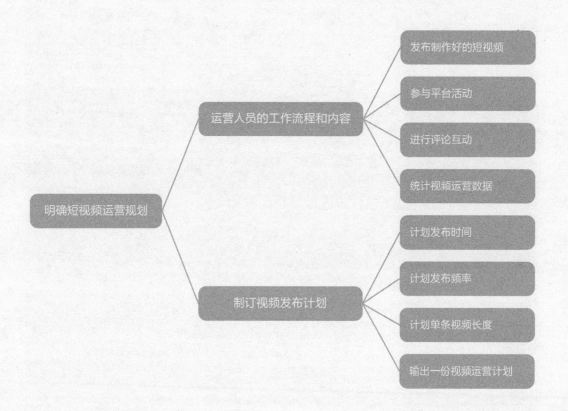

明确短视频运营规划

运营人员的工作流程和内容
- 发布制作好的短视频
- 参与平台活动
- 进行评论互动
- 统计视频运营数据

制订视频发布计划
- 计划发布时间
- 计划发布频率
- 计划单条视频长度
- 输出一份视频运营计划

▶ 知识回顾

请回顾《移动互联网运营（中级）》教程中的知识讲解，回答以下问题。

（1）短视频运营方法有哪些？

（2）如何掌握用户浏览短视频的时间规律？

子任务一：运营人员的工作流程和内容

▶ 任务背景

在小范和同事们的共同努力下，完整、成熟的短视频已经制作完成。作为运营人员，小范下一步的工作就是上传短视频，并通过一系列运营操作，让短视频能够获得更多用户的关注。小范要遵循什么样的视频运营的工作流程呢？又该重点监控哪些视频运营数据呢？

▶ 任务分析

作为一名短视频内容运营人员，小范的工作包括运营好账号的内容；利用平台的各项活动为账号引流；定期分析视频运营数据，以调整运营策略。小范还要注意，需站在用户的角度，精心设计视频的封面、文案等，为用户带来良好的交互体验。

▶ 任务步骤

步骤 1 发布制作好的短视频。

将制作好的短视频上传平台时，还需要制作视频封面，编写视频标题文案，为视频内容打标签。

（1）制作视频封面。

视频封面有助于提高视频的点击率和账号关注率，不同的账号类型要采用不同的视频封面，同一个账号的视频封面整体需要保持风格统一。

① 剧情、才艺表演、时尚类的短视频，适合以人物形象作为视频封面的主体。

② 美食、风景、"种草"类的短视频，适合以物品特写作为封面的主体。

③ 知识讲解、教学类的短视频，适合以文字作为封面的主体。

④ 好物推荐、开箱、测评类的短视频，适合以卡片模板作为封面的主体。

⑤ 已获著作权人授权的电影解说、影视混剪类的短视频，可采用画面三合一的方式制作封面。"三合一"即将连续的三个视频封面放在同一横排，合成一张图片，以具有较强的视频冲击感。

⑥ 视频博客类的短视频，则以突出博主自己的风格为主。

（2）编写视频标题文案。

视频标题文案是增加关注度、传递视频主旨的重要文案，通常为简洁明了的一句话的文字介绍，或者是对视频的中心思想有感而发的一句话的抒情文字。

好的视频标题文案要能归纳视频内容，设置吸睛点，或者可以留下悬念，引导用户点击。

运营人员只有在日常工作中不断积累，才能写出爆款标题文案。运营人员可以通过这几种方式提升编写标题文案的能力：明确短视频账号定位；定期分析运营账号的主体受众的喜好；定期收集短视频爆款标题文案，选择并归纳可借鉴使用的模板；紧跟标题和短视频的热点。

（3）为视频内容打标签。

运营人员可根据视频的标题，视频中的文字、声音、内容，视频的账号昵称、个性签名等来为视频内容打标签。例如，视频中出现了"美食"这两个字，不管这两个字是出镜人员说出的，还是添加的字幕，或者是标题中的关键词，抖音系统都会判定这个视频可能是美食类的视频。

因此，想通过视频向用户传达什么信息，就应该打好相应的类型标签。例如，想要吸引本地的用户，为视频打上地理标签或打开定位，这条视频被推荐给本地用户的概率就会增加。

步骤 2 参与平台活动。

参与平台活动时，除了要快速响应平台活动之外，运营人员还要能够清楚地解读活动规则。

（1）解读活动规则。

要了解活动主办方、活动时间、参与条件、活动内容、获奖条件、附加条件、奖品设置等内容。请分析平台上近期开展的活动，解读活动规则，并将其填入表 2-14。

表 2-14

活动规则解读	
活动主办方	
活动时间	
参与条件	
活动内容	
获奖条件	
附加条件	
奖品设置	

2-6

（2）快速响应平台活动。

快速响应平台活动能够增加账号内容入围平台挑选的第一批优质活动内容的概率。若要账号内容在众多的活动视频中脱颖而出，就需要运营人员快速产出符合活动要求的高质量视频内容。通常平台第一批挑选活动内容的时间是活动开始后的3小时左右。

步骤 3 进行评论互动。

播放量、点赞数和评论数往往是一条短视频是否成功的判定条件。一旦用户开始评论，后面进行观看、评论或参与讨论的用户数量就会上升。因此，有效干预和管理评论，是短视频运营的重要工作内容。

运营人员在视频刚刚发布之后，回复第一批评论的速度要快，而且要将优质评论内容置顶。

步骤 4 统计视频运营数据。

为了更好地了解和掌握运营视频账号的情况，运营人员需要统计单条视频的运营数据，并填入表2-15。

表 2-15

统计视频数据						
播放量	评论数	评论比例	点赞数	点赞比例	转发数	转发比例

▶ **任务思考**

（1）平台活动规则中有哪些内容需要重点关注？

（2）选择一段短视频，为其打上标签，并阐述这样打标签的原因。

子任务二：制订视频发布计划

▶ **任务背景**

小范和同事们认为应该制订一份合理的视频发布计划，以督促后续视频的制作和更新，保证公司账号内容的连续性。

2-6

▶ 任务分析

一份合理的视频发布计划应参考视频的制作周期，同时，要结合运营数据反馈的信息，制订出科学的发布时间、发布频率及单条视频长度等指标。

▶ 任务步骤

步骤 1 计划发布时间。

用户浏览短视频的时间可以分为工作日与休息日。在工作日，无论是学生族还是上班族，使用手机的时间是受限制的，因此，发布内容需要考虑用户使用频率最高的时间段，以便提升视频的总浏览量。

在工作日发布内容，可以参考两个时间段：中午 11—13 点和傍晚 17—19 点，用户在傍晚时段表现得更加活跃。

在休息日，用户的时间就不像工作日那样有规律，可能随时会拿起手机浏览视频，因此，账号运营人员可以根据自己的规划发布内容。

步骤 2 计划发布频率。

在新账号运营的初期，需要用具有连续性的作品来获得用户持续的关注，因此这个阶段可以保持一天 2 ~ 3 条视频的发布频率。在累积了一定的关注量后，则需要制订账号的稳定发布频率，如确定是周更还是日更，在周期内更新几条等。一旦账号形成了自己的发布频率，平台就会记住这个频率，如果一直按照这个频率发布视频，平台则会提升账号权重。同时，稳定的更新频率也能培养用户良好的观看习惯。

步骤 3 计划单条视频长度。

很多短视频平台都支持发布 1 分钟以上的视频，但一般来说，一条视频超过 30 秒，它的完播率就会大幅度下降。因此，建议视频的最佳时长为 15 ~ 30 秒。

但是，短视频的时长也不宜过短，7 秒以下的视频一般会被平台判定为视频内容不完整，平台也不会推荐该视频。时长过短的视频也会给用户带来不良的观看体验。

步骤 4 输出一份视频运营计划。

根据上述计划制订一份适合自身账号的运营计划，并完成表 2-16。

表 2-16

视频运营计划		
视频发布时间	视频发布频率	单条视频长度

▶ **任务思考**

（1）单条视频的最佳时长是多少？为什么？

（2）短视频平台上每日发布视频的高峰是什么时间段？

3-1

■ 工作领域三
用户运营

· 工作任务一：获取种子用户

▶ 任务目标

- 能够创建用户画像
- 能够制定种子用户的获取方案

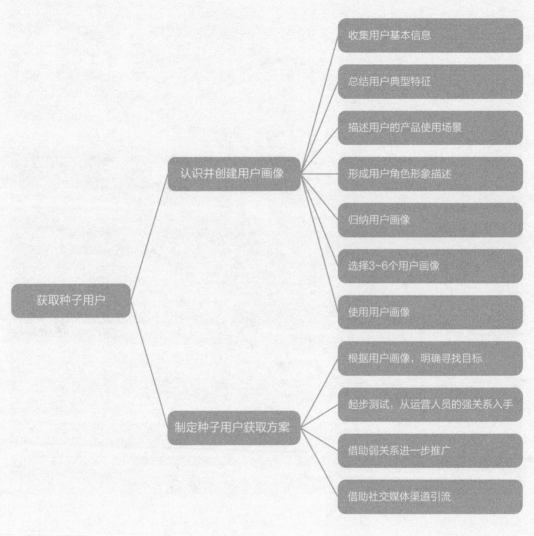

获取种子用户
- 认识并创建用户画像
  - 收集用户基本信息
  - 总结用户典型特征
  - 描述用户的产品使用场景
  - 形成用户角色形象描述
  - 归纳用户画像
  - 选择3~6个用户画像
  - 使用用户画像
- 制定种子用户获取方案
  - 根据用户画像，明确寻找目标
  - 起步测试，从运营人员的强关系入手
  - 借助弱关系进一步推广
  - 借助社交媒体渠道引流

▶ **知识回顾**

请回顾《移动互联网运营（中级）》教程中的知识讲解，回答以下问题。

（1）需要收集的用户信息包含哪3个方面？

（2）寻找种子用户的渠道有哪些？

子任务一：认识并创建用户画像

▶ **任务背景**

　　小张是一家新公司的运营人员。公司为宣传自家的品牌开设了一个微信公众号，但宣传和转化效果并不理想。作为运营人员，小张发现微信公众号虽已运行半年，但并未抓住用户。其原因为用户定位不清晰，因此当前要为微信公众号梳理出一个清晰的用户画像。

　　换位思考，如果你是小张，你会如何创建用户画像呢？

▶ **任务分析**

　　我们要了解产品受众群体的年龄、性别、学历以及收入等相关信息，从而对用户的重要信息进行总结与归纳。整理后的重要信息将指引我们形成想法，为目标用户创造更好的用户体验。

▶ **任务步骤**

步骤 ① 收集用户基本信息。

　　运营人员需要尽可能多地收集用户的相关信息，可以采取用户访谈沟通的形式，有针对性地进行收集，也可以通过其他的渠道进行收集。重点需要收集 3 方面的信息：用户的个人背景，如年龄、性别、教育程度、家庭情况等；用户的专业特征，如职业、收入、兴趣、爱好等；用户的心理特征，如需求、动机、愿望等。

步骤 ② 总结用户典型特征。

　　根据步骤 1 中收集的信息，总结各类用户的普遍情况和状态，提炼出用户的典型特征。在这一过程中，要注意区分用户的类型，并进行归类总结，形成几类典型的用户特征，如图 3-1 所示。

年龄分布：25~40岁

性别分布：男性占78%

教育程度：80%为大学本科

收入范围：1万~1.8万元

兴趣爱好：二次元文化、动漫文化等

用户心理：希望通过产品来达到精神层面的满足感

图 3-1

3-1

步骤 3 描述用户的产品使用场景。

用户画像的目的是更好地让相关人员了解用户如何使用产品。在创建用户画像的过程中，可以细致描述用户是在何种场景中使用产品的，将用户与产品的交互过程介绍清楚。具体可以用以下方式：提出一个问题或情况，描述用户对问题的反映，明确产品在场景中的作用。定义用户如何使用产品是用户画像的最终目标。

步骤 4 形成用户角色形象描述。

除了总结用户的典型特征，也要构建用户的角色形象。这一步骤最终的目的是在用户和产品之间建立共情的纽带。

将收集到的信息中关于用户个人的需求、动机、愿望和价值观等内容清晰地描述出来，如图 3-2所示，并填写在表 3-1 中。

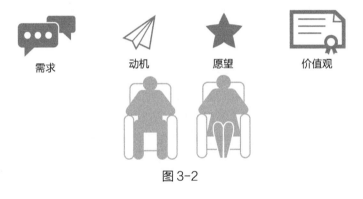

需求　　　　动机　　　　愿望　　　　价值观

图 3-2

表 3-1

信息类别	描述
需求	
动机	
愿望	
价值观	

步骤 5 归纳用户画像。

用户画像由用户角色信息和使用场景组成。从这两个方面将上述整理好的信息归纳为用户画像。

3-1

步骤 6 选择 3 ~ 6 个用户画像。

用户画像不需要很多，选择 3 ~ 6 个最能代表典型用户的描述即可。少量但典型的用户画像，可以帮助运营人员和其他相关工作人员在用户的管理及维护上更加聚焦。

步骤 7 使用用户画像。

创建好用户画像之后，下一步就是在相关工作人员中传播使用，以帮助团队成员更好地理解用户特点，更好地完成日常的运营工作。

▶ 任务思考

（1）为什么创建用户画像在运营工作中特别重要？

（2）是否还有其他形式的用户画像？试举几个例子。

子任务二：制定种子用户获取方案

▶ 任务背景

用户画像创建完成后，公司领导又希望了解微信公众号的种子用户的数量。小张该如何根据领导要求寻找并确定种子用户呢？

▶ 任务分析

首先要明确种子用户不等于产品初始用户。在产品应用初期，种子用户是非常重要的，他们能对产品的应用和运营起到指导作用。因此，种子用户在于质量高，而不在于数量多。

创建了用户画像，就相当于具象化了用户的特征。随后，我们需要根据这些具象化的用户特征明确目标，起步测试。

▶ 任务步骤

步骤 1 根据用户画像，明确寻找目标。

在获取种子用户前，首先需要知道种子用户的特点。在子任务一中通过创建产品的用户画像，运营人员知道了产品的目标用户具有的典型特征，在获取种子用户的阶段，拥有这些典型特征的用户就是运营人员需要寻找的目标。

3-1

步骤 2 起步测试，从运营人员的强关系入手。

对没有太多资源的产品来说，在起步阶段获取种子用户非常难，因此，可以先从运营人员的强关系入手。强关系是指和运营人员经常保持联系的、可信任的人，比如家人、亲戚、朋友、同学、同事、同行等，如图3-3所示。基于信任的原因，强关系中的用户成为第一批种子用户的概率较大。

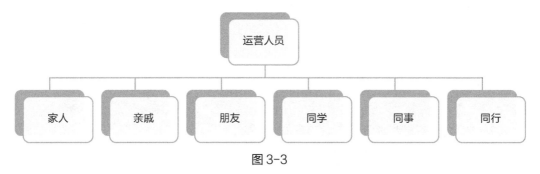

图3-3

步骤 3 借助弱关系进一步推广。

运营人员有其联系方式，但很少联系或者也不太认识的社交关系被称为弱关系。弱关系的特点是数量广，但信任度不高。弱关系中的用户一旦认同产品，也能够实现有效增长。因此，在进一步推广的过程当中，要注意撬动运营人员的弱关系。

向弱关系推广要注意两点，一是注重分享交流和自我展示，避免过于急功近利；二是沟通中要有相对明确的定位，避免过多的无效交流。

步骤 4 借助社交媒体渠道引流。

除了上述两种方式，还可以借助社交媒体渠道引流，如微信公众号、微博、豆瓣社区、知乎社区等。在这些平台中发布新产品的推广信息，需要注意遵守平台的规则。同时，运营人员也要注意利用社交网络内容运营的知识和技能，制作出高质量的内容吸引目标用户。除了大企业利用自身产品直接导流之外，引流几乎是各运营人员最常使用的获取种子用户的方式。

除了上面介绍的几种方式，我们还可以借助特殊的方式寻找种子用户。例如，采取邀请机制，利用视频或H5广告等形式进行宣传邀请。

▶ **任务思考**

（1）获取种子用户一共有几种方式？分别是哪几种？

（2）用户中的强关系与弱关系有什么不同？

3-2

■ 工作领域三
用户运营

•• 工作任务二：设计用户运营规则

▶ **任务目标**

- 熟练掌握用户标签的设计规则
- 能够独立设计用户成长体系
- 能够设计用户激励体系

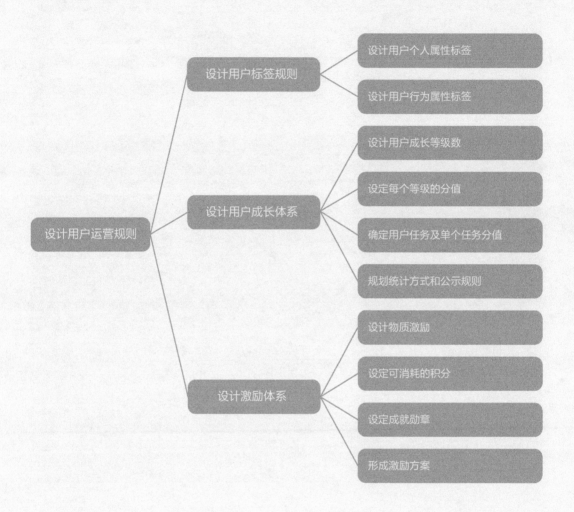

设计用户运营规则

设计用户标签规则
  设计用户个人属性标签
  设计用户行为属性标签

设计用户成长体系
  设计用户成长等级数
  设定每个等级的分值
  确定用户任务及单个任务分值
  规划统计方式和公示规则

设计激励体系
  设计物质激励
  设定可消耗的积分
  设定成就勋章
  形成激励方案

▶ 知识回顾

请回顾《移动互联网运营（中级）》教程中的知识讲解，回答以下问题：

（1）用户的统计和用户画像的建立一般需要哪些标签？

（2）用户运营体系包含哪些子体系？

子任务一：设计用户标签规则

▶ **任务背景**

　　创建用户画像和制定种子用户获取方案后，小张认为现在要为划分用户设计用户标签。那么，在设计用户标签规则这件事上，小张需要注意些什么呢？

▶ **任务分析**

　　用户标签是指对用户具有的某些共同特点的概括（用户的个人属性，如年龄、性别等），或者基于某些规则（对用户交易、资产数据的统计指标等），总结出的一些特征标识。

▶ **任务步骤**

　　用户标签可以简洁地描述和分类人群。

　　标签的设置需要结合业务需要来设定，可以针对用户的个人属性（姓名、性别、年龄、居住地、学历、行业、收入、家庭人数、婚姻状况等）、行为属性（使用的手机、计算机类型，月消费金额，使用等级等）、需求属性（兴趣爱好、价格偏好、支付偏好等）来进行标注。用户标签可以清楚地描绘用户画像的特征。

步骤 1 设计用户个人属性标签。

　　常见的个人属性标签包括用户的年龄、性别、产品安装时间、注册状态、所在地（省份、城市）、活跃登录地等，如图 3-4 所示。请根据自己的业务情况将设计的用户个人属性标签填入表 3-2。

标签主题	标签名称	一级归类
个人属性	用户年龄	年龄
	用户性别	自然性别
	产品安装时间	安装日期
	注册状态	注册日期
	所在省份	
	所在城市	地域
	活跃登录地	

图 3-4

表 3-2

标签主题	标签名称	标签内容
个人属性	用户年龄	
	用户性别	
	安装时间	
	注册状态	
	所在省份	
	所在城市	
	活跃登录地	

步骤 2 设计用户行为属性标签。

用户行为属性是刻画用户行为的一种常见维度，通过分析用户行为可以挖掘其偏好和购买特征。常见的用户行为标签有访问次数、活跃天数、访问时长、访问日期、用户高频活跃时间段、营销敏感度、客单价等，如图 3-5 所示。

标签主题	标签名称	一级归类
用户行为	访问次数	用户访问
	活跃天数	
	访问时长	
	访问日期	
	用户高频活跃时间段	
	营销敏感度	
	客单价	用户消费
	点击偏好	
	下单/访问行为	
	用户购买品类	用户购买行为

图 3-5

▶ **任务思考**

（1）设计用户标签规则需要考虑哪两个方面？

（2）用户标签的作用是什么？

子任务二：设计用户成长体系

▶ **任务背景**

参照用户的标签规则，小张将目前已有的用户分成了 5 个等级，等级越高的用户越有价值。领导提出不能将用户的等级固定，需要构建一个上升通路，以便让普通用户变成有价值的用户，有价值的用户变得更有价值。因此，小张要为用户设计一个成长体系，那么他要如何做呢？

▶ **任务分析**

对产品而言，用户成长体系可以确保优质资源或增值服务被核心目标用户使用。对用户进行合理的引导，可以提升用户群体的活跃度，增强用户黏性。

用户成长体系能让优质用户产生优越感，在产品使用过程中得到及时的正反馈，享受等级提升带来的特定权益。

用户成长体系构建主要包含财富体系、社交体系和成就体系的构建。

▶ **任务步骤**

步骤 1 设计用户成长等级数。

用户成长等级数不能太少，因为用户会一直在成长，降级的用户很少。用户的成长等级呈现金字塔状，底部的用户数量最多，随着等级的提升，用户数量不断下降，如图 3-6 所示。

步骤 2 设定每个等级的分值。

设计好整体的等级数之后，要为每个等级设定分值（成长值）。入门的两三个等级分值可以设定得低一些，这样可以给用户带来更强的满足感，如图 3-7 所示。随着等级的上升，每一级的分值就要设定得高一些，并且要越来越高（增长曲线会变得越来越陡），给用户增加挑战性。

3-2

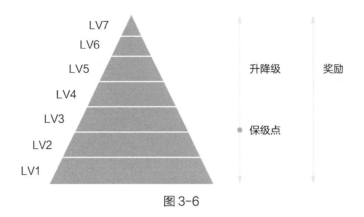

图 3-6

用户等级	LV1	LV2	LV3	LV4	LV5	LV6	LV7	LV8
成长值	0	400	800	1600	3000	5000	7000	25000及以上

图 3-7

步骤 3 确定用户任务及单个任务分值。

用户任务是运营人员引导用户的重要工具。每一个等级设定的用户需要完成的任务，要和产品发展的目标相结合。这些任务的难度通常是由简单到复杂，任务数量可以由少到多。例如，社区产品中的签到、游戏产品中的打卡等都可以是用户任务。

这一步要明确任务的具体内容，完成任务的数量，以及每个任务的分值。这样就可以计算出用户等级提升一级需要完成多少任务了。

为了防止用户沉迷或使用其他不当方式违规提升等级，还可以规定单位时间内只能完成一定数量的任务。例如，每天只能写 5 条评论，多写的不会获得积分等，这也需要运营人员结合产品特性进行设计，如图 3-8 所示。

步骤 4 规划统计方式和公示规则。

完成前面的步骤之后，就需要确定任务的审核方式、用户完成任务的统计方式、分数的计算方式。例如，审核方式有系统审核和人工审核两种。系统审核通常只能审核字数、图片数量以及某个固定动作的确认等。统计方式也需要运营人员仔细考虑，确保每个用户的数据可以准确积累。

最后要做的则是相关规则的公示，这里分为公共规则和个人分数展现两种。确保用户不仅可以看到公共规则的变化，也可以看到自己任务的进度。

图 3-8

▶ **任务思考**

（1）当一部分用户达到用户成长体系顶端时，应如何让该群体产生更大的价值？

（2）用户成长体系等级是否需要不定期进行等级划分或等级上限更新？

子任务三：设计激励体系

▶ **任务背景**

　　仅有成长通道是不够的，没有一定的激励措施很难促使用户产生升级成长的意愿并付诸行动，不同等级的用户的关注点和需求点是不同的，小张该如何根据不同的用户需求来设计激励体系呢？

▶ 任务分析

设计激励体系要从商业目的、目标行为和激励赏金 3 个方面进行考虑。例如，为了调动用户升级成长的积极性（商业目的），达到调动产品用户活跃度的目的（目标行为），可以为特定时间段内活跃的用户赠送小礼品（激励赏金）。

▶ 任务步骤

步骤 1 设计物质激励。

设计物质奖励时，需要考虑用户特点和用户心理。例如，给一、二线城市的年轻用户或者学生群体赠送产品"盲盒"，给中老年用户赠送生活用品。

物质激励可以分为现金、折扣券及实物奖品等。物质激励可以给用户带来最实际的回报，但物质激励也存在不足：首先是成本通常较高，奖品的选择、采购、存储、配送，获奖人员的信息确认和收集等，涉及的资金成本、人力成本和时间成本都比较高；其次，物质奖励如果不能给用户带来惊喜，或者让用户觉得有价值，就无法激励用户。结合你的产品，将你能想到的物质激励填入表 3-3。

表 3-3

物质激励类型	说明

步骤 2 设定可消耗的积分。

积分也是激励用户的一种形式，如图 3-9 所示。构建积分体系的好处有两个，一是让用户获得主动权；二是基于积分体系，运营人员和企业还可以建设一个积分换购的商城体系，让更多的合作方参与进来。

步骤 3 设定成就勋章。

除了物质激励，还可以设定各种成就勋章来激励用户，即完成某一级别任务或其他任务就可以获得相应的勋章。勋章可以在用户的个人信息中体现，给用户带来荣誉感，如图 3-10 所示。请在表 3-4 中设计一套勋章等级体系，并将每一等级的勋章名称填入右栏。

3-2

我的积分

图 3-9

图 3-10

表 3-4

成就等级	勋章名称
第一级	
第二级	
第三级	
第四级	
第五级	

步骤 4 形成激励方案。

　　通过以上 3 个步骤，运营人员可以结合自身产品的特点，制定一套合适的用户激励方案。确定每一级的用户可以获得什么形式的激励赏金，以及用户可采取何种方式进行领取。请将制定的激励方案填入表 3-5。

表 3-5

成就等级	可获得的激励赏金	领取方式
第一级		
第二级		
第三级		
第四级		
第五级		

▶ **任务思考**

　　（1）制定用户激励方案的目的是什么？

　　（2）在制定用户激励方案的过程中需要考虑哪些因素？

3-3

■ 工作领域三
用户运营

∴ 工作任务三：制定用户增长方案

▶ 任务目标 ─────────────────────────▶

- 能够使用 RFM 模型对用户进行分层
- 能够制定长期的运营方案

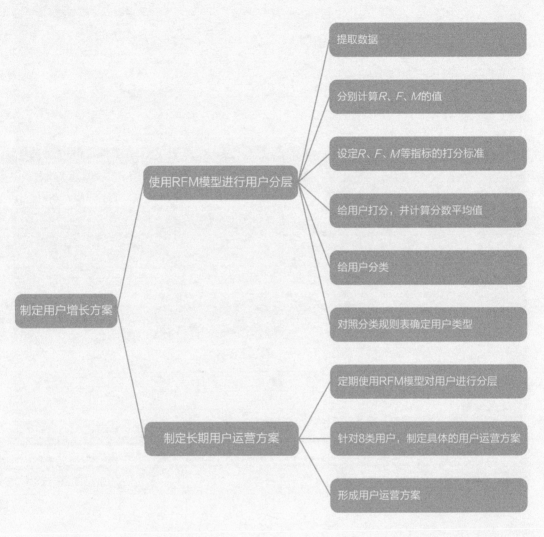

制定用户增长方案

使用RFM模型进行用户分层
- 提取数据
- 分别计算R、F、M的值
- 设定R、F、M等指标的打分标准
- 给用户打分，并计算分数平均值
- 给用户分类
- 对照分类规则表确定用户类型

制定长期用户运营方案
- 定期使用RFM模型对用户进行分层
- 针对8类用户，制定具体的用户运营方案
- 形成用户运营方案

▶ 知识回顾

请回顾《移动互联网运营（中级）》教程中的知识讲解，回答以下问题。

（1）什么是 RFM 模型？

（2）用户运营体系有哪几种？

子任务一：使用 RFM 模型进行用户分层

▶ 任务背景

小张发现还需要利用工具对用户进一步分层，进而分析用户的价值状况。小张可以使用哪些工具来完成这一任务呢？

▶ 任务分析

RFM 是近度（Recency）、频度（Frequency）、额度（Monetary）的英文缩写。RFM 模型中的 R、F、M 可以根据运营载体和运营内容来进行具体的定义。

使用 RFM 模型对用户进行分层，能够提升用户运营的效率。例如，将最近一次消费时间间隔定义为 R，距上一次消费越近，即 R 的值越小，用户价值就越高；将消费频率定义为 F，消费频率越高，即 F 的值越大，用户价值就越高；将消费金额定义为 M，消费金额越高，即 M 的值越大，用户价值就越高。

把这 3 个指标按价值从低到高排序，并把这 3 个指标作为坐标轴，就可以把空间划分为 8 个区域，得到 8 类用户，如图 3-11 和图 3-12 所示。

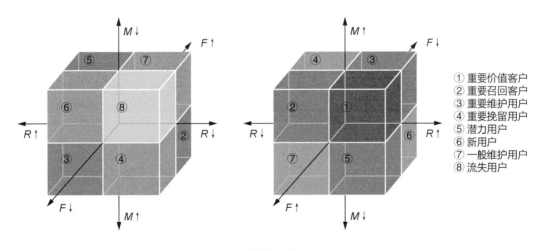

① 重要价值客户
② 重要召回客户
③ 重要维护用户
④ 重要挽留用户
⑤ 潜力用户
⑥ 新用户
⑦ 一般维护用户
⑧ 流失用户

图 3-11

3-3

用户类型	最近一次消费时间间隔（R）	消费频率（F）	消费金额（M）	对应场景
重要价值用户	+	+	+	R、F、M的值都很大，优质客户，需要重点维护
重要召回用户	−	+	+	成交量和成交额很大，但最近没有交易，需要召回
重要维护用户	+	−	+	成交额大，最近有交易，需要重点识别
重要挽留用户	−	−	+	成交额大，潜在的价值用户，需要挽留
潜力用户	+	+	−	成交量大，且最近有交易，需要挖掘
新用户	+	−	−	最近有交易，是新用户，需要推广
一般维护用户	−	+	−	成交量大，但是贡献不大，用户黏性也不高，一般维护
流失用户	−	−	−	已经流失的用户

图 3-12

▶ **任务步骤**

步骤 1 提取数据。

假设今天是 2021 年 3 月 30 日，现在需要分析最近 30 天的用户。小王是你公司的用户，登录系统后台可获取他最近的消费数据，具体如下。

最近一次消费时间间隔（R）：最近一次消费时间是 3 月 26 日，距离上一次消费时间是 4 天，所以小王的最近一次消费时间间隔是 4 天。

消费频率（F）：规定的"一段时间"是"最近 30 天"，也就是 2021 年 3 月 1 日至 30 日，小王在这段时间消费了两次，分别是 3 月 22 日和 3 月 26 日。

消费金额（M）：小王在这段时间累计消费了 500 元，第一次消费 100 元，第二次消费 400 元。

可以按照这种方式从系统后台提取其他用户的消费数据。

步骤 2 分别计算 R、F、M 的值。

以小王为例，他的 3 个指标分别为：

R=4

F=2

M=500

可以按照此方式计算出其他用户的 R、F、M 值。这里假设只有两名用户，小王为用户1，另一名用户为用户2。用户2的 R、F、M 值分别为2、15、100。

步骤 3 设定 R、F、M 指标的打分标准。

在实际分析中，R、F、M 指标并没有统一的打分标准，需结合业务情况进行设定。现在假设这3个指标的分值范围为 1 ~ 5 分，分为 5 档，每一档的划分标准如图 3-13 所示。

分值	R	F	M
1	≥21天	≤2次	≤100元
2	11~20天	3~5次	101~150元
3	6~10天	6~9次	151~300元
4	3~5天	10~20次	301~500元
5	≤2天	≥21次	≥501元

图 3-13

步骤 4 给用户打分，并计算分数平均值。

依据步骤3的打分标准为步骤2中提到的两名用户打分，再根据两名用户的 R、F、M 指标分数，计算每一个指标分数的平均值，得到的计算结果如图 3-14 所示。

用户ID	R	F	M	R值打分	F值打分	M值打分
1	4天	2次	500元	4	1	4
2	2天	15次	100元	5	4	1
平均值				4.5	2.5	2.5

图 3-14

步骤 5 给用户分类。

根据步骤4中给用户的打分和计算出来的平均值对用户进行分类。判断用户每个指标的价值高低情况，以此判定用户属于哪个区间，如图 3-15 所示。

3-3

用户ID	R价值高低情况	F价值高低情况	M价值高低情况
1	低	低	高
2	高	高	低

图 3-15

步骤 6 对照分类规则表确定用户类型。

根据步骤 5 的判定结果，再与任务分析中的用户分类表进行比对，可以得出用户属于哪种类别，如图 3-16 所示。

用户ID	用户分类
1	重要挽留用户
2	潜力用户

图 3-16

▶ **任务思考**

（1）为什么给用户打分的时候需要计算平均值？

（2）如何将用户进行分类？为什么计算周期需要取 30 天为一个周期单位？

子任务二：制定长期用户运营方案

▶ **任务背景**

用户运营中，吸引新用户和挖掘稳定用户是两项重要的任务，因此，需要有针对性地制定长期用户运营方案。小张该如何制定适用的用户运营方案呢？

▶ **任务分析**

熟练掌握了 RFM 模型后，可根据规划好的时间节点对产品用户进行分析，得出分析结果后，要针对不同类型的用户的特有属性与消费特征制定特定的用户运营策略和长期的用户运营方案。

▶ 任务步骤

步骤 1 定期使用 RFM 模型对用户进行分层。

用户运营是一项系统的、长期的运营工作。运营人员需要定期对用户进行分类，可以制订一个时间规划，例如，每个月使用 RFM 模型对用户进行一次分析和分层。这样可以充分了解 8 类用户的数量，为下一步制定运营方案做好充分的准备。

步骤 2 针对 8 类用户，制定具体的用户运营方案。

图 3-12 中列举了 8 类用户，每一类用户的特点不同，用户价值也不同，因此需要分别制定不同的运营方案。下面介绍其中 3 种用户的特点，以及在制定运营方案中需要注意的问题。

类型 1：新用户。

新用户的特点是 R 值高，也就是最近登录或最近消费的时间很近。需要通过一系列运营活动，提升新用户登录或消费的次数，提升 F 值。

类型 2：潜力用户。

潜力用户的特点是 R 值和 F 值都很高，需要进一步挖掘潜力用户的消费贡献能力，让这类用户产生更高的消费。

类型 3：重要价值用户。

重要价值用户的 R 值、F 值和 M 值都很高，是一个产品的核心用户，因此需要重点关注，尽可能地延长这类用户的生命周期。

步骤 3 形成用户运营方案。

运营人员在分析用户分层后，就可以综合活动运营和内容运营的运营方式，制定出具体的运营方案。请在表 3-6 中填写一套完整的用户运营方案。

表 3-6

用户分层	运营方式	具体运营内容

续表

用户分层	运营方式	具体运营内容

▶ **任务思考**

（1）如何有效地延长重要价值用户的生命周期？

（2）最好多久更新一次长期的用户运营方案？

4-1

■ 工作领域四
生活服务平台流量运营

● 工作任务一：认识生活服务平台的数据

▶ 任务目标

- ■ 认识店铺经营的主要数据
- ■ 认识生活服务平台的流量数据

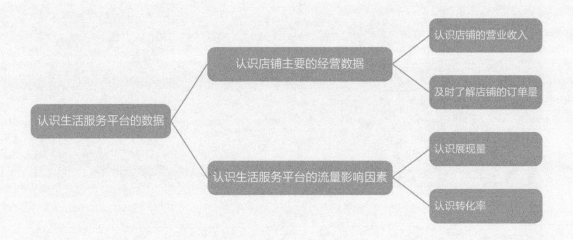

请回顾《移动互联网运营（中级）》教程中的知识讲解，回答以下问题。

（1）流量漏斗模型包含哪些内容？

（2）生活服务平台流量运营的方法有哪些？

子任务一：认识店铺主要的经营数据

▶ **任务背景**

小王在一家外卖代运营公司工作，该公司服务了多家餐饮品牌。小王很受主管的赏识，主管准备在半年之后提拔小王担任项目负责人，负责一家餐饮品牌外卖店铺的运营工作。小王希望全面了解外卖店铺的运营工作，快速提升自己的业务能力。经过主管的指导，小王准备从了解店铺主要的经营数据入手。

▶ **任务分析**

店铺的经营数据非常多，而营业收入是其中的核心数据，因为它直接反映了店铺整体的经营状况。要想了解店铺的经营数据，首先要了解营业收入数据的构成和影响因素。

▶ **任务步骤**

营业收入数据分析是店铺经营分析的基础，通过分析，运营人员可以掌握店铺的经营状况和财务状况，发现日常经营中的问题，帮助店铺实现更好的盈利。

步骤 1 认识店铺的营业收入。

在生活服务平台的系统中，营业收入通常以天、周、月为单位进行统计。

一个店铺的营业收入，主要由订单量和客单价两个因素决定。营业收入的计算公式如图 4-1 所示。在最初的推广过程中，店铺会给商品确定统一的售价，如果商品售价不发生大的变动，那么客单价就会保持相对稳定的水平。因此，要提升营业收入，重点是提升店铺的订单量。

图 4-1

4-1

步骤 2 及时了解店铺的订单量。

运营人员需要掌握店铺的订单量情况，并及时分析订单量增加或减少的原因，以便及时调整运营策略，优化或改进运营方案。

▶ **任务思考**

（1）除了营业收入的相关数据外，还有哪些重要的经营数据？

（2）营业收入的公式还有其他形式吗？

子任务二：认识生活服务平台的流量影响因素

▶ **任务背景**

了解了店铺的营业收入数据后，小王发现要想提高订单量，就要提升店铺的流量，因为流量是影响营业收入的关键要素。他准备进一步了解影响流量的因素。

▶ **任务分析**

线下的店铺所处的位置是影响流量的关键因素。线上的店铺要实现盈利，也需要流量。因此，要做好流量运营工作，首先要了解线上店铺的流量影响因素以及转化率的计算公式。

▶ **任务步骤**

流量运营工作主要是围绕订单量这一核心目标开展的。而订单量的直接影响因素是展现量和转化率。

步骤 1 认识展现量。

由图 4-2 所示的流量漏斗模型可知，店铺的展现量越大，流量越大，这样就为后续的转化提供了一定的基数。如果店铺的展现量不大，即使转化率达到 100%，店铺的订单量也不会大；如果店铺的展现量足够大，那么转化率每提高一个百分点，店铺的订单量将随之大大提升。

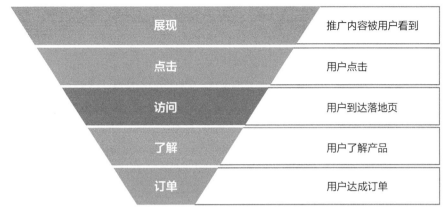

图 4-2

在生活服务平台上，店铺的展现量是这个店铺所有信息入口的展现量之和，如图 4-3 所示。展现量与流量是不同的，展现量是某一店铺在平台各个信息入口中展现的次数，而流量是用户点击的次数。

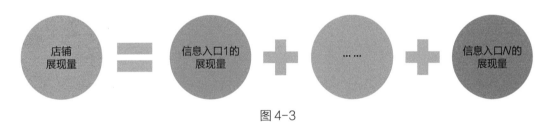

图 4-3

要提升店铺的展现量，首先要尽可能多地增加信息入口，有效的信息入口越多，店铺获得的展现量就越多；其次是尽可能提升每个信息入口的质量。例如，在外卖平台中，用户搜索"湘菜"，那么排在第一名位置的湘菜馆肯定获得了最大的展现量。假设有 100 人在一天内都搜索了"湘菜"，几乎这 100 人都会看到排名首位的这家湘菜馆，而翻到第 5 屏才出现的湘菜馆可能只有几个人看到，这两个店铺展现量的差距不言而喻。

核算总展现量和每个信息入口占比，以此判断信息入口的权重，并制定相应的运营策略。

每个信息入口展现量的主要影响因素有关键词的数量、质量、位置和匹配方式。

步骤 2 认识转化率。

从展现到点击是一次转化，从点击到了解产品是一次转化，从了解产品到达成订单是一次转化，每深入一层，就会流失一部分流量。如果要提升从展现到达成订单的总转化率，一是减少中间的环节，二是要努力提升每一个环节的转化率。

另外，一个店铺的总转化率，也可以细化到每一个具体信息入口的数据。信息入口不同，影响因素就不同，需要针对特定的信息入口进行特定的分析。

分析信息入口的数据时，可以从基础信息的设置、用户路径的长度、店铺排名、竞争对手的数量等几个方面进行着手。这几个方面又包含了很多影响因素，运营人员需要根据实际情况逐一进行分析。

▶ **任务思考**

（1）转化率的计算公式是什么？

（2）选定某一平台，试分析如何提升这个平台信息入口的展现量。

4-2

■ 工作领域四
生活服务平台流量运营

•• 工作任务二：外卖平台的店铺流量运营

▶ 任务目标

- 能够对店铺的流量结构进行分析
- 能够制定提升搜索质量的方案

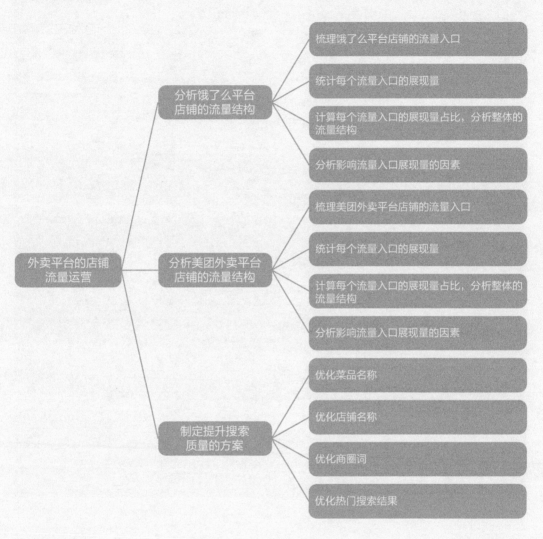

外卖平台的店铺流量运营

分析饿了么平台店铺的流量结构
- 梳理饿了么平台店铺的流量入口
- 统计每个流量入口的展现量
- 计算每个流量入口的展现量占比，分析整体的流量结构
- 分析影响流量入口展现量的因素

分析美团外卖平台店铺的流量结构
- 梳理美团外卖平台店铺的流量入口
- 统计每个流量入口的展现量
- 计算每个流量入口的展现量占比，分析整体的流量结构
- 分析影响流量入口展现量的因素

制定提升搜索质量的方案
- 优化菜品名称
- 优化店铺名称
- 优化商圈词
- 优化热门搜索结果

▶ 知识回顾

请回顾《移动互联网运营（中级）》教程中的知识讲解，回答以下问题。

（1）如何打造优质的流量结构？

（2）外卖店铺流量三要素是什么？

子任务一：分析饿了么平台店铺的流量结构

▶ 任务背景

经过前面的学习，小王已经对经营数据有了较全面的了解。接下来，他准备进一步了解所在公司重点运营的饿了么平台上的相关店铺，分析饿了么平台店铺的流量结构。

▶ 任务分析

分析流量结构，重点是将平台能够带来流量的每个入口都罗列出来，并统计、分析这些入口可以为店铺提供哪些流量。

▶ 任务步骤

步骤 1 梳理饿了么平台店铺的流量入口。

梳理外卖店铺在饿了么平台上可以获取流量的入口，并按照自然流量入口、活动流量入口、付费流量入口分类。

步骤 2 统计每个流量入口的展现量。

按照步骤1梳理的流量结构框架，利用平台提供的后台数据，统计每个流量入口的展现量，并填入表4-1。

表4-1

	自然流量入口展现量	活动流量入口展现量	付费流量入口展现量
入口1			
入口2			
入口3			
入口4			
入口5			
……			

步骤 3 计算每个流量入口的展现量占比，分析整体的流量结构。

将每个流量入口的展现量汇总，可得到店铺整体的展现量，再计算每个流量入口的展现量占比，并填入表 4-2。

表 4-2

	自然流量入口展现量占比	活动流量入口展现量占比	付费流量入口展现量占比
入口 1			
入口 2			
入口 3			
入口 4			
入口 5			
......			

步骤 4 分析影响流量入口展现量的因素。

针对占比排名前三的流量入口，分析影响每个流量入口展现量的因素。

▶ **任务思考**

（1）在梳理流量入口的过程中，如何避免遗漏流量入口？

（2）分析影响某个流量入口展现量的因素时，有什么需要注意的？

子任务二：分析美团外卖平台店铺的流量结构

▶ **任务背景**

由于每个平台的设计不一样，小王还准备重点了解美团外卖平台，分析美团外卖平台可以给外卖店铺提供哪些流量入口。

▶ **任务分析**

分析流量结构，重点是将平台能够带来流量的每个入口都罗列出来，并统计、分析这些入口可以为店铺提供哪些流量。

▶ **任务步骤**

步骤 1 梳理美团外卖平台店铺的流量入口。

梳理外卖店铺在美团外卖平台上可以获取流量的入口，并按照自然流量入口、活动流量入口、付费流量入口分类。

步骤 2 统计每个流量入口的展现量。

按照步骤 1 梳理的流量结构框架，利用平台提供的后台数据，统计每个流量入口的展现量，并填入表 4-3。

表 4-3

	自然流量入口展现量	活动流量入口展现量	付费流量入口展现量
入口 1			
入口 2			
入口 3			
入口 4			
入口 5			
……			

步骤 3 计算每个流量入口的展现量占比，分析整体的流量结构。

将每个流量入口的展现量汇总，可得到店铺整体的展现量，再计算每个流量入口的展现量占比，并填入表 4-4。

4-2

表 4-4

	自然流量入口展现量占比	活动流量入口展现量占比	付费流量入口展现量占比
入口 1			
入口 2			
入口 3			
入口 4			
入口 5			
……			

步骤 4 分析影响流量入口展现量的因素。

针对占比排名前三的流量入口，分析影响每个流量入口展现量的因素。

▶ **任务思考**

（1）对比饿了么平台和美团外卖平台，分析两个平台的异同点。

（2）对比饿了么平台和美团外卖平台，分析同一家店铺在两个平台上经营数据的差异。

子任务三：制定提升搜索质量的方案

▶ **任务背景**

小王基本掌握了店铺在两大平台上的流量结构，发现搜索框是用户使用频率最高的流量入口之一。那么该如何提高店铺的搜索质量呢？

▶ **任务分析**

要提升外卖店铺在平台的搜索质量，首先需要充分了解影响搜索结果排名的因素。影响店铺搜索排名的因素主要包括菜品名称的设置、店铺名称的设置，以及是否包含热门搜索词等。

▶ 任务步骤

步骤 ❶ 优化菜品名称。

（1）编辑完整的菜品名称。

用户如果用菜品名称进行搜索，说明用户已经想好了要吃什么，下单的目的性非常明确，这类用户一般会找主打这个菜品且销量表现不错的店铺下单。如果店铺中的菜品名称不完整，就会损失这部分流量。例如，若菜品名称为"韭菜鸡蛋"，那么当用户搜索"韭菜鸡蛋水饺"时，该菜品的搜索排名将非常靠后，这个菜品就不易被用户看到，这就意味着流量的损失。

（2）在个性化菜名后备注实际的菜品名称。

部分店铺在给菜品取名时，为了突出店铺的特色，往往取了一些很个性的菜名。这类菜名很难让用户一眼看出是什么菜，甚至由于菜名中没有包含用户用到的搜索关键词，而无法被用户搜索到。这里建议在个性化菜名之后备注实际的菜品名称。例如，一家以企业员工为主要客源的餐厅，将小炒黄牛肉取名为"项目不黄"，在外卖平台上就要在该菜名之后备注实际的菜品名称"小炒黄牛肉"；一家盖饭餐厅将西红柿炒鸡蛋盖饭取名为"炒鸡喜欢你"，也要在该名称之后备注实际的菜品名称，如图4-4所示。这种菜名设置方式既保留了店铺的特色，又容易被用户搜索出来。

图 4-4

4-2

步骤 2 优化店铺名称。

优化店铺名称时可以突出店铺主打的菜品名称。这样搜索结果中会显示与输入的搜索关键词一致或近似的店铺。例如，用户搜索麻辣烫，那么"XX 麻辣烫"这类店名出现在搜索结果中的概率就很大，如图 4-5 所示。

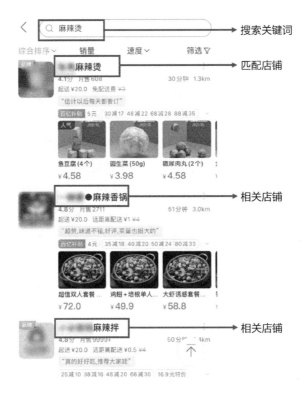

图 4-5

步骤 3 优化商圈词。

部分用户会搜索自己附近商圈的餐厅，他们会将商圈词作为搜索关键词。因此，在设置店铺名称时，可以在店铺名称中增加"（XX店）"字样，括号中包含地理位置信息（路名、商圈名等）。需要注意的是平台通常要求以"店"字结尾。

使用上述优化方法，根据表 4-5 中的店铺所在商圈，优化店铺名称。

表 4-5

店铺经营种类	地址	店铺名称
麻辣烫	北京市海淀区中关村东路 X 号	
日本料理	北京市朝阳区建国门外大街 X 号	
涮肉	北京市西城区牛街 X 号	

步骤 4 优化热门搜索结果。

热门搜索体现了所在区域的用户在当前时段搜索最多的关键词。这里包含两个信息：一是所在区域，二是当前时段。

外卖平台中搜索人数较多的时段主要有以下 4 个。

早餐：5:00—10:00。

正餐：10:00—14:00；16:00—20:00。

下午茶：14:00—16:00。

夜宵：20:00—次日 5:00。

热门搜索结果中排名靠前的菜品都是受该区域用户喜爱的菜品，运营人员可以把店铺中相同的菜品调到排序靠前的位置，也可以优化这些菜品的名称，并适当参加平台活动。

▶ **任务思考**

（1）除了搜索框之外，还有哪些流量入口的搜索结果排名跟本任务中介绍的这些影响因素相关呢？

（2）请列出外卖店铺在平台上流量最大的 5 个入口。

4-3

■ 工作领域四
生活服务平台流量运营

∴ 工作任务三：酒店旅行平台的店铺流量运营

▶ 任务目标

- 掌握酒店旅行平台店铺流量运营的技能
- 能够分析酒店旅行平台的流量结构
- 能够制订提升展现量与转化率的初步计划

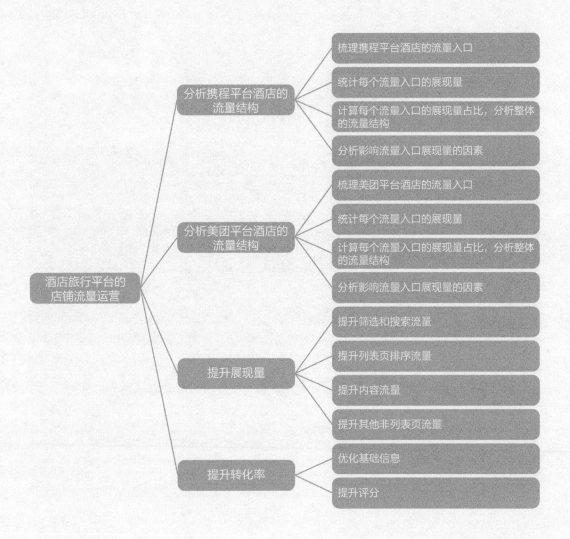

请回顾《移动互联网运营（中级）》教程中的知识讲解，回答以下问题。

（1）在酒店旅行平台上获取流量的方法有哪些？

（2）如何提升酒店产品的展现量？

子任务一：分析携程平台酒店的流量结构

▶ **任务背景**

　　小李在一家酒店代运营公司工作，该公司服务了数十家酒店，并且还在快速发展中。小李希望自己能更好地工作，他决定认真研究携程平台的流量结构。

▶ **任务分析**

　　分析流量结构，重点是将平台能够带来流量的每个入口都罗列出来，并统计、分析这些流量入口可以为酒店提供哪些流量。

▶ **任务步骤**

步骤 1 梳理携程平台酒店的流量入口。

　　梳理酒店在携程平台上可以获取流量的入口，并按照自然流量入口、活动流量入口、付费流量入口分类。

步骤 2 统计每个流量入口的展现量。

　　按照步骤 1 梳理的流量结构框架，利用平台提供的后台数据，统计每个流量入口的展现量，并填入表 4-6。

表 4-6

	自然流量入口展现量	活动流量入口展现量	付费流量入口展现量
入口 1			
入口 2			
入口 3			
入口 4			
入口 5			
……			

步骤 3 计算每个流量入口的展现量占比，分析整体的流量结构。

将每个流量入口的展现量汇总，可得到酒店整体的展现量，再计算每个流量入口的展现量占比，并填入表 4-7。

表 4-7

	自然流量入口展现量占比	活动流量入口展现量占比	付费流量入口展现量占比
入口 1			
入口 2			
入口 3			
入口 4			
入口 5			
......			

步骤 4 分析影响流量入口展现量的因素。

针对占比排名前三的流量入口，分析影响每个流量入口展现量的因素。

▶ **任务思考**

（1）在梳理携程平台流量入口的过程中，如何避免遗漏流量入口？

（2）分析影响某个流量入口展现量的因素时，有什么需要注意的？

子任务二：分析美团平台酒店的流量结构

▶ **任务背景**

小李在工作中发现同一品牌酒店在携程平台和美团平台上的流量结构完全不一样。为了了解产生这种差异的原因，小李决定再研究一下美团平台酒店的流量结构。

▶ **任务分析**

分析流量结构，重点是将平台能够带来流量的每个入口都罗列出来，并统计、分析这些流量入口可以为酒店提供哪些流量。

▶ **任务步骤**

步骤 1 梳理美团平台酒店的流量入口。

梳理酒店在美团平台上可以获取流量的入口，并按照自然流量入口、活动流量入口、付费流量入口分类。

步骤 2 统计每个流量入口的展现量。

按照步骤 1 梳理的流量结构框架，利用平台提供的后台数据，统计每个流量入口的展现量，并填入表 4-8。

表 4-8

	自然流量入口展现量	活动流量入口展现量	付费流量入口展现量
入口 1			
入口 2			
入口 3			
入口 4			
入口 5			
……			

步骤 3 计算每个流量入口的展现量占比，分析整体的流量结构。

将每个流量入口的展现量汇总，可得到酒店整体的展现量，再计算每个流量入口的展现量占比，并填入表 4-9。

139

表 4-9

	自然流量入口展现量占比	活动流量入口展现量占比	付费流量入口展现量占比
入口 1			
入口 2			
入口 3			
入口 4			
入口 5			
……			

步骤 4 分析影响流量入口展现量的因素。

针对占比排名前三的流量入口，分析影响每个流量入口展现量的因素。

▶ **任务思考**

（1）对比携程平台和美团平台为酒店提供的流量情况，分析两个平台的异同点。

（2）对比携程平台和美团平台，分析同一品牌酒店在两个平台上的运营数据的差异。

子任务三：提升展现量

▶ **任务背景**

通过对流量数据的对比分析，小李基本了解了同一品牌酒店在两大酒店旅行平台上的流量结构的异同，他发现展现量是影响酒店流量的关键因素，下一步他准备弄清楚如何提高酒店展现量这一问题。

▶ **任务分析**

提高酒店展现量的前提是找到影响展现量的关键因素。虽然不同平台在产品搜索逻辑和搜索功能设计上有所不同，但通常搜索结果、列表页的排序、内容质量等因素都会直接影响酒店在酒店旅行平

4-3

台上的展现量。

▶ 任务步骤

步骤 1 提升筛选和搜索流量。

筛选和搜索是消费者获取目标酒店的常用方法。提升筛选和搜索流量最常用的方法是在做好基础排序的前提下，优化酒店基础信息的关键字和列表页筛选框。

步骤 2 提升列表页排序流量。

列表页排序流量决定了一家酒店 90% 以上的流量。筛选和搜索也要基于列表页排序。有了基础浏览量和基础排名，才可以进行下一步的运营工作。可以说，提升列表页排序流量是运营工作的重中之重。决定列表页排序流量的核心要素有酒店销量、酒店品质、付费广告等，如图 4-6 所示。

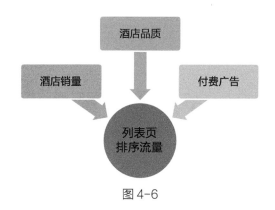

图 4-6

步骤 3 提升内容流量。

内容流量也是提升酒店流量的关键要素，携程系的携程旅拍、氢气球 ❶ 可以给酒店带来流量，美团点评中的优质点评也可以给酒店带来流量。产出优质内容也是酒店提升流量的关键，如优质内容能够获得较多的点赞，而较多的点赞能够让其他客户认为该酒店美誉度较高，从而影响客户做出决定，如图 4-7 所示。

---

❶ 氢气球：携程发布的旅游生活内容平台。该平台类似旅游行业的微博，对旅游机构、媒体、旅行达人和普通用户开放，并可将发布的内容同步分发到携程、去哪儿、百度等平台。

4-3

魔都这家藏在森林里的酒店也太美了吧！

@携程旅拍用户   👍 2019

图 4-7

步骤 4 提升其他非列表页流量。

非列表页流量通常包含首页广告图、下方标识、钟点房端口、民宿端口、会员端口等。

▶ **任务思考**

（1）某酒店流量比较低，有哪些可以提升其流量的方式？

（2）有哪些提升内容流量的方法？

子任务四：提升转化率

▶ **任务背景**

有了展现量，还需要提高转化率。在展现量相同的情况下，转化率的高低直接决定了订单量的多少。如何提升转化率是摆在小李眼前的一道难题。

▶ **任务分析**

提升总转化率就要提升每个具体环节的转化率，包括基础信息的优化和评分的提升等。

▶ **任务步骤**

步骤 1 优化基础信息。

优化酒店的列表页与详情页中的店名、类型、地址、首图及其他图片、房型信息、酒店信息、酒店图文简介、酒店视频等，便于用户了解酒店或房型，进而将流量转化为实际订单。

步骤 2 提升评分。

评分对提升流量和转化率具有关键作用。评分提升的重点在于通过优质的产品和服务来积累好评。有理有节、有人文气质的评论回复策略可以减少差评对酒店的影响，对于恶意差评可以申诉。

▶ **任务思考**

（1）除了基础信息优化和评分提升，还有什么方法可以提高转化率？

（2）如何持续保持高转化率？

4-3

前　　言

　　本书第 1 版于 2004 年出版，主要基于 Verilog-1995 语言标准编写。在这之后，Verilog-2001
和 Verilog-2005 标准得到迅速的推广和应用。目前，几乎所有的 EDA（Electronic Design
Automation，电子设计自动化）工具软件均已支持这两个语言标准，故本书主要以 Verilog-2001
和 Verilog-2005 两个语言标准为依据进行修订。

　　Verilog HDL 作为一种有 40 多年发展历史的硬件描述语言，已较成熟，已发布的 Verilog
HDL 标准包括 Verilog-1995、Verilog-2001 和 Verilog-2005，之后，IEEE 发布的 IEEE Standard
1800-2009 已经是 System Verilog 标准与 Verilog HDL 标准的混合。虽然 SystemVerilog 在 UVM
验证领域已被广泛应用，但 Verilog HDL 在设计领域仍占据主导地位，发挥着不可替代的作用。
Verilog-2001 依然是大多数 FPGA（Field Programmable Gate Array，现场可编程门阵列）设计
者主要使用的语言标准，得到几乎所有 EDA 综合工具和仿真工具的支持。

　　在 IEEE 发布的标准中，将 Verilog HDL 定义为具有机器可读（machine-readable）、人可
读（human-readable）特点的硬件描述语言，并认为 Verilog HDL 可用于电子系统创建的所有
阶段，如开发（development）、综合（synthesis）、验证（verification）和测试（test）阶段，
同时支持设计数据的交流（communication）、维护（maintenance）和修改（modification），Verilog
HDL 面向的用户包括 EDA 工具的设计者和电子系统的设计者。从这个角度来看，Verilog-2001
和 Verilog-2005 这两个语言标准仍值得 EDA、ASIC（Application Specific Integrated Circuit，
应用特定集成电路）和 FPGA 的学习者、相关从业者仔细阅读、深入研究、系统学习，也是
EDA 设计人员必须要掌握的工具。

　　本书主要面向 Verilog HDL，系统讲解 Verilog HDL 的语言规则、语法体系，以 Verilog-2001
和 Verilog-2005 两个语言标准为指引，精讲语言，全面梳理，知识点全面、准确。本书按语
言本身体系编排内容，涵盖所有常用语法规则，补充 Verilog-2001 和 Verilog-2005 中新的语言
知识点，既适合作为 Verilog HDL 必备语法查询资料，也适合有一定 Verilog HDL 基础的读者
学习。

　　本书有助于读者系统全面把握 Verilog HDL。学习 Verilog HDL，就必须重视 Verilog HDL
的语言规则、语法体系。尤其是在使用了 Verilog HDL 一段时间并取得一定设计经验后，再系
统、全面地对 Verilog HDL 的语言规则、语法体系进行学习、梳理和总结，对语言的掌握和运
用必将更上一层楼，设计水平也会获得明显提升。故笔者认为，在学习 Verilog HDL 时，应避
免重学习案例、轻语法规则，全面把握语言本身。

　　为帮助读者准确理解 Verilog HDL 的有关规则，本书尽可能用案例展示其用法，并分析如

何用综合工具和仿真工具对其进行验证。例如，对于有符号数的运算、算术操作符的用法、表达式的符号等，均采用仿真工具对案例进行验证并对结果进行分析，只有对相关细节非常清楚，在编写复杂的程序代码时才会少出错或不会出错。在学习的过程中，读者应把语言的学习与 EDA 综合工具和仿真工具的使用紧密结合，用 EDA 综合工具与仿真工具的结果去分析、验证语言和语法的规则。

本书既适合作为 EDA 技术、Verilog HDL、ASIC 和 FPGA 设计等方面本科生和研究生的教学用书，也可作为从事电路设计和系统开发的工程技术人员的工具书。

全书共 13 章。

第 1 章介绍 Verilog HDL 的发展简史和文字规则等。

第 2 章介绍 Verilog HDL 数据类型。

第 3 章讨论操作符、操作数、表达式及其符号和位宽等问题。

第 4 章介绍 Verilog HDL 门级和开关级建模。

第 5 章介绍数据流建模。

第 6 章介绍行为级建模。

第 7 章讨论 Verilog HDL 的层次结构，包括带参数模块例化与参数传递等问题。

第 8 章介绍任务与函数，包括系统任务与系统函数等。

第 9 章介绍 Test Bench 测试与时序检查。

第 10 章讨论 Verilog 设计进阶，包括加法器设计与乘法器设计等问题。

第 11 章介绍 Verilog 有限状态机设计的内容。

第 12 章讨论 Verilog HDL 驱动 I/O 外设的案例。

第 13 章讨论 Verilog 信号处理的案例。

注意，为与国际标准保持一致，本书中门电路的符号采用国际标准。

本书的版式设计、插图绘制由王婧菡完成，笔者对她表示感谢！

同时受笔者水平所限，本书难免存在疏漏之处，恳请读者批评指正。

欢迎通过 wjm_ice@163.com 联系作者。

笔者
于陆军工程大学

目　　录

第1章

Verilog HDL 入门

本章介绍 Verilog HDL 的发展简史、Verilog HDL 描述的层级、Verilog 设计的流程，以及 Verilog HDL 的文字规则等基础知识。

1.1 Verilog HDL 的发展简史

Verilog HDL 的发展简史如下。

- Verilog HDL 在 1983 年由 GDA 公司的 Phil Moorby 首创，后来 Moorby 设计了 Verilog-XL 仿真器并获得成功，从而使 Verilog HDL 得到推广。
- 1989 年，Cadence 收购 GDA，在 1990 年公开发布 Verilog HDL，并成立 OVI（Open Verilog International）组织负责 Verilog HDL 的推广，Verilog HDL 的发展进入"快车道"，到了 1993 年，几乎所有的专用集成电路（Application Specific Integrated Circuit，ASIC）厂商都开始支持 Verilog HDL。
- 1995 年，Verilog HDL 成为 IEEE 标准，称为 IEEE Standard 1364-1995（Verilog-1995）。
- 2001 年，IEEE 1364-2001（Verilog-2001）标准发布，Verilog-2001 对 Verilog-1995 标准做了扩充和优化，提高了行为级和寄存器传输级（Register Transfer Level，RTL）建模的能力。目前，多数综合器、仿真器支持的仍然是 Verilog-2001 标准。
- 2005 年，IEEE 1364-2005（Verilog-2005）标准发布，该标准是对 Verilog-2001 标准的修正。

Verilog-2001 标准目前依然是主流的 Verilog HDL 标准，被众多的 EDA 综合工具和仿真工具所支持。

Verilog HDL 是在 C 语言的基础上发展起来的，它继承、借鉴了 C 语言的很多语法结构，两者有相似之处，但作为硬件描述语言（Hardvcre Description Language，HDL），Verilog HDL 与 C 语言还是有着本质区别的。Verilog HDL 的特点表现在如下方面。

- 支持多个层级的设计建模，从开关级、门级、寄存器传输级到行为级的设计建模，都可以胜任，可在不同设计层次上对数字系统建模，也支持混合建模。
- 支持 3 种硬件描述方式：行为描述（使用过程结构建模）、数据流描述（使用连续赋值语句建模）和结构描述（使用门元件和模块例化语句建模）。

- 可指定设计延时、路径延时，生成激励和指定测试的约束条件，支持动态时序仿真和静态时序检查。
- 内置各种门元件，可进行门级结构建模；内置开关级元件，可进行开关级的建模。用户定义原语（User Defined Primitive，UDP）创建灵活，既可以创建组合逻辑，也可以创建时序逻辑；可通过编程语言接口（Programming Language Interface，PLI）机制进一步扩展 Verilog HDL 的功能，PLI 允许外部函数访问 Verilog 模块内部信息，为仿真提供更加丰富的测试方法。

从功能上看，Verilog HDL 可满足各个层次设计者的需求，成为使用最为广泛的 HDL 之一；在 ASIC 设计领域，Verilog HDL 则一直是事实上的标准。

1.2　Verilog HDL 描述的层级和方式

Verilog HDL 能够在多个层级对数字系统进行描述。Verilog 模型可以是实际电路不同级别的抽象，包括如下层级。

（1）行为级（behave level）。

（2）寄存器传输级（RTL）。

（3）门级（gate level）。

（4）开关级（switch level）。

Verilog 模型可以支持以下建模。

- 行为级建模：和 RTL 建模的界限并不清晰，如果按照目前 EDA 综合工具和仿真工具来区分，行为级建模侧重于 Test Bench 仿真，着重验证系统的行为和算法，常用的语言结构和语句有 initial、always、fork/join、task、function、repeat、wait、event、while、forever 等。
- RTL 建模：主要侧重于综合，用于 ASIC 和 FPGA 电路实现，并在面积、速度、功耗和时序间权衡，可综合至门级电路，常用的语言结构和语句包括 Verilog HDL 的可综合子集，如 always、if-else、case、assign、task、function、for 等。
- 门级建模：主要面向 ASIC 和 FPGA 的物理实现，它既可以是电路的逻辑门级描述，也可以是由 RTL 模型综合得出的门级连线表（netlist），常用的描述有 Verilog 门元件、UDP、线连线表等。门级建模与 ASIC 和 FPGA 的片内资源与工艺息息相关。
- 开关级建模：主要描述器件中晶体管和存储节点及它们之间的连接关系（由于在数字电路中晶体管通常工作于开关状态，因此将基于晶体管的设计层级称为开关级）。Verilog HDL 在开关级提供了完整的原语（primitive），可以精确地建立金属氧化物半导体（Metal-Oxide-Semiconductor，MOS）器件的底层模型。
- 版图设计：将电路的门级连线表或 Verilog 描述的 MOS 模型映射到物理版图，从而将设计好的版图映射到晶圆上并生产，此过程可借助 EDA 工具自动或半自动实现。

图 1.1 所示为 Verilog HDL 可综合设计的层级，从 RTL 到门级、开关级，直至版图级。

Verilog HDL 可采用以下 3 种方式来描述逻辑电路：

- 结构（structural）描述；
- 行为（behavioural）描述；
- 数据流（data flow）描述。

结构描述调用电路元件（如子模块、逻辑门，甚至晶体管）来构建电路，行为描述则通过描述电路的行为特性来构建电路，数据流描述主要用连续赋值语句、操作符和表达式表示电路，也可以采用上述方式的组合来描述电路。

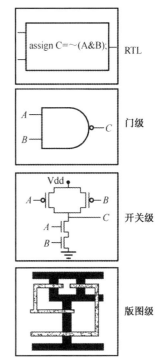

图 1.1 Verilog HDL 可综合设计的层级

1.3 Verilog 设计的目标器件

Verilog HDL 主要面向 FPGA 器件和 ASIC 版图实现等应用领域。

FPGA 属于半定制器件，器件内已集成各种逻辑资源（逻辑门、查找表、存储器、乘法器、锁相环等），对器件内的资源编程连接就能实现所需功能，且可以反复修改，直至满足设计要求，设计成本低且风险小。

ASIC 用全定制方式（版图）实现设计，也称为掩膜（mask）ASIC。ASIC 实现方式能达到面积、功耗和性价比的最优，但它需设计版图（CIF、GDS II 格式）并交给代工厂（foundry）投片，实现成本高，适用于性能要求高、批量大的应用场景。也可以先用 FPGA 设计实现，成熟后再用 ASIC 实现，以获得最优的性价比和自主知识产权。

FPGA 器件的发展简史如下。

20 世纪 70 年代中期出现的可编程逻辑阵列（Programmable Logic Array，PLA）被视为可编程逻辑器件（Programmable Logic Device，PLD）的雏形。PLA 在结构上由可编程的"与"阵列和可编程的"或"阵列构成，阵列规模小，编程烦琐。后来出现了可编程阵列逻辑（Programmable Array Logic，PAL）。PAL 由可编程的"与"阵列和固定不可编程的"或"阵列组成，采用熔丝编程工艺，它的设计较 PLA 更灵活、快速，因而成为第一个得到普遍应用的 PLD。

20 世纪 80 年代初期，Lattice 公司发明了通用阵列逻辑（Generic Array Logic，GAL）。GAL 器件采用了电擦除可编程只读存储器（Electrically-Erasable Programmable Read-Only Memory，EEPROM）工艺和输出逻辑宏单元（Output Logic Macro Cell，OLMC），具有可擦除、可编程、可长期保存数据的优点，得到广泛应用。

20 世纪 80 年代中期，Altera 公司推出一种新型的可擦除可编程逻辑器件（Erasable Programmable Logic Device，EPLD），EPLD 采用互补金属氧化物半导体（Complementary Metal-Oxide-Semiconductor，CMOS）和可编程紫外线擦除只读存储器（Ultraviolet Erasable Programmble Read-Only Memory，UVEPROM）工艺制成，集成度更高，设计更灵活，但其内

部连线功能稍弱。

1985 年，Xilinx 公司推出了 FPGA，这是一种采用单元型结构的新型 PLD。它采用 CMOS、SRAM（Static Random Access Memory，静态随机存储器）工艺制作，在结构上和阵列型 PLD 不同，其内部由许多独立的逻辑单元构成，各逻辑单元之间可以灵活地相互连接，具有密度高、速度快、编程灵活、可重新配置等优点。FPGA 逐渐发展成主流的 PLD。

CPLD（Complex Programmable Logic Device，复杂可编程逻辑器件）是从 EPLD 改进而来的，采用 EEPROM 工艺制作。同 EPLD 相比，CPLD 增加了内部连线，对逻辑宏单元和输入/输出（Input/Output，I/O）单元也有改进，尤其是在 Lattice 提出在系统可编程（In-System Programmable，ISP）技术后，CPLD 获得了长足发展。

国产 FPGA 芯片近年来获得快速发展，典型的生产厂家包括紫光同创、高云等。紫光同创的 Titan 系列是首款拥有国产自主知识产权的千万门级 FPGA 产品。

1.4　Verilog 设计的流程

图 1.2 所示为用 FPGA 器件实现数字系统的流程，包括设计输入、综合、布局布线、时序分析、编程与配置等关键步骤。

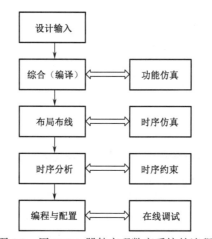

图 1.2　用 FPGA 器件实现数字系统的流程

1.4.1　设计输入

设计输入（design entry）是将电路用开发软件要求的某种形式表达出来，并输入相应软件中的过程。设计输入常用的方式如下。

- HDL 文本输入：在 20 世纪 80 年代，曾一度出现十余种 HDL，进入 20 世纪 80 年代后期，HDL 向着标准化的方向发展。最终，VHDL 和 Verilog HDL 适应了这种发展趋势，先后成为 IEEE 标准，在硬件设计领域成为事实上的通用语言。Verilog HDL 和 VHDL

各有优点，可胜任算法级（algorithm level）、RTL、门级等各种层级的逻辑设计，也可执行仿真验证、时序分析等任务，并因其标准化而便于移植到不同 EDA 平台。
- 原理图输入：原理图（schematic）是图形化的表达方式，使用元件符号和连线描述设计。其特点是适合用于描述连接关系和接口关系，表达直观，尤其在表现层次结构上更方便，但它要求设计工具提供必要的元件库或宏模块库，且设计的可重用性、可移植性不如HDL 文本输入。

1.4.2 综合

综合（synthesis）是指将较高抽象层级的设计描述自动转化为较低抽象层级设计描述的过程。综合在有的工具中也称为编译（compile）。综合有下面几种形式。
- 将算法表示、行为描述转换到 RTL，称为 RTL 综合。
- 将 RTL 描述转换到逻辑门级（包括触发器），称为门级（或工艺级）综合。
- 将逻辑门级转换到版图级，这一般需要投片厂商的支持，涉及工具和工艺库。

综合器（synthesizer）就是可以自动实现上述转换的软件工具。或者说，综合器是将原理图或 HDL 表达、描述的电路，编译成相应层级电路连线表的工具。

注意：　市面上成熟的综合器并不多见，比较出名的用于 FPGA 设计的 HDL 综合器有Synopsys 的 Synplify、Synplify Pro 和 Synplify Premier，Simens EDA（原 Mentor）的 Precision Synthesis 和 Leonardo Spectrum。

1.4.3 布局布线

布局布线（place and route），又称为适配（fitting），可将其理解为将综合生成的电路连线表映射到具体的目标器件中予以实现，并产生最终的可下载文件的过程。它将综合后的连线表文件针对某一具体的目标器件进行逻辑映射，把设计分割为多个适合器件内部逻辑资源实现的逻辑小块，并根据用户的设定在速度和面积之间做出选择或折中。布局是将已分割的逻辑小块放到器件内部逻辑资源的具体位置，并使它们易于连线；布线则是利用器件的布线资源完成各功能块之间和反馈信号之间的连接。

布局布线完成后产生如下一些重要的文件。
- 面向其他 EDA 工具的输出文件，如 EDIF 文件等。
- 延时连线表文件，以便进行时序分析和时序仿真。
- 器件编程文件，如用于 CPLD 编程的 JEDEC、POF 等格式的文件；用于 FPGA 配置的SOF、JIC、BIN 等格式的文件。

布局布线与芯片的物理结构直接相关，通常选择芯片制造商提供的工具进行此项工作。

1.4.4 时序分析

时序分析（timing analysis）又称为静态时序分析（Static Timing Analysis，STA）、时序检查

（timing check），是指对设计中所有的时序路径（timing path）进行分析，计算每条时序路径的延时，检查每一条时序路径，尤其是关键路径（critical path）是否满足时序要求，并给出时序分析和报告结果，只要该路径的时序裕量（slack）为正，就表示该路径能满足时序要求。

时序分析前一般先要进行时序约束（timing constraint），以提供设计目标和参考数值。

时序分析的主要目的在于保证系统的稳定性、可靠性，并提高系统的工作频率和数据处理能力。

1.4.5　功能仿真与时序仿真

仿真（simulation）是对所设计电路的功能进行验证。用户可以在设计过程中对整个系统和各模块进行仿真，即在计算机上用软件验证功能是否正确、各部分的时序配合是否准确。发现问题可以随时修改，避免出现逻辑错误。

仿真包括功能仿真（function simulation）和时序仿真（timing simulation）。不考虑信号延时等因素的仿真称为功能仿真，又称为前仿真；时序仿真又称为后仿真，它是在选择器件并完成布局布线后进行的包含延时的仿真，其仿真结果能比较准确地模拟芯片的实际性能。由于不同器件的内部延时不一样，不同的布局布线方案也会给延时造成很大的影响，因此时序仿真是非常有必要的，如果仿真结果达不到设计要求，就需要修改源代码或选择不同速度等级的器件，直至满足设计要求。

注意：　　　时序分析和时序仿真是两个不同的概念，时序分析是静态的，无须编写测试向量（Test Bench 代码），但需编写时序约束，主要分析设计中所有可能的信号路径并确定其是否满足时序要求；时序仿真是动态的，需要编写测试向量。

1.4.6　编程与配置

把布局布线后生成的编程文件装入器件中的过程称为下载。通常将基于 EEPROM 工艺的非易失结构的 CPLD 的下载称为编程（program），而将基于 SRAM 工艺结构的 FPGA 器件的下载称为配置（configuration）。下载完成后，便可进行在线调试（online debugging），若发现问题，则需要重复前述的步骤。

1.5　Verilog HDL 的文字规则

Verilog HDL 的文字规则（lexical convention）涉及数字、字符串、标识符和关键字等。

1.5.1　词法

Verilog HDL 源代码由各种符号构成，这些符号包括：
- 空白符（white space）；
- 注释（comment）；

- 操作符（operator）；
- 数字（number）；
- 字符串（string）；
- 标识符（identifier）；
- 关键字（keyword）。

下面对上述元素分别予以介绍，其中数字和标识符在 1.6 节和 1.7 节中专门介绍。

1.5.2　空白符

在 Verilog HDL 代码中，空白符包括空格（space）、制表符（tab）、换行（newline）和换页（formfeed）。空白符使程序中的代码错落有致，便于阅读。在综合时空白符会被忽略。

Verilog HDL 程序可以不分行书写，也可以加入空白符采用多行书写。例如：

```
initial begin ina=3'b001;inb=3'b011; end
```

这段程序等同于下面的书写格式。

```
initial
begin                    //加入空格、换行等，使代码错落有致，提高可读性
    ina=3'b001;
    inb=3'b011;
end
```

1.5.3　注释

在 Verilog HDL 程序中有两种形式的注释。

- 行注释（one-line comment）：以"//"开始到本行结束，不允许换行。
- 块注释（block comment）：以"/*"开始，到"*/"结束，块注释不允许嵌套。

1.5.4　操作符

操作符用于表达式中，单目操作符（unary operator）应在其操作数的左边，双目操作符（binary operator）应处于两个操作数之间，条件操作符（conditional operator）则带有 3 个操作数。

1.5.5　字符串

字符串是由双引号标识的字符序列，字符串只能写在一行内，不能分成多行书写。

如果字符串用作 Verilog HDL 表达式或赋值语句中的操作数，则字符串被看作 8 位的美国信息交换标准码（American Standard Code Information Interchange，ASCII）序列，1 个字符用 1 个 8 位 ASCII 表示。

1. 字符串变量声明

字符串变量应定义为 reg 类型，其大小等于字符串的字符数乘 8。例如：

```
reg[8*12:1] stringvar;
initial
begin
stringvar = "Hello world!";
end
```

在上面的代码中，存储包含 12 个字符的字符串"Hello world!"需要定义一个大小为 8×12（96 位）的 reg 型变量。

字符和字符串可用于仿真激励代码中，可作为一种让仿真结果更直观的辅助手段，比如用在显示系统任务\$display 中。

字符串还可在表达式中作为操作数用 Verilog HDL 操作符进行操作，其结果为 ASCII 序列，（将在 3.2.4 节进一步介绍）。

2. 字符串中的转义字符

\n、\t、\\和\"等常用的转义字符，Verilog HDL 也同样支持，这些转义字符以符号"\"开头，如表 1.1 所示。

表 1.1　转义字符及其说明

转义字符	说明
\n	换行符
\t	制表符
\\	反斜线符号（\）
\"	符号"
\ddd	八进制数 ddd 对应的 ASCII 字符
%%	符号%

代码清单 1.1 用于对常用转义字符进行测试。

代码清单 1.1　转义字符测试代码

```
module string_tb( );
reg[7:0] a;
reg[8*4-1:0] b,str;                    //声明两个可容纳 4 个字符的字符串变量
initial begin
a = "\123";
b = "AaCc";
str = {"\\","\0","\"","\n"};           //用拼接操作符实现字符的拼接
$display("%s is stored as %h", a, a);

$display("%s is stored as %h", b, b);
$display("%s is stored as %h", str, str);
end
endmodule
```

代码清单 1.1 的仿真输出结果如下。

```
S is stored as 53
AaCc is stored as 41614363
 \ "
  is stored as 5c00220a
```

　　输出的第 1 行表示"\123"（八进制数 123）对应的 ASCII 字符是大写字母 S，其 ASCII 为 53（十六进制数）；第 2 行表示字符串"AaCc"以 41614363（十六进制无符号数）的形式保存在寄存器中，是一串 ASCII 的组合；第 3 和 4 行显示了 4 个转义字符——"\"、空字符（NUL）、" "、换行符，其对应的 ASCII 是 5c00220a（十六进制无符号数）。

1.5.6　关键字

　　Verilog HDL 内部已经使用的词称为关键字或保留字，用户不能随便使用这些保留字。附录 A 列出了 Verilog HDL 中的所有关键字。需要注意的是，所有关键字都是小写的，例如，ALWAYS（标识符）不是关键字，它与 always（关键字）是不同的。

1.6　数字

　　数字分为整数（integer）和实数（real）。

1.6.1　整数

　　整数有两种书写方式。

　　方式 1：使用简单的十进制数格式，可以带负号，示例如下。

```
659          //十进制数 659
-59          //十进制数-59
```

　　方式 2：按基数格式书写，其格式如下。

```
<+/-><size>'<s>base value
<+/-><位宽>'<s> 基数 数字
```

size 为对应的二进制数的宽度，可省略。

base 为基数，或者称进制，可在前面加上 s（或 S），以表示有符号数。进制可指定为如下 4 种。

- 二进制（b 或 B）。
- 十进制（d 或 D，或缺省）。
- 十六进制（h 或 H）。
- 八进制（o 或 O）。

value 是基于进制的数字序列，在书写时应注意下面几点。

- 十六进制中的 a~f，不区分大小写。
- x 表示未定值，z 表示高阻态，x 和 z 不区分大小写。
- 1 个 x（或 z）在二进制数中代表 1 位 x 或 z，在八进制数中代表 3 位 x（或 z），在十六进制数中代表 4 位 x（或 z），其代表的宽度取决于所用的进制。
- "?"是高阻态 z 的另一种表示符号，字符"?"和 Z（或 z）完全等价，可互相替代，只用来增强代码的可读性。

以下是未定义位宽的例子。

```
'h837FF                  //十六进制数
'o7460                   //八进制数
4af                      //非法（十六进制格式需要加上'h）
```

以下是定义了位宽的例子。

```
4'b1001                  //4 位二进制数
5'D3                     //5 位十进制数，也可写为 5'd3
3'b01x                   //3 位二进制数，最低位为 x
12'hx                    //12 位未知数
16'hz                    //16 位高阻态数
```

负数是以补码形式表示的。

以下是带符号整数的例子：

```
8'd -6                   //非法：数值不能为负数，若有负号，它应放在最左边
-8'd6                    //8 位补码，等同于-(8'd6)
4'shf                    //4 位带符号数 1111，被解释为补码，其原值为-1（-4'h1）
-4'sd15                  //相当于-(-4'd1)或者 0001
16'sd?                   //等同于 16'sbz
```

关于位宽，需要注意下面几点。

- 未定义位宽的整数（unsized number），默认位宽为 32 位。
- 如果无符号数小于定义的位宽，应在其左边填 0 补位；如果其最左边 1 位为 x 或 z，则应用 x 或 z 在左边补位。
- 如果无符号数大于定义的位宽，那么其左边的位被截掉。

例如：

```
reg[11:0] a, b, c, d;
initial begin
a = 'hx;                 //等同于 xxx
b = 'h3x;                //等同于十六进制数 03x
c = 'hzz3;               //c='hzz3
d = 'h0z3;               //d 的值为 0z3
end
reg[84:0] e, f, g;
e = 'h5;                 //等同于{82{1'b0},3'b101}
f = 'hx;                 //等同于{85{1'hx}}
g = 'hz;                 //等同于{85{1'hz}}
```

较长的整数中可用下画线 "_" 将其分开，用来提高可读性；但数字的第 1 个字符不能是下画线，下画线也不可用在位宽和进制处。以下是下画线的书写例子。

```
27_195_000
16'b0011_0101_0001_1111
32'h12ab_f001
```

在位宽和单引号（'）之间以及进制和数值之间允许出现空格，但单引号（'）和进制之间以及数值之间不允许出现空格。例如：

```
8'□h□2A                  /*在位宽和'之间，以及进制和数值之间允许出现空格，但'和进制之间、
         数值间是不允许出现空格的，如 8'□h2A、8'h2□A 等形式都是非法的写法 */
3'□b001                  //非法：'和基数 b 之间不允许出现空格
```

注，□代表空格。

1.6.2 实数

实数有两种表示方法。

- 十进制表示法（decimal notation），例如，14.72。
- 科学记数法（scientific notation），例如，39e8（等同于 $39×10^8$）。

以下是合法的实数表示的例子。

```
1.2
0.1
2394.26331
1.2  E12               //指数符号可以是 e 或 E
1.30  e-2             //其值为 0.0130
0.1  e-0             //0.1
23E10
29E-2                //0.29
236.123_763_e-12     //带下画线
```

小数点两边至少要有 1 位数字，所以以下是非法的实数表示。

```
.12                  //非法：小数点两侧都必须有数字
9.                   //非法：小数点两侧都必须有数字
4.E3                 //非法：小数点两侧都必须有数字
.2e-7                //非法：小数点两侧都必须有数字
```

1.6.3 数的转换

可以在 Verilog HDL 代码中使用小数或使用科学记数法，当赋值给 wire 型或 reg 型变量时，会发生隐式转换（conversion），通过四舍五入转换为最接近的整数。比如：

```
wire[7:0] a = 9.1;      //转换后，a = 8'b00001001
wire[7:0] b = 1e3;      //转换后，b = 8'b00001000
reg[7:0]  c = 11.5;     //转换后，c = 8'd12
reg[7:0]  d = -11.5;    //转换后，b = -8'd12
```

1.7 标识符

标识符是用户在编程时给 Verilog HDL 对象起的名字，模块、端口和实例的名字都是标识符。标识符可以是任意字母、数字以及符号"$"和"_"（下画线）的组合，但标识符的第 1 个字符不能是数字或$，只能是字母（a~z、A~Z）或者下画线"_"；标识符是区分大小写的。标识符最多可以包含 1024 个字符。

以下是合法的标识符的例子。

```
shiftreg_a
busa_index
error_condition
merge_ab
_bus3                //以下画线开头
n$657
```

下面两个例子是非法的标识符。

```
30count              //非法：标识符不允许以数字开头
out*                 //非法：标识符中不允许包含字符*
```

另一类标识符称为转义标识符（escaped identifier）。转义标识符以符号"\"开头，以空白符（空格、制表符、换行符）结尾，可以包含任何字符。

反斜线和结束空白符并不是转义标识符的一部分,因此标识符"\cpu3"被视为与非转义标识符 cpu3 相同。如果转义标识符中没有用到其他特殊字符,则它本质上与一般的标识符并无区别。

以下是定义转义标识符的例子。

```
\busa+index
\-clock
\***error-condition***
\net1/\net2
\{a,b}
\30count
\always
```

转义标识符还可以直接使用 Verilog HDL 关键字,如上面的\always,不过此时符号"\"不能省略。

代码清单 1.2 描述了模 16 计数器,其中的端口多采用转义标识符命名,图 1.3 展示了其 RTL 综合原理图。可见,转义标识符拓展了 Verilog HDL 标识符的命名范围,几乎所有的字符可用作标识符。

代码清单 1.2 端口采用转义标识符命名的模 16 计数器

```
module escaped_id_count(
    input clk,
    input \always ,
    output reg[3:0] \16count ,
    output \cout );
assign \cout =(\16count ==15) ? 1 : 0;          //产生进位输出信号
always @(posedge clk)
begin
    if(\always ) \16count <=0;                   //同步复位
    else          \16count <= \16count +1;       //计数
end
endmodule
```

注意: 上面代码中转义标识符结尾应加空格(或制表符、换行符),否则编译会报错。以上代码中\cout 中的符号"\"可省略,其他转义标识符的符号"\"不能省略。

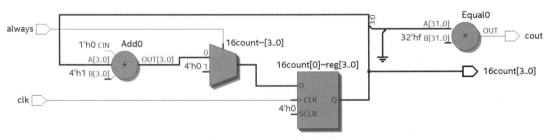

图 1.3 端口采用转义标识符命名的模 16 计数器的 RTL 综合原理图

练习

1. 什么是综合?

2. 功能仿真与时序仿真有什么区别?时序仿真与时序分析有何不同?

3. 在下列标识符中,哪些是合法的?哪些是非法的?

    Cout、8sum、\a*b、_data、\wait、initial、$latch

4. 下列数字的表示是否正确?

    6'd18、'Bx0、5'b0x110、'da30、10'd2、'hzF

5. FPGA 与 ASIC 在应用上各有何优势?

6. Verilog HDL 对数字系统进行描述的层级有哪些?

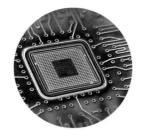

## 第 2 章

数据类型

Verilog HDL 的数据类型（data type）主要用于表示数字电路中的物理连线、数据存储和传输线等物理量。Verilog HDL 共有 19 种数据类型，这些数据类型可分为两大类：物理数据类型（包括 wire 型、reg 型等）和抽象数据类型（包括 time 型、integer 型、real 型等）。

2.1 值集合

Verilog HDL 的数据类型在下面的值集合（value set）中取值（四值逻辑）。

- 0：低电平、逻辑 0 或逻辑"假"。
- 1：高电平、逻辑 1 或逻辑"真"。
- x 或 X：不确定或未知的逻辑状态。
- z 或 Z：高阻态。

其中 0、1、z 可综合；x 表示不定值，通常只用于仿真。

注意： x 和 z 是不区分大小写的，也就是说，值 0x1z 与值 0X1Z 是等同的。

此外，在可综合的设计中，只有 I/O 端口可赋值为 z，因为三态逻辑仅在 FPGA 器件的 I/O 引脚中是物理存在的，可物理实现高阻态，故三态逻辑一般只在顶层模块中定义。

2.2 net 数据类型

Verilog HDL 主要有两大类数据类型：

- net 数据类型；
- variable 数据类型。

注意： 在 Verilog-1995 标准中，variable 数据类型称为 register 型；在 Verilog-2001 标准中将 register 改为了 variable，以避免将 register 和寄存器概念混淆。

net 型数据多用于表示硬件电路中的物理连接，net 型数据的值取决于驱动器的值。net 型变量有两种驱动方式，一种方式是用连续赋值语句 assign 对其进行赋值，另一种方式是将其连接至门元件。如果 net 型变量没有连接到驱动源，则其值为高阻态 z（trireg 除外，在此情况下，它应该保持以前的值）。

net 数据类型共 12 种，如表 2.1 所示。

表 2.1 net 数据类型

类型	功能	是否可综合
wire、tri	连线类型	是
wor、trior	具有线或特性的多重驱动连线	否
wand、triand	具有线与特性的多重驱动连线	否
tri1、tri0	分别表示上拉电阻和下拉电阻	否
supply1、supply0	分别表示电源（逻辑 1）和地（逻辑 0）	是
trireg	具有电荷保持作用的线网，可用于电容的建模	否
uwire	用于建模只允许有单一驱动源的线网	否

2.2.1 wire 型与 tri 型

wire 型是最常用的 net 数据类型之一，Verilog HDL 模块中的 I/O 信号在没有明确指定数据类型时均默认为 wire 型。wire 型变量的驱动方式包括连续赋值或者门元件驱动。

tri 型和 wire 型在功能及使用方法上是完全一样的，对于 Verilog HDL 综合器来说，对 tri 型数据和 wire 型数据的处理是完全相同的。将数据定义为 tri 型，能够更清楚地指示对该数据建模的目的，tri 型可用于描述由多个信号源驱动的线网。

相同强度的多个信号源驱动的逻辑冲突会导致 wire（或 tri）型变量输出 x（未知）值。如果 wire（或 tri）型变量由多个信号源驱动，则其真值表如图 2.1 所示。

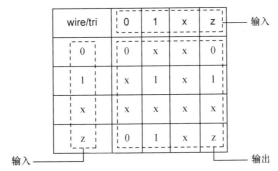

图 2.1 wire（或 tri）型变量由多个信号源驱动时的真值表

以下是 wire 型和 tri 型变量定义的示例。

```
wire w1, w2;            //声明 wire 型变量 w1 和 w2
wire[7:0] databus;      //databus 的宽度是 8 位
tri [15:0] busa;        //三态 16 位总线 busa
```

2.2.2   其他 net 类型

1. wand 型和 triand 型

wand 型和 triand 型是具有线与特性的数据类型,如果其驱动源中某个信号为 0,则其输出为 0。wand 型和 triand 型变量由多个信号源驱动时的真值表如图 2.2 所示。

wand/triand	0	1	x	z
0	0	0	0	0
1	0	1	x	1
x	0	x	x	x
z	0	1	x	z

图 2.2   wand、triand 型变量由多个信号源驱动时的真值表

2. wor 型和 trior 型

wor 型和 trior 型是具有线或特性的数据类型,如果其驱动源中有某个信号为 1,则其输出为 1。wor 型和 trior 型变量由多个信号源驱动时的真值表如图 2.3 所示。

wor/trior	0	1	x	z
0	0	1	x	0
1	1	1	1	1
x	x	1	x	x
z	0	1	x	z

图 2.3   wor、trior 变量由多个信号驱动时的真值表

3. tri0 型和 tri1 型

tri0 型和 tri1 型数据的特点是在没有驱动源驱动该线网时,其值为 0 (tri1 型的值为 1)。tri0 型和 tri1 型变量由多个信号源驱动时的真值表如图 2.4 所示。

tri0/tri1	0	1	x	z
0	0	x	x	0
1	x	1	x	1
x	x	x	x	x
z	0	1	x	0(1)

图 2.4   tri0 型和 tri1 型变量由多个信号源驱动时的真值表

2

4. trireg 型

trireg 型线网可存储数值，用于建模电荷存储节点。当 trireg 型线网的所有驱动源都处于高阻态 z 时，trireg 型线网保持其最后一个驱动值，即高阻态值不会从驱动源传播到 trireg 型变量。

以下是 wand 型和 trireg 型变量定义的示例。

```
wand w;                    //wand 型线网
trireg (small) storeit;    //storeit 为电荷存储节点，强度为 small
```

5. supply0 型和 supply1 型

supply1 型和 supply0 型用于对电源（逻辑 1）和地（逻辑 0）建模。

6. uwire 型

uwire 型用于建模只允许有单一驱动源的线网。不允许将 uwire 型线网的任何位连接到多个驱动源，也不允许将 uwire 型线网连接到双向开关。

2.3　variable 数据类型

variable 型变量必须放在过程语句（initial、always）中，通过过程赋值语句赋值；在 always、initial 过程块内赋值的信号也必须定义成 variable 型。需要注意的是，variable 型变量（在 Verilog-1995 标准中称为 register 型）并不意味着一定对应着硬件上的一个触发器或寄存器等存储元件。在综合器进行综合时，variable 型变量根据其被赋值的具体情况确定是映射成连线还是映射为存储元件（触发器或寄存器）。

variable 数据类型共 5 种，如表 2.2 所示。另外，reg、integer、time 型数据的初始值默认为 x；real 型和 realtime 型数据的初始值默认为 0。

表 2.2　variable 数据类型

类型	功能	是否可综合
reg	常用的 variable 型变量，无符号	是
integer	整型变量，32 位有符号数	是
time	时间变量，64 位无符号数	是
real	实型变量，浮点数	否
realtime	与 real 型功能相同	否

2.3.1　reg 型

reg 是最常用的 variable 数据类型之一，reg 型变量通过过程赋值语句赋值，用于建模寄存器，也可用来建模边沿敏感（触发器）和电平敏感（锁存器）的存储单元，此外，它也可以用来表示组合逻辑。

reg 型变量按无符号数处理，可使用关键字 signed 将其变为有符号数，并被 EDA 综合器和仿真器以二进制补码的形式进行解释。

reg 型变量定义示例如下。

```
reg a,b;                    //声明 reg 型变量 a、b
reg[7:0] qout;              //声明 8 位宽的 reg 型变量，它无符号
reg signed[8:1] opd1;       //声明 8 位宽有符号 reg 型变量，它以二进制补码形式存在
```

reg 型变量并不意味着一定对应着硬件上的寄存器或触发器，在综合时，综合器根据具体情况确定将其映射到寄存器还是连线。

2.3.2　integer 型与 time 型

1. integer 型

integer 型变量相当于 32 位有符号的 reg 型变量，且最低有效位为 0。对 integer 型变量执行算术运算，其结果为二进制补码的形式。

2. time 型

time 型变量多用于在仿真时表示时间，通常与 $time 系统函数一起使用。

time 型变量被 EDA 综合器和仿真器当作 64 位无符号数处理，可执行无符号算术运算。

reg、integer 和 time 型变量均支持位选（bit-select）和段选（part-select）。

以下是定义 integer、time 数据类型变量的示例。

```
integer a=1;        //声明 integer 型变量并赋初值
time t1=0;          //声明 time 型变量并赋初值
```

代码清单 2.1 中定义了 integer 型和 time 型的变量，图 2.5 展示了该代码的 RTL 综合图，通过此图可看出 integer 型变量被综合器当作 32 位的 reg 型变量处理，time 型变量则被当作 64 位的 reg 型变量处理。

代码清单 2.1　integer 型和 time 型变量

```
module datatype_ts(
    input clk,
    output reg[15:0] a, b);
integer  i = -200;
time     t= 100;                //声明 time 型变量
always @(posedge clk) begin
    a <= i*2;
    b <= t- 1;
    i <= i + 1;
end
endmodule
```

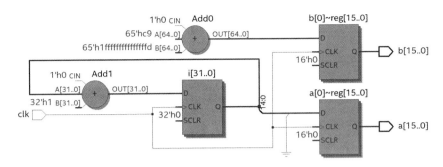

图 2.5 integer 和 time 型变量示例 RTL 综合图

2.3.3 real 型与 realtime 型

Verilog 不仅支持实数常量，还支持实数（real 型）变量。

使用 real 型变量时，需注意以下限制：只有部分操作符适用于 real 型变量；real 型变量不得在声明时指定范围（不能指定位宽）；real 型变量初始值默认为 0。

real 型和 realtime 型变量属于浮点数，不支持位选和段选。

以下是定义 real 型、realtime 型变量的示例。

```
real float;              //声明 real 型变量
realtime rtime;          //声明 realtime 型变量
```

2.4 向量

宽度为 1 位的变量（net 型或 reg 型）称为标量（scalar），如果在变量声明中没有指定位宽，则默认为标量（1 位）。

宽度大于 1 位的变量（net 型或 reg 型）称为向量（vector）。向量的宽度用下面的形式定义。

```
[MSB : LSB]
```

方括号内左边的数字表示向量的最高有效位（Most Significant Bit，MSB），右边的数字表示最低有效位（Least Significant Bit，LSB），MSB 和 LSB 都应该是整数（可为正整数、负整数或 0）。

示例如下。

```
wire[3:0] bus;           //4 位的总线
reg[7:0] ra;             //8 位寄存器，其中 ra[7]为最高有效位
reg[0:7] rb;             //rb[0]为最高有效位，rb[7]为最低有效位
reg a;                   //reg 标量
reg [4:0] x, y, z;       //3 个 5 位 reg 向量
reg signed [3:0] signed_reg;
                         //4 位有符号向量，以二进制补码形式存在，表示数的范围为-8～7
reg [-1:4] b;            //6 位 reg 向量，reg[-1]为最高有效位
```

向量可以位选和段选。

向量中的任意位都可以被单独选择，并且可对其单独赋值。示例如下。

```
reg[7:0]  addr;          //reg 型变量，8 位为[7, 6, 5, 4, 3, 2, 1, 0]
addr[0] = 1;             //最低位赋 1
addr[3] = 0;             //第 4 位赋 0
```

选择相邻的多位进行赋值等操作，称为段选。示例如下。

```
reg [31:0]    addr;
addr[23:16] = 8'h23;        //段选并赋值
```

此处的多位选择，采用常数作为地址选择的范围，称为常数段选。Verilog-2001 标准增加了一种段选方式：索引段选（indexed part-select）。位选和段选在 3.2.2 节中进一步介绍。

2.5   数组

数组（array）由元素（element）构成，元素可以是标量或向量，示例如下。

```
reg x[11:0];              //x 是数组，其元素为 reg 标量，共 12 个元素
wire [0:7] y[5:0];        //y 是数组，其元素为 8 位宽的 wire 型向量
reg [31:0] v [127:0];     //v 是数组，其元素为 32 位宽 reg 型向量
```

2.5.1   数组简介

数组的元素可以为 net 类型，也可以为所有的 variable 类型（包括 reg、integer、time、real、realtime 等）。

数组可以是多维的，每个维度应由地址范围表示，地址范围可以用整数常量（正整数、负整数或 0）表示，也可以用变量表示。

以下是数组定义的示例。

```
reg arrayb[7:0][0:255];      //2 维（8×256）数组，其元素为 1 位 reg 标量
wire w_array[7:0][5:0];      //2 维（8×6）数组，其元素为 1 位 wire 标量
integer inta[1:64];          //由 64 个 integer 型变量构成的数组
time chng_hist[1:1000]       //由 1000 个 time 型变量构成的数组
integer t_index;             //定义一个 integer 变量作为数组元素的索引
```

2.5.2   存储器

元素为 reg 类型的一维数组也称为存储器（memory）。存储器可用于建模只读存储器（Read-Only Memory，ROM）、随机存取存储器（Random Access Memory，RAM）。示例如下。

```
reg[7:0] mema[0:255];        //256×8 位的存储器，地址索引为 0～255
```

2.5.3   数组的赋值

数组不能整体赋值，每次只能对数组中的一个元素进行赋值，每个元素都用一个索引寻址，对元素进行位选和段选及赋值操作都是允许的。

以下是数组赋值的示例（数组在前面已定义）。

```
mema[1] = 0;                 //合法，mema 的第 2 个元素赋值为 0
arrayb[1][0] = 0;            //合法，元素 arrayb[1][0]赋值为 0
inta[4] = 33559;             //合法赋值
chng_hist[t_index] = $time;
```

```
mema = 0;                    //合法，元素的地址用一个 integer 变量指示
arrayb[1] = 0;               //非法，数组不能整体赋值
arrayb[1][12:31] = 0;        //非法，arrayb[1]包含 256 个元素[1][0]～[1][255]
                             //非法，arrayb[1][12:31]包含 20 个元素[1][12]～[1][31]
```

注意：

定义向量（寄存器）和存储器是有区别的，示例如下。

```
reg[1:8] regb;               //定义了一个 8 位的向量（寄存器）
reg memb[1:8];               //定义了一个 8 个元素，每个元素字长为 1 的存储器
```

在赋值时，两者也有区别。

```
regb[2]=1'b1;        //对寄存器 regb 的第 2 位赋值 1，合法
memb[2]=1'b1;        //对存储器 memb 的第 2 个元素赋值 1，合法
regb=8'b01011000;    //对寄存器 regb 整体赋值，合法
memb=8'b01011000;    //非法，不允许对存储器的多个元素一次性赋值
```

2.6 参数

参数属于常量，它只能被声明（赋值）一次。通过使用参数，可以提高 Verilog 代码的可读性、可复用性和可维护性。

2.6.1 parameter 参数

parameter 参数声明的格式如下。

```
parameter [signed] [range] 参数名 1=表达式 1,参数名 2=表达式 2,...;
```

参数可以有符号，可指定范围（位宽），还可指定其数据类型。

注意： 建议编写代码时参数名用大写字母表示，而标识符、变量等一律采用小写字母表示。

parameter 参数的典型用途是指定变量的延时和宽度。参数值在模块运行时不可以修改，但在编译时可以修改，可以用 defparam 语句或模块例化语句修改参数值。

以下是 parameter 参数声明的示例。

```
parameter msb = 7;
parameter e = 25, f = 9;                    //定义两个参数
parameter r = 5.7;                          //r 为实数型参数
parameter byte_size = 8, byte_mask = byte_size - 1;
parameter average_delay = (r + f)/2;
parameter signed[3:0] mux_selector = 0;     //有符号参数
parameter real r1 = 3.5e17;                 //r1 为实数型参数
parameter p1 = 13'h7e;
parameter newconst = 3'h4;                  //隐含的范围为[2:0]
parameter newconst = 4;                     //隐含的范围为[31:0]
```

Verilog-2001 标准改进了端口的声明语句,采用#(参数声明语句 1,参数声明语句 2,...)的形式定义参数;同时允许将端口声明和数据类型声明放在同一条语句中。Verilog-2001 标准的模块声明语句如下。

```
module 模块名
  #(参数名 1, 参数名 2,...)
  (端口声明 端口名 1, 端口名 2,...);
```

代码清单 2.2 采用参数定义加法操作数的位宽,使用 Verilog-2001 的声明格式。

代码清单 2.2　采用参数定义加法器操作数的位宽

```
module add_w                          //模块声明采用 Verilog-2001 格式
  #(parameter MSB=15,LSB=0)           //参数声明,注意句末没有分号
  (input[MSB:LSB] a,b,
   output[MSB+1:LSB] sum);
assign sum=a+b;
endmodule
```

代码清单 2.3 的 8 位 Johnson 计数器也使用了参数。Johnson 计数器又称扭环形计数器,是一种用 n 个触发器产生 $2n$ 个计数状态的计数器,且相邻 2 个状态间只有 1 位不同;其移位的规则是:将最高有效位取反后从最低位移入。代码清单 2.3 中的 Johnson 计数器位宽为 8 位,由 8 个触发器构成,故其计数状态是 $2n$,即 16。

代码清单 2.3　采用参数声明的 8 位 Johnson 计数器

```
module johnson_w                          //模块声明采用 Verilog-2001 格式
  # (parameter WIDTH=8)                   //参数声明
  (input clk,clr,
   output reg[WIDTH-1 :0] qout);
always @(posedge clk, posedge clr)
begin  if(clr)  qout<=0;
       else  begin qout<=qout<<1;
              qout[0]<=~qout[WIDTH-1];  end
end
endmodule
```

代码清单 2.4 是 4 位格雷码计数器的示例。

代码清单 2.4　4 位格雷码计数器的示例

```
module graycnt  #(parameter WIDTH = 4)
  (output reg[WIDTH-1:0]  graycount,        //格雷码输出信号
   input wire  enable,clear,clk);           //使能、清零、时钟信号
reg [WIDTH-1:0]  bincount;
always @(posedge clk)
    if(clear) begin
    bincount<={WIDTH{1'b 0}} + 1;
    graycount <= {WIDTH{1'b 0}};
    end
    else if(enable) begin
       bincount <=bincount + 1;
       graycount<={bincount[WIDTH-1],
       bincount[WIDTH-2:0] ^ bincount[WIDTH-1:1]};
    end
endmodule
```

代码清单 2.4 的仿真波形如图 2.6 所示，其输出为格雷码形式，相邻码字只有 1 位变化。

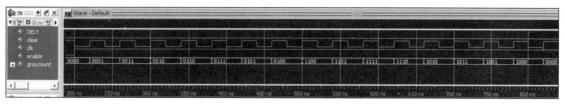

图 2.6 4 位格雷码计数器的仿真波形

2.6.2 localparam 参数

Verilog 还有一个关键字 localparam，用于定义局部参数。局部参数与参数的不同包括如下两点：
- 用 localparam 定义的参数不能通过 defparam 语句修改参数值；
- 用 localparam 定义的参数不能通过模块例化（参数传递）来改变参数值。

可以将一个包含 parameter 参数的常量表达式赋值给局部参数，这样就可以用 defparam 语句或模块例化来修改局部参数的值了。

示例如下。

```
parameter WIDTH=8;                    //parameter 参数定义
localparam MSB=2*WIDTH+1;             //localparam 参数定义
```

下面的示例定义了先进先出（First In First Out，FIFO）模块，也采用包含 parameter 参数的常量表达式来定义 localparam 局部参数。这样，用 defparam 语句或模块例化改变 parameter 的值，局部参数的值也会随之更新。

```
module generic_fifo
  #(parameter MSB=3, LSB=0, DEPTH=4)    //定义 parameter 参数
   (input[MSB:LSB] in,
    input clk, read, write, reset,
    output[MSB:LSB] out,
    output full, empty);
localparam FIFO_MSB = DEPTH*MSB;
localparam FIFO_LSB = LSB;               //局部参数
reg [FIFO_MSB:FIFO_LSB] fifo;
reg [LOG2(DEPTH):0] depth;
always @(posedge clk or reset) begin
    casex({read,write,reset})
    //fifo 实现（略）
    endcase end
endmodule
```

在代码清单 2.5 中，采用 localparam 语句定义了局部参数 HSB=MSB+1，该代码清单的功能与代码清单 2.2 的功能相同。

代码清单 2.5 采用局部参数 localparam 的加法器

```
module add_localp
  #(parameter MSB=15,LSB=0)            //parameter 参数定义
   (input[MSB:LSB] a,b,
    output[HSB:LSB] sum);
localparam HSB=MSB+1;                  //localparam 参数定义
assign sum=a+b;
endmodule
```

2.6.3　specparam 参数

关键字 specparam 声明了一种特殊类型的参数,仅用于提供时序和延时值,除了不能赋值给 parameter 参数,它可以出现在一个模块的任何位置。specparam 指定的参数,其声明必须先于其使用。与其他参数不同的是,specparam 指定的参数不能在模块中通过例化(参数传递)进行修改,唯一可以修改参数的方法是通过标准延迟格式(Standard Delay Format,SDF)反标方式修改。

specparam 参数可在模块(module)内或 specify 块内进行声明,下面是在 specify 块内声明 specparam 参数的示例。

```
specify
specparam tRise_clk_q = 150, tFall_clk_q = 200;
specparam tRise_control = 40, tFall_control = 50;
endspecify
```

在 module 内声明 specparam 参数的示例如下。

```
module RAM16GEN
    (output [7:0] DOUT, input [7:0] DIN,
     input [5:0] ADR, input WE, CE);
specparam dhold = 1.0;                  //specparam 参数声明
specparam ddly = 1.0;
parameter width = 1;                    //parameter 参数定义
parameter regsize = dhold + 1.0;
    //非法,不能把 specparam 指定的参数赋给 parameter 参数
endmodule
```

parameter 参数、localparam 参数和 specparam 参数三者的区别如表 2.3 所示。

表 2.3　parameter 参数、localparam 参数和 specparam 参数的区别

parameter 参数	localparam 参数	specparam 参数
在 specify 块外,module 中声明	在 specify 块外,module 中声明	可在 module 内或 specify 块内进行声明
不能在 specify 块中使用	不能在 specify 块中使用	可在 module 内或 specify 块内使用
不能被 specparam 参数赋值	可用 parameter 参数赋值	可通过 specparam 或 parameter 参数赋值
常用于模块间参数传递,在本模块中定义	不可直接进行参数传递,在本模块中定义	常用于时序检查和时序约束,在本模块中定义,用于 specify 块
通过 defparam 或模块例化修改参数值	通过 parameter 修改参数值	通过 SDF 反标方式修改参数值
不能指定参数的取值范围	不能指定参数的取值范围	specparam 定义参数时,可指定参数的取值范围,但指定参数范围后参数值不能被修改

2.6.4　参数值修改

1. 通过 defparam 语句修改

通过 defparam 语句进行修改,但该语句仅能修改 parameter 参数值。

2. 通过模块例化(参数传递)修改

通过模块例化修改参数值,或称为参数传递,此种方法仅适用于 parameter 参数,localparam

参数值只能通过 parameter 参数间接地修改。

　　在多层次结构的设计中，通过高层模块对低层模块的例化，用 parameter 的参数传递功能可更改下层模块的规模（尺寸）。

　　参数传递有 3 种实现方式。

- 按列表顺序进行参数传递：参数传递的顺序必须与参数在原定义模块中声明的顺序相同，并且不能跳过任何参数。
- 用参数名进行参数传递：这种方式允许在线参数值按照任意顺序排列。
- 模块例化时用 defparam 语句显式传递。

模块例化和参数传递在 7.2 节有更详细的介绍。

3. 通过 SDF 反标方式修改

specparam 参数只能通过 SDF 反标方式修改。

　　需要注意的是，如果模块中参数的值取决于另一个参数，但在顶层通过 defparam 对该参数进行了修改，那么参数的最终值取决于 defparam 执行后赋予的值，不受其他参数的影响。

练习

1. Verilog HDL 数据类型有哪些？其物理意义是什么？
2. 能否对 reg 型变量用 assign 语句进行连续赋值操作？
3. 参数在设计中有什么用处？参数传递的方式有哪些？
4. 用 Verilog HDL 定义如下变量和常量：
   （a）定义一个名为 count 的整数；
   （b）定义一个名为 ABUS 的 8 位 wire 总线；
   （c）定义一个名为 address 的 16 位 reg 型变量，并将该变量的值赋为十进制数 128；
   （d）定义一个名为 sign_reg8 的 8 位有符号 reg 型变量；
   （e）定义参数 DELAY，参数值为 8；
   （f）定义一个名为 delay_time 的时间变量；
   （g）定义一个容量为 128 位、字长为 32 位的存储器 MYMEM。
   （h）定义一个 2 维（8×16）数组，其元素为 8 位 wire 型变量。
5. 将本章 4 位格雷码计数器的示例改为 8 位格雷码计数器，并进行综合和仿真。

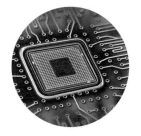

第3章

表达式

3

表达式（expression）是由操作符与操作数构成的函数式。

3.1 操作符

Verilog HDL 的操作符与 C 语言的操作符相似，如果按功能划分，包括以下 10 类：

- 算术操作符（arithmetic operator）；
- 关系操作符（relational operator）；
- 等式操作符（equality operator）；
- 逻辑操作符（logical operator）；
- 位操作符（bitwise operator）；
- 缩减操作符（reduction operator）；
- 移位操作符（shift operator）；
- 指数操作符（power operator）；
- 条件操作符（conditional operator）；
- 拼接操作符（concatenation operator）。

如果按操作符所带操作数的个数划分，可分为 3 类。

- 单目操作符（unary operator）：操作符只带一个操作数。
- 双目操作符（binary operator）：操作符可带两个操作数。
- 三目操作符（ternary operator）：操作符可带 3 个操作数。

3.1.1 算术操作符

算术操作符属于双目操作符（有时也可用作单目操作符）。下面的表达式使用了算术操作符。

```
a + b        //a 加 b
a - b        //a 减 b
a * b        //a 乘 b
a / b        //a 除以 b
```

```
a % b              //取模（求余）
a ** b             //a 的 b 次幂
```

整数的除法运算是将结果的小数部分丢弃，只保留整数部分。示例如下。

```
integer inta;
inta = -12 / 3;         //结果为-4
```

使用除法和取模操作符时，如果第 2 个操作数为 0，则结果为 x；取模操作的结果采用第 1 个操作数的符号。

算术操作符的操作数中任何位的值是 x 或 z，则整个结果值为 x。

以下是一些取模和幂运算的示例。

```
10   % 3           //结果为 1
12   % 3           //结果为 0
-10  % 3           //结果为-1（结果的符号与第 1 个操作数相同）
11   % -3          //结果为 2（结果的符号与第 1 个操作数相同）
-4'd12 % 3         //结果为 1
3 ** 2             //结果为 9
2 ** 3             //结果为 8
2 ** 0             //结果为 1
0 ** 0             //结果为 1
2.0   ** -3'sb1    //结果为 0.5
2 ** -3 'sb1       //2**-1=1/2，整数除法结果保留整数为 0
0 ** -1            //0**-1=1/0，结果为'bx
9 ** 0.5           //结果为 3.0，这是实数平方根运算
9.0   ** (1/2)     //结果为 1.0，1/2 整数除法结果为 0，9.0**0=1.0
-3.0 ** 2.0        //结果为 9.0
```

算术操作符对 integer、time、reg、net 等数据类型变量的处理方法如表 3.1 所示。将 reg、net 型变量均视为无符号数，如果 reg、net 型变量已显式声明为有符号数（signed），则按有符号数处理，并以补码形式表示。

表 3.1 算术操作符对各种数据类型的处理方式

数据类型	说明
net 型变量	无符号数
signed net	有符号数，补码形式
reg 型变量	无符号数
signed reg	有符号数，补码形式
integer	有符号数，补码形式
time	无符号数
real、realtime	有符号数，浮点数

下面的示例显示了不同数据类型的变量除以 3 的结果。

```
integer intA;
reg [15:0] regA;
reg signed [15:0] regS;
intA = -4'd12;
regA = intA / 3;       //表达式值为-4，intA 为 integer 型，regA=65532
regA = -4'd12;         //regA=16'b1111_1111_1111_0100=65524
intA = regA / 3;       //intA=21841
```

```
intA  =  -4'd12  /  3;          //intA=1431655761，是一个 32 位的 reg 型数据
regA  =  -12  /  3;             //表达式值为-4，regA=65532
regS  =  -12  /  3;             //表达式值为-4，regS 是有符号 reg 型
regS  =  -4'sd12  /  3;         //结果为 1，-4'sd12 实际为 4，4/3==1
```

3.1.2   关系操作符

下面的表达式使用了关系操作符。

```
a < b           //a 小于 b
a > b           //a 大于 b
a <= b          //a 小于或等于 b
a >= b          //a 大于或等于 b
```

注意：   "<=" 操作符也用于表示一种赋值操作（非阻塞过程赋值）。

当使用关系操作符的表达式时，若声明的关系为假，则生成逻辑值 0；若声明的关系为真，则生成逻辑值 1；如果关系操作符的任一操作数包含不定值（x）或高阻态值（z），则结果为不定值（x）。

当关系表达式的操作数（两个或其中之一）是无符号数时，该表达式应按无符号数进行比较；如果两个操作数的位宽不等，则较短操作数的高位应补 0；当两个操作数都有符号时，表达式应按有符号数进行比较，如果两个操作数的位宽不等，则较短的操作数应用符号位扩展。

关系操作符的优先级低于算术操作符，以下示例说明了此优先级的不同。

```
a <  foo - 1
a < (foo - 1)   //上面两个表达式的结果相同
foo - (1 < a)   //先计算关系表达式，然后从 foo 中减去 0 或 1
foo - 1 < a     //foo 减 1 后与 a 进行比较，与上面的表达式的结果不同
```

3.1.3   等式操作符

等式操作符包括相等操作符（==），不相等操作符（!=）、全等操作符（===）和不全等操作符（!==）。

如下表达式使用了相等操作符。

```
a == b          //a 等于 b（结果可以是 x）
a != b          //a 不等于 b（结果可以是 x）
```

如下表达式使用了全等操作符。

```
a === b         //a 与 b 全等（需各位相同，包括为 x 和 z 的位）
a !== b         //a 与 b 不全等
```

这 4 种操作符都属于双目操作符，得到的结果是 1 位的逻辑值。若得到 1，说明声明的关系为真；若得到 0，说明声明的关系为假。

相等操作符（==）和全等操作符（===）的区别是：参与比较的两个操作数必须逐位相等，其相等比较的结果才为 1，如果某些位是不定态或高阻态值，则相等比较得到的结果是不定值 x；

3

而全等比较（===）则是对这些不定态或高阻态值的位也进行比较，两个操作数必须完全一致，其结果才为 1，否则结果为 0。

相等操作符的真值表如图 3.1 所示。

全等操作符的真值表如图 3.2 所示。

==	0	1	x	z
0	1	0	x	x
1	0	1	x	x
x	x	x	x	x
z	x	x	x	x

图 3.1　相等操作符（==）的真值表

===	0	1	x	z
0	1	0	0	0
1	0	1	0	0
x	0	0	1	0
z	0	0	0	1

图 3.2　全等操作符的真值表

例如，若寄存器变量 a=5'b11x01，b=5'b11x01，则"a==b"得到的结果为不定值 x，而"a===b"得到的结果为逻辑 1。

3.1.4　逻辑操作符

逻辑操作符包括如下 3 种。

- &&：逻辑与。
- ||：逻辑或。
- !：逻辑非。

逻辑操作符的操作结果是 1 位的，可以为逻辑 1、逻辑 0，或者是不定值 x。

逻辑操作符的操作数可以是 1 位，也可以不止 1 位。若操作数不止 1 位，则应将其作为一个整体对待，若所有位为全 0，则相当于逻辑 0；若所有位不是全 0，则应视为逻辑 1。

例如，若 reg 型变量 alpha 的值为 237，beta 的值为 0，则有以下表达式。

```
regA = alpha && beta;        //regA 的值为 0
regB = alpha || beta;        //regB 的值为 1
```

逻辑操作符的优先级是，!最高，&&次之，||最低。逻辑操作符的优先级低于关系操作符和等式操作符。例如，下面两条表达式的结果是一样的，但推荐使用带括号的表达式形式。

```
a < size-1 && b != c && index != lastone
(a < size-1) && (b != c) && (index != lastone)
```

下面两个表达式是等效的，但推荐使用前面的表达式形式。

```
if (!inword)
if (inword == 0)
```

3.1.5　位操作符

位操作符包括如下 5 种。

- ~：按位取反。

- &：按位与。
- |：按位或。
- ^：按位异或。
- ^~、~^：按位同或（符号^~与~^是等价的）。

按位与的真值表如图 3.3 所示，按位或的真值表如图 3.4 所示，按位异或的真值表如图 3.5 所示，按位取反的真值表如图 3.6 所示，按位同或的真值表如图 3.7 所示。

&	0	1	x（z）
0	0	0	0
1	0	1	x
x（z）	0	x	x

图 3.3   按位与的真值表

|	0	1	x（z）
0	0	1	x
1	1	1	1
x（z）	x	1	x

图 3.4   按位或的真值表

^	0	1	x（z）
0	0	1	x
1	1	0	x
x（z）	x	x	x

图 3.5   按位异或的真值表

~	
0	1
1	0
x（z）	x

图 3.6   按位取反的真值表

^~ ~^	0	1	x（z）
0	1	0	x
1	0	1	x
x（z）	x	x	x

图 3.7   按位同或的真值表

例如，若 A=5'b11001，B=5'b10101，则有如下结果。

```
~A=5'b00110; A&B=5'b10001; A|B=5'b11101; A^B=5'b01100;
```

注意，两个不同长度的操作数进行位运算时，自动将两个操作数按右端对齐，位数少的操作数在高位用 0 补齐。

3.1.6　缩减操作符

缩减操作符是单目操作符，包括如下 6 种。

- &：与。
- ~&：与非。
- | ：或。
- ~|：或非。
- ^：异或。
- ^~、~^：同或。

缩减操作符与位操作符的逻辑运算法则一样，但缩减操作符是对单个操作数进行与、或、非递推运算，它放在操作数的前面。缩减操作符可将一个向量缩减为一个标量。示例如下。

```
reg[3:0] a;
b=&a;                  //等效于b=((a[0]&a[1])&a[2])&a[3];
```

表 3.2 列出的是缩减操作符运算的示例，用 4 个操作数的缩减运算结果说明缩减操作符的用法。

表 3.2　缩减操作符运算示例

操作数	&	~&	|	~|	^	~^	说明
4'b0000	0	1	0	1	0	1	操作数为全 0
4'b1111	1	0	1	0	0	1	操作数为全 1
4'b0110	0	1	1	0	0	1	操作数中有偶数个 1
4'b1000	0	1	1	0	1	0	操作数中有奇数个 1

3.1.7　移位操作符

移位操作符包括如下 4 种。

- >>：逻辑右移。
- <<：逻辑左移。
- >>>：算术右移。
- <<<：算术左移。

移位操作符包括逻辑移位操作符（>>和<<）和算术移位操作符（<<<和>>>）。其用法如下。

```
A >> n  或  A << n
```

表示把操作数 A（左侧的操作数）右移或左移 *n* 位。其中 *n* 只能为无符号数，如果 *n* 的值为 x 或 z，则移位操作的结果只能为 x。

对于逻辑移位（>>和<<），均用 0 填充移出的位。

对于算术移位，算术左移（<<<）也用 0 填充移出的位。对于算术右移（>>>），如果左侧的操作数（A）为无符号数，则用 0 填充移出的位；如果左侧的操作数为有符号数，则移出的位全部用符号位填充。

在下例中，变量 result 的值最终变为 0100，即由 0001 左移 2 位，空位补 0。

```
module shift;
reg [3:0] start, result;
initial begin
    start = 1;
    result = (start << 2);          //result =0100
end
endmodule
```

在下例中，变量 result 的值最终变为 1110，即由 1000 右移 2 位，移出的空位填充符号位 1。

```
module ashift;
reg signed [3:0] start, result;       //start 和 result 为有符号数
initial begin
    start = 4'b1000;
    result = (start >>> 2);          //result =1110
end
endmodule
```

假如变量 a = 8'sb10100011，那么执行逻辑右移和算术右移后的结果如下。

```
a>>3;               //逻辑右移后 a 变为 8'b00010100
a>>>3;              //算术右移后 a 变为 8'b11110100
```

移位操作可用于实现某些指数操作。例如，若 A=8'b0000_0100，则表达式 $A*2^3$ 可用移位操作实现：

```
A<<3                //执行后，A 的值变为 8'b0010_0000
```

代码清单 3.1 对有符号数的逻辑移位和算术移位进行了仿真。

代码清单 3.1   有符号数的逻辑移位和算术移位的仿真

```
module shift_tb /**/;
reg signed[7:0]a,b;
initial
begin
    a=8'b1000_0010;
    b=8'b1000_0010;
    $display("a              =1000_0010=%d",a);
    $display("b              =1000_0010=%d",b);
#10
    a=a>>3;
    b=b>>>3;
    $display("a=a>>3        =%b=%d",a,a);
    $display("b=b>>>3       =%b=%d",b,b);
#10
    a=a<<3;
    b=b<<<3;
```

```
        $display("a=a<<3        =%b=%d",a,a);
        $display("b=b<<3        =%b=%d",b,b);
end
endmodule
```

上面的代码用 ModelSim 运行，TCL 窗口输出如下。对照上面的代码，对有符号数的逻辑移位和算术移位的认识可更清晰。

```
#   a                =1000_0010 = -126
#   b                =1000_0010 = -126
#   a =a>>3          =00010000  =  16
#   b =b>>>3         =11110000  = -16
#   a =a<<3          =10000000  = -128
#   b =b<<3          =10000000  = -128
```

3.1.8　指数操作符

指数操作符**用于执行指数运算，一般使用较多的是底数为 2 的指数运算，如 2^n，示例如下。

```
parameter WIDTH=16;
parameter DEPTH=8;
reg[WIDTH-1:0] mem [0:(2**DEPTH)-1];
//存储器的深度用指数运算定义，该存储器位宽为 16，容量（深度）为 256 个单元
```

3.1.9　条件操作符

条件操作符?:是一个三目操作符，可对 3 个操作数进行判断和处理，其用法如下。

```
signal=condition ? true_expression : false_expression;
信号 = 条件 ? 表达式 1 : 表达式 2;
```

当条件成立（为 1）时，信号取表达式 1 的值；条件不成立（为 0）时取表达式 2 的值；当条件为 x 或 z 时，则应对表达式 1 和表达式 2 按表 3.3 进行按位计算得到最终结果。

表 3.3　条件操作符按位运算真值表

?:	0 1 x(z)
0	0 x x
1	x 1 x
x(z)	x x x

以下用三态输出总线的示例来说明条件操作符的用法。

```
wire [15:0] busa = drive_busa ? data : 16'bz;
    //当 drive_busa 为 1 时，data 数据被驱动到总线 busa 上（为 1 或 0）
    //如果 drive_busa 的值不确定，则 busa 为高阻态（z）
```

3.1.10　拼接操作符

拼接操作符{}用于将两个或多个信号的某些位拼接起来。第一个示例如下。

```
{a, b[3:0], w, 3'b101}
{4{w}}                  //等同于{w, w, w, w}
{b, {3{a, b}}}          //等同于{b, a, b, a, b, a, b}
res = {b, b[2:0], 2'b01, b[3], 2{a}};
```

第二个示例如下。

```
parameter P = 32;
assign b[31:0] = {{32-P{1'b1}}, a[P-1:0]};        //合法
```

第三个示例如下。

```
result = {4{func(w)}};
y = func(w);
result = {y, y, y, y};
```

拼接可以用来进行移位操作，示例如下。

```
f = a*4 + a/8;
```

假如 a 的宽度是 8 位，则可以用拼接操作符通过移位操作实现上面的运算。

```
f = {a[5:0],2b'00} +{3b'000,a[7:3]};
```

3.1.11　操作符的优先级

操作符的优先级（precedence）如表 3.4 所示，优先级从上向下逐渐降低。不同的综合开发工具在实现这些优先级时可能有微小的差别，因此在书写程序时建议用括号来控制运算的顺序，这样能有效避免错误，同时增加程序的可读性。

表 3.4　操作符的优先级

类别	操作符
单目操作符 （包括正负号、逻辑非操作符、缩减操作符）	+、-、!、~、&、~&、|、~|、^、~^、^~
指数操作符	**
算术操作符	*、/、%
	+、-
移位操作符	<<、>>、<<<、>>>
关系操作符	<、<=、>、=
等式操作符	==、!=、===、!==
位操作符	&
	^、^~、~^
	|
逻辑操作符	&&
	||
条件操作符	?:
拼接操作符	{}、{{}}

3.2　操作数

操作数可以是以下之一:

- 常量或字符串;
- 参数 (包括 localparam 参数和 specparam 参数) 及其位选和段选;
- net 型变量及其位选和段选;
- reg 型、integer 型、time 型变量及其位选和段选;
- real 型、realtime 型向量;
- 数组元素及其位选和段选;
- 返回值是上述操作数之一的函数或系统函数的调用。

本节从操作数的角度对用于表达式的整数、向量、数组和字符串等操作数进行讨论,并研究使用综合器和仿真器处理这些操作数的方式。

3.2.1　整数

表达式中的整数可以表示为如下形式:

- 无位宽 (size)、无基数 (base) 的整数 (如 12,默认为 32 位);
- 无位宽、有基数的整数 (如'd12、'sd12);
- 有位宽、有基数的整数 (如 16'd12、16'sd12)。

对于负整数,无基数和有基数的明显不同。无基数的负整数 (如−12) 被视为有符号数 (二进制补码形式);有基数但不加 s 说明符的负整数 (如−'d12),虽然 EDA 综合器和仿真器会将其用二进制补码表示,但仍被视为无符号数。

例如,下面的代码显示了表达式 "−12 除以 3" 的 4 种表达形式及其结果。

```
integer intA;
intA = -12 / 3;        //结果为-4,-12 为 32 位有符号负数, 3 为 32 位有符号正数
intA = -'d12 / 3;      //结果为 1431655761, -'d12 为 32 位无符号数, 3 为 32 位有符号正数
intA = -'sd12 / 3;     //结果为-4, -'sd12 为 32 位有符号负数, 3 为 32 位有符号正数
intA = -4'sd12 / 3;    //结果为 1, 4'sd12 为 1100, 即-4, -(-4)=4
```

分析:　　　−12 和−'d12 虽然都是以相同的二进制补码的形式表示,但对于 Verilog 综合器和仿真器,−'d12 被解释为无符号数 (1111_1111_1111_1111_1111_1111_1111_0100 =4294967284),而−12 被视为有符号数。

3.2.2　位选和段选

操作数 (包括 net 型向量、reg 型向量、integer 和 time 型变量或参数) 支持位选和段选。

1. 位选

操作数的任意位都可以被单独选择,并且可对其单独赋值,称为位选。示例如下。

```
wire[15:0]  busa;                    //wire 型向量
assign busa[0] = 1;                  //最低位赋 1
```

如果位选超出地址范围，或者值为 x 或 z，则返回值为 x。

2. 常数段选

选择相邻的多位进行赋值等操作，称为段选。示例如下。

```
wire[15:0]  busa;                    //wire 型向量
assign busa[7:0] = 8'h23;            //常数段选
```

上面的多位选择，用常数作为地址范围，称为常数段选。

以下是位选和常数段选的示例。

```
reg[7:0]  acc= 5;                    //acc 为 00000101
wire  a,b;
wire[3:0]  c;
assign a=acc[0];                     //位选，a=1'b1
assign b=acc[7];                     //位选，b=1'b0;
assign c=acc[3:0];                   //常数段选，c=4'b0101
```

3. 索引段选

Verilog-2001 中新增了一种段选方式——索引段选，其形式如下。

```
[base_expr      +:      width_expr]
  //起始表达式   正偏移     位宽
[base_expr      -:      width_expr]
  //起始表达式   负偏移     位宽
```

其中，位宽（width_expr）必须为常数，而起始表达式（base_expr）可以是变量；偏移方向表示选择区间是起始表达式加上位宽（正偏移），或者起始表达式减去位宽（负偏移）。示例如下。

```
reg[63:0] word;
reg[3:0] byte_num;          //取值范围是 0~7
wire[7:0] byteN = word [byte_num*8 +: 8];
```

上例中，如果变量 byte_num 当前的值是 4，则 byteN = word[39:32]，起始位为 32（byte_num*8），终止位 39 由起始位加上正偏移量 8 确定。

索引段选的地址是从基地址开始选择的一个范围。代码清单 3.2 为索引段选的示例。

代码清单 3.2 索引段选的示例

```
module index_sel(
    input clk,
    output  reg[7:0] a,b,c,d,
    output  reg[3:0] e);
wire[31:0] busa = 32'h76543210;
wire[0:31] busb = 32'h89abcdef;
integer sel=2;

always @ (posedge clk) begin
    a <= busa[0  +: 8];          //a= busa[7:0]=8'h10
    b <= busa[15 -: 8];          //b= busa[15:8]=8'h32
    c <= busb[24 +: 8];          //c= busb[24:31]=8'hef
```

```
        d <= busb[23 -: 8];              //d= busb[16:23]=8'hcd
        e <= busa[8*sel +: 4];           //e= busa[19:16]=4'h4
end
endmodule
```

图 3.8 所示为代码清单 3.2 的 RTL 综合视图。通过图中索引段选的赋值结果，读者应该可对索引段选的寻址区间有更清楚的认识。

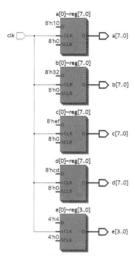

图 3.8 RTL 综合视图

4. vectored 和 scalared 关键字

在定义向量时，可选用 vectored 和 scalared 关键字。如果使用 vectored 关键字，则表示该向量不允许进行位选和段选，只能作为一个统一的整体进行操作；如果使用 scalared 关键字，则允许对该向量进行位选和段选。示例如下。

```
tri1 scalared [63:0] bus64;     //scalared 向量
tri vectored [31:0] data;       //vectored 向量
```

注意： 凡没有注明 vectored 关键字的向量都默认为 scalared 向量，可对其进行位选和段选。

3.2.3 数组

当在表达式中使用数组时，应注意其定义、寻址、赋值操作的一系列规范。

下面分别定义了一个 2 维数组和一个 3 维数组。

```
reg[7:0] twod_array [0:255][0:255];      //256×256，2 维数组，元素有 8 位
wire thrd_array [0:255][0:255][0:7];     //256×256×8，3 维数组，元素有 1 位
```

当对数组寻址时，其地址（索引）应包括各个维度，索引可以是常数，也可以是变量。对

数组元素进行位选和段选也是可以的。示例如下。

```
twod_array[14][1][3:0]              //访问低 4 位
twod_array[1][3][6]                 //访问第 6 位,位选
twod_array[1][3][sel]               //位选
thrd_array[14][1][3:0]              //非法,一次只能选择一个元素
```

不能同时对多个数组元素进行赋值,只能通过索引一个一个地进行赋值。

3.2.4   字符串

在表达式和赋值语句中使用字符串时,EDA 工具会将其视作无符号整数,一个字符对应一个 8 位的 ASCII。

由于字符串的本质是无符号整数,因此 Verilog HDL 的各种操作符对字符串也适用,比如用==和!=进行字符串的比较、用{ }完成字符串的拼接等。在操作过程中,如果声明的 reg 型变量位数大于字符串实际长度,则字符串变量的左端(即高位)补 0,这一点与非字符串操作数并无区别;如果声明的 reg 型变量位数小于字符串实际长度,那么字符串的左端被截断。

代码清单 3.3 展示了关于字符串操作的示例,其中声明了可容纳 14 个字符的字符串变量,并对其赋值,然后用拼接操作符实现了字符串的拼接。

代码清单 3.3   关于字符串操作的示例

```
module string_test;
reg[8*14 : 1] stringvar;                //声明可容纳 14 个字符的字符串变量
initial begin
stringvar = "Hello world";
    $display("%s is stored as %h", stringvar, stringvar);
stringvar = {stringvar,"!!!"};          //用拼接操作符实现字符串的拼接
    $display("%s is stored as %h", stringvar, stringvar);
end
endmodule
```

上例的仿真输出结果如下。

```
Hello world     is stored as 00000048656c6c6f20776f726c64
Hello world!!! is stored as 48656c6c6f20776f726c64212121
```

3.3   表达式的符号

对于表达式的符号,应注意以下几点。

(1)表达式中任意一个操作数是无符号数,整个表达式的运算结果便是无符号数;只有所有操作数均为有符号数时,表达式结果才是有符号数。

(2)操作数位选、段选、拼接、比较的结果均为无符号数,不论操作数本身是有符号数还是无符号数。

(3)操作数前加负号"-"与将操作数定义为有符号数是有区别的,两者并不相同,如果操作数只加负号,不加 s,虽然 EDA 综合器和仿真器会将其用二进制补码表示,但仍不会将其当

作有符号数处理。

（4）可使用两个系统函数$signed（其返回值有符号）和$unsigned（其返回值无符号）来控制表达式的符号。系统函数$signed 和$unsigned 会计算输入表达式，并返回该函数定义的类型的值。示例如下。

```
reg[7:0] regA, regB;
reg signed[7:0] regS;
regA = $unsigned(-4);          //regA = 8'b11111100
regB = $unsigned(-4'sd4);      //regB = 8'b00001100
regS = $signed(4'b1100);       //regS = -4
```

（5）表达式结果是否有符号，与赋值符号左边的数据无关，或者说将赋值对象定义为unsigned 和 signed，并不会改变等号右边表达式的运算结果，它只表明设计者、设计工具对这个二进制数的一种认知和解释。示例如下。

```
reg[7:0] a = 8'hA5;        //a = 8'b1010_0101，无符号数，代表十进制数 165
reg signed[7:0] b = 8'hA5; //b = 8'sb1010_0101，有符号数，代表十进制数-91
```

在上面的示例中，同样是二进制数 1010_0101，如果将其定义为无符号数，则代表十进制数 165；如果将其定义为有符号数，则代表十进制数-91。

代码清单 3.4 展示了关于表达式符号的示例。

代码清单 3.4　关于表达式符号的示例

```
module express_sign(
    input reg signed[3:0] data,
    input reg signed[7:0] op1,op2,
    output[7:0] a, b, c, d, e, f, g,
    output wire signed[15:0] s1,
    output wire signed[31:0] s2);
assign  a = data;                    //有符号数
assign  b = data[3:0];               //段选，结果为无符号数
assign  c = $signed(data[3:0]);      //有符号数
assign  d = op1+op2;
assign  e = op1-op2;
assign  f = op1*op2;
assign  g = op1/op2;
assign  s1 = -12 / 3;
assign  s2 = -'d12 /3;
endmodule
```

代码清单 3.5 是代码清单 3.4 的 Test Bench 测试代码，对输出结果进行分析可清楚了解仿真器对操作数处理的方式。

代码清单 3.5　关于表达式符号示例的 Test Bench 测试代码

```
'timescale 1 ns/1 ns
module express_sign_tb;
reg signed[3:0] data;
reg signed[7:0] op1,op2;
wire[7:0] a, b, c, d, e, f, g;
wire signed[15:0] s1;
```

```
wire signed[31:0] s2;
express_sign  i1(.data(data), .a(a), .b(b), .c(c), .d(d), .e(e),
    .op1(op1), .op2(op2), .f(f), .g(g), .s1(s1), .s2(s2));
initial begin
    data = 4'sb1100;
    #40  $display($time,,"data = %b a = %b b =%b c =%b",data,a,b,c);
    #40  data = 4'sb1001;
    #40  $display($time,,"data = %b a = %b b =%b c =%b",data,a,b,c);
    #40  data = 4'sb0011;
    #40  $display($time,,"data = %b a = %b b =%b c =%b",data,a,b,c);
    #40  op1= -8'sd12; op2= 8'sd3;
    #40  $display($time,,"op1 = %b op2 = %b d =%b e =%b f =%b g =%b",
            op1,op2,d,e,f,g);
    #40  op1=  8'sd12; op2= -8'sd3;
    #40  $display($time,,"op1 = %b op2 = %b d =%b e =%b f =%b g =%b",
            op1,op2,d,e,f,g);
    #40  $display($time,,"s1 = %b s2 =%b ", s1,s2);
    #40  $stop;
end
endmodule
```

用 ModelSim 运行上面的代码，TCL 窗口的输出如下。

```
40 data = 1100 a = 11111100 b =00001100 c =11111100
120 data = 1001 a = 11111001 b =00001001 c =11111001
200 data = 0011 a = 00000011 b =00000011 c =00000011
280 op1 = 11110100 op2 = 00000011 d =11110111
          e =11110001 f =11011100 g =11111100
360 op1 = 00001100 op2 = 11111101 d =00001001
          e =00001111 f =11011100 g =11111100
400 s1 = 1111111111111100    s2 =01010101010101010101010101010001
```

分析过程如下。

对于 a，由于操作数是有符号数，赋值结果进行了符号位扩展。

对于 b，即使通过段选择了向量数据的所有位，表达式结果仍然是无符号数，赋值后高位扩展 0。

对于 c，使用$signed 系统函数将段选结果转换为有符号数，则表达式结果变成了有符号数，赋值后进行符号位扩展。

op1=-8'sd12，为-12，op2= 8'sd3，为+3，故两者加、减、乘、除的结果分别是-9（8 位补码表示为 11110111）、-15（8 位补码表示为 11110001）、-36 和-4。

op1=8'sd12，为+12，op2=-8'sd3，为-3，故两者加、减、乘、除的结果分别是 9、15、-36（8 位补码表示为 11011100）和-4（8 位补码表示为 11111100）。

对于 s1，-12 被视为有符号数（二进制补码形式），-12/3 结果为-4，其 16 位补码表示为 1111_1111_1111_1100。

对于 s2，-'d12（补码形式为 1111_1111_1111_1111_1111_1111_1111_0100）被仿真器解释为 32 位无符号数（相当于十进制数 4294967284），故-'d12/3 的结果为 1431655761。

虽然-12 和-'d12 都以相同的二进制补码的形式存在，但对于 Verilog HDL 仿真器而言，其解释和处理是不同的。

3.4 表达式的位宽

在算术运算和数据处理中，如果要获得一致的结果，控制表达式的位宽（expression bit length）就显得很重要，这也是设计过程中必须考虑的问题。表达式在计算过程中会产生中间结果，中间结果的位宽、最终结果的位宽以及表达式中操作数的位宽究竟如何确定呢？

3.4.1 表达式位宽的规则

如果两个 16 位数算术相加，考虑到结果变量可能的进位，则位宽应定义为 17 位。

```
sumA = a + b;
```

Verilog HDL 根据操作符和操作数的位宽来确定表达式的位宽。对于加法操作符，表达式的位宽（包括中间结果的位宽）采用表达式中最大操作数（包括赋值符号左侧的赋值对象）的位宽。

表达式位宽（包括中间结果的位宽）的确定分两种情况。

- 自确定表达式（self-determined expression）：表达式的位宽仅由表达式本身确定。
- 上下文确定表达式（context-determined expression）：表达式的位宽由表达式自身和给出该表达式的上下文确定。

表 3.5 显示了自确定表达式确定位宽的规则，根据不同的操作符，由表达式中的操作数的位宽来自然确定表达式结果以及中间结果的位宽。

在表 3.5 中，i、j 和 k 表示表达式的操作数，而 L(i)表示操作数 i 的位宽。

表 3.5 自确定表达式确定位宽的规则

表达式（op 表示操作符）	表达式位宽	说明
未定义宽度的常数	与整数相同，32 位	
i op j, op 可为+、−、*、/、%、&、|、^、^~、~^	max(L(i), L(j))	算术操作符
op i, op 可为+、−、~	L(i)	
i op j, op 可为===、!==、==、!=、>、>=、<、<=	1 位	操作数位宽为 max(L(i), L(j))
i op j, op 可为&&、||	1 位	所有操作数位宽自确定
op i, op 可为&、~&、|、~|、^、~^、^~、!	1 位	所有操作数位宽自确定
i op j, op 可为>>、<<、**、>>>、<<<	L(i)	j 自确定
i?j:k	max(L(j), L(k))	i 自确定
{i,...,j}	L(i) + ⋯ + L(j)	所有操作数位宽自确定
{i {j,..., k}}	i(L(j) + ⋯ + L(k))	所有操作数位宽自确定

3.4.2 表达式位宽示例

1. 示例1

对于加法操作符，表达式的位宽（包括中间结果的位宽）采用表达式中所有操作数（包括赋值符号左侧的赋值对象）中的最大位宽。

在实现算术加法的代码清单 3.6 中，通过在表达式中增加一个 32 位的操作数 0，使得中间结果中最高有效位（进位）不至于丢失，保证结果是最佳的。

代码清单 3.6　表达式的位宽示例

```
module bit_length(
    input clk,
    input reg [7:0] a, b,                 //操作数位宽为 8 位
    output reg [8:0] answer,
    output reg [7:0] answer1,answer2,answer3);
always @(posedge clk)
begin
    answer <= a + b;
    answer1 <= a + b;
    answer2 <= (a + b) >> 1;
    answer3 <= (a + b + 0) >> 1;
end
endmodule
```

代码清单 3.7 是代码清单 3.6 的 Test Bench 测试代码。

代码清单 3.7　表达式位宽示例的 Test Bench 测试代码

```
'timescale 1 ns/1 ns
module bit_length_tb;
reg clk;
parameter DELY = 10;
reg[7:0] a,b;
wire[8:0] answer;
wire[7:0] answer1,answer2,answer3;
bit_length  i1(.clk(clk), .a(a), .b(b), answer(answer),
    .answer1(answer1), .answer2(answer2),.answer3(answer3));
initial begin clk = 0;
    forever  #DELY clk = ~clk; end        //产生时钟信号
initial begin
    a = 8'd255; b = 8'd127;
    #(DELY*2)  $display("answer = %b answer1 = %b answer2 =%b
                answer3 =%b",answer,answer1,answer2,answer3);
    #(DELY*5)  $stop;
end
endmodule
```

用 ModelSim 运行代码清单 3.7，TCL 窗口的输出如下。

```
answer  = 101111110    answer1 = 01111110
answer2 = 00111111     answer3 = 10111111
```

分析过程如下。

两个 8 位数据相加，显然 9 位的变量 answer 是正确结果。

相较而言，8 位结果 answer1 丢掉了最高有效位（进位），answer3 舍弃了最低位，而结果 answer2 与正确结果差距最大，这是由于在计算的过程中，整个表达式(a + b) >> 1 中所有操作数的最大位宽只有 8 位，因此 a+b 在计算过程中丢掉了最高有效位，最终结果又右移了 1 位，故与正确结果相差较大。

表达式 (a + b + 0) >> 1 中多了一个未声明位宽的常数 0，其默认位宽为 32 位，这样 a+b+0 在计算过程中得到的中间结果也是 32 位的，便不会丢失最高有效位。

如果设计结果需要截位，从保留最高有效位、舍弃低位的思路出发，显然，answer3 是最优结果，故计算过程如需要截位，应采用 (a + b + 0) >> 1 这样的表达式。

2. 示例 2

代码清单 3.8 用于说明操作符、操作数位宽、中间结果和最终结果的位宽之间的关系。

代码清单 3.8　操作符、操作数位宽、中间结果和最终结果的位宽之间的关系示例

```
module bitlength();
reg [3:0] a,b,c;
reg [4:0] d;
initial begin
    a = 9;
    b = 8;
    c = 1;
    $display("answer = %b", c ? (a&b) : d);
end
endmodule
```

用 ModelSim 运行上面的代码，TCL 的窗口输出如下。

```
answer = 01000
```

分析过程如下。

根据表 3.8，表达式 a&b 自身的位宽为 max(L(i), L(j))，a、b 位宽均为 4 位，故表达式 a&b 位宽为 4 位，但因为 a&b 在条件操作符（? :）的上下文中，它使用最大位宽（max(L(j), L(k)))，即 d 的位宽 5，故最终结果 answer=a&b=5'b01000。

3. 示例 3

代码清单 3.9 进一步说明表达式的位宽、中间结果的位宽和操作数位宽之间的关系。

代码清单 3.9　表达式的位宽、中间结果的位宽和操作数位宽之间的关系示例

```
`timescale 1 ns/ 1 ps
module self_determined();
reg [3:0] a;
reg [5:0] b;
reg [15:0] c;
initial begin
    a = 4'hF;                    //a = 15
    b = 6'hA;                    //b = 10
    $display("a*b=%h", a*b);     //表达式的位宽取决于 b
    c = {a**b};                  //指数操作符表达式的位宽取决于 a
    $display("a**b=%h", c);
    c = a**b;                    //表达式的位宽取决于 c
    $display("c=%h", c);
end
endmodule
```

用 ModelSim 运行上面的代码，TCL 窗口的输出如下。

```
a*b=16              //'h96 被截断为'h16，表达式的位宽为 6
a**b=0001           //表达式的位宽为 a 的位宽，故中间结果为 1，最终结果也为 1
c=ac61              //表达式的位宽为 c 的位宽，16 位
```

分析过程如下。

根据表 3.8，表达式 a*b 的位宽为 max(L(i), L(j))，即 6，故 a*b 的结果'h96 被截断为'h16。

根据表 3.8，表达式 c = {a**b}的位宽为 L(i)，即操作数 a 的位宽 4，a**b='h86430aac61，截断为 4 位，即'h1=4'b0001，故最终结果 c=16'h0001。

表达式 c = a**b 的位宽取决于 c，截断为 16 位，故为 16'hac61。

3.5   赋值和截断

在 Verilog HDL 数据运算中，通常会涉及不同位宽数据之间的赋值，例如，将数据 a（有符号数或者无符号数）赋给数据 b。

```
b = a;              //将右操作数 a 赋给左操作数 b
```

根据左操作数 b 和右操作数 a 的位宽，会出现 3 种情况。

（1）当位宽相同时直接赋值，b 是有符号数还是无符号数对赋值结果没有影响。

（2）当 b 的位宽比 a 的大时，对 a 进行扩展，具体是扩展 1 还是扩展 0 则完全取决于右操作数 a，而与左操作数 b 无关，具体如下。

- 若 a 是无符号数，则不管 b 是否为有符号数，均用 0 扩展。
- 若 a 是有符号数，则不管 b 是否为有符号数，都用 a 的最高位（符号位）扩展，符号位是 1 则扩展 1，是 0 则扩展 0。
- 位扩展后的左操作数 b 按照是无符号数还是有符号数转换成对应的十进制数，如果是无符号数，则直接转换成十进制数；如果是有符号数，则按照二进制补码表示形式转换为对应的十进制数。

由此可以看出，如果右操作数 a 为有符号数，左操作数 b 为无符号数，此时把 a 赋给 b 会出错，因此要避免这种赋值，而其他情况均可以保证赋值的正确性。

（3）当 b 的位宽比 a 的小时，必然发生位宽截断（truncation），此时，a 和 b 的低位对齐，a 的高位被截断，其最高位（可能为符号位）被丢弃，因此有可能会改变结果的符号。

第一个示例如下。

```
reg[5:0] a;             //a 是无符号数
reg signed[4:0] b;      //b 是有符号数
initial begin
    a = 8'hff;          //赋值后 a = 6'h3f
    b = 8'hff;          //赋值后 b = 5'h1f，b 是负值
end
```

第二个示例如下。

```
reg[0:5] a;                    //a 是无符号数
reg signed[0:4] b, c;          //b 和 c 是有符号数
initial begin
    a = 8'sh8f;                //赋值后 a = 6'h0f
    b = 8'sh8f;                //赋值后 b = 5'h0f
    c = -113;
    //-113 的 8 位补码形式为 1000_1111，截断后为 0_1111，故赋值后 c = 15
end
```

第三个示例如下。

```
reg [7:0] a;
reg signed [7:0] b;
reg signed [5:0] c,d;
initial begin
    a = 8'hff;
    c = a;                     //赋值后 c = 6'h3f
    b = -113;
    d = b;                     //赋值后 d = 6'h0f
end
```

练习

1. 在 Verilog HDL 的操作符中，哪些操作符的运算结果是 1 位的？
2. 能否对存储器进行位选和段选？
3. 等式操作符包括相等操作符（==）和全等操作符，假如 a=4'b11xz，b=4'b11xz，c=4'b1110，d=4'b1101，则表达式 a==b 的结果为逻辑值（　　），表达式 a===b 的结果为逻辑值（　　），a==c 的结果为逻辑值（　　），c==d 的结果为逻辑值（　　），c !== d 的结果为逻辑值（　　）。
4. reg 型变量的初始值一般是什么？
5. 以下是一个索引段选的示例：

```
reg[31:0] big_vect;
big_vect[0+:8]
```

big_vect[0 +: 8]如果表示为常数段选的形式，应该如何表示？
6. 实现 4 位二进制数和 8 位二进制数的乘法操作，其结果位宽至少需要多少位？
7. 设计一个逻辑运算电路，该电路能对输入的两个 4 位二进制数进行与非、或非、异或、同或 4 种逻辑运算，并由一个 2 位的控制信号来选择功能。
8. 使用关系操作符描述一个比较器电路，该比较器可对输入的两个 8 位二进制无符号数 a 和 b 进行大小比较，设置 3 个输出端口：当 a 大于 b 时，la 端口为 1，其余输出端口为 0；当 a 小于 b 时，lb 端口为 1，其余端口为 0；当 a 等于 b 时，equ 端口为 1，其余端口为 0。

## 第 4 章

门级和开关级建模

Verilog HDL 预定义了 14 个逻辑门和 12 个开关，以便于门级和开关级建模。使用门级和开关级建模具有以下优点。

● 门级建模提供了实际电路和模型之间更接近的一对一映射。
● 连续赋值缺乏相当于双向传输门的描述。

4.1 Verilog HDL 门元件

Verilog HDL 内置 26 个基本元件，其中，14 个是门级元件（gate-level primitive），12 个是开关级元件（switch-level primitive），这 26 个基本元件如表 4.1 所示。

表 4.1 Verilog HDL 内置基本元件及其类型

元件	类型
and、nand、or、nor、xor、xnor	基本门，多输入门
buf、not	基本门，多输出门
bufif0、bufif1、notif0、notif1	三态门，允许定义驱动强度
nmos、pmos、cmos、rnmos、rpmos、rcmos	MOS 开关，无驱动强度
tran、tranif0、tranif1	双向导通开关，无驱动强度
rtran、rtranif0、rtranif1	双向导通开关，无驱动强度
pullup、pulldown	上拉、下拉电阻，允许定义驱动强度

Verilog HDL 中丰富的门元件为电路的门级结构描述提供了方便，表 4.2 中对 Verilog HDL 的 12 个内置门元件（不包含 pullup、pulldown）做了汇总。

表 4.2 Verilog HDL 的内置门元件

类别	关键字	门元件	符号示意图
多输入门	and	与门	
	nand	与非门	

续表

类别	关键字	门元件	符号示意图
多输入门	or	或门	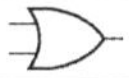
	nor	或非门	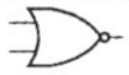
	xor	异或门	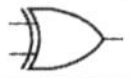
	xnor	异或非门	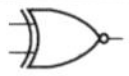
多输出门	buf	缓冲器	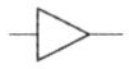
	not	非门	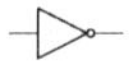
三态门	bufif1	高电平使能三态缓冲器	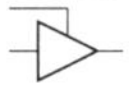
	bufif0	低电平使能三态缓冲器	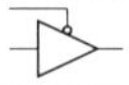
	notif1	高电平使能三态非门	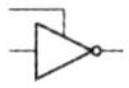
	notif0	低电平使能三态非门	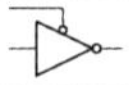

图 4.1 和图 4.2 分别展示了与非门、或非门的真值表。

图 4.1 与非门的真值表

nor	0	1	x	z
0	1	0	x	x
1	0	0	0	0
x	x	0	x	x
z	x	0	x	x

图 4.2 或非门的真值表

图 4.3 和图 4.4 分别展示了异或门、异或非门的真值表。

xor	0	1	x	z
0	0	1	x	x
1	1	0	x	x
x	x	x	x	x
z	x	x	x	x

图 4.3 异或门的真值表

xnor	0	1	x	z
0	1	0	x	x
1	0	1	x	x
x	x	x	x	x
z	x	x	x	x

图 4.4   异或非门的真值表

图 4.5 和图 4.6 分别展示了缓冲器、非门的真值表。

输入	输出
0	0
1	1
x	x
z	x

图 4.5   缓冲器的真值表

输入	输出
0	1
1	0
x	x
z	x

图 4.6   非门的真值表

图 4.7 和图 4.8 分别展示了高电平使能三态缓冲器、低电平使能三态缓冲器的真值表。表中，L 代表 0 或 z，H 代表 1 或 z。

bufif1		enable（使能）端			
		0	1	x	z
输入	0	z	0	L	L
	1	z	1	H	H
	x	z	x	x	x
	z	z	x	x	x

图 4.7   高电平使能三态缓冲器的真值表

bufif0		enable			
		0	1	x	z
输入	0	0	z	L	L
	1	1	z	H	H
	x	x	z	x	x
	z	x	z	x	x

图 4.8   低电平使能三态缓冲器的真值表

图 4.9 和图 4.10 分别展示了高电平使能三态非门和低电平使能三态门的真值表。

notif1		enable			
		0	1	x	z
输入	0	z	1	H	H
	1	z	0	L	L
	x	z	x	x	x
	z	z	x	x	x

图 4.9   高电平使能三态非门的真值表

notif0		enable			
		0	1	x	z
输入	0	1	z	H	H
	1	0	z	L	L
	x	x	z	x	x
	z	x	z	x	x

图 4.10   低电平使能三态非门的真值表

4.2 门元件的例化

4.2.1 门元件的例化简介

门元件例化的完整格式如下。

门元件名 <驱动强度说明> #<门延时> 例化名 (门端口列表)

<驱动强度说明>为可选项，其格式为(对 1 的驱动强度,对 0 的驱动强度)，如果不指定驱动强度，则默认为(strong1, strong0)。

<门延时>也为可选项，当没有指定延时，默认延时为 0。

1. 多输入门的例化

多输入门的端口列表可按下面的顺序列出。

```
(输出，输入 1，输入 2，输入 3，...);
```

示例如下。

```
and a1(out,in1,in2,in3);        //三输入与门，其名字为 a1
and a2(out,in1,in2);            //二输入与门，其名字为 a2
```

2. 多输出门的例化

buf 和 not 两种元件允许有多个输出，但只能有一个输入。多输出门的端口列表按下面的顺序列出。

```
(输出 1,输出 2,...,输入);
```

示例如下。

```
not g3(out1,out2,in);          //1 个输入 in，两个输出 out1、out2
buf g4(out1,out2,out3,in);     //1 个输入 in，3 个输出 out1、out2、out3
```

3. 三态门的例化

对于三态门，按以下顺序列出输入、输出端口。

```
(输出，输入，使能控制端);
```

示例如下。

```
bufif1 g1(out,in,enable);       //高电平使能的三态门
bufif0 g2(out,a,ctrl);          //低电平使能的三态门
```

4. 上拉电阻和下拉电阻的例化

pullup（上拉电阻）和 pulldown（下拉电阻）没有输入端，只有一个输出端。pullup 将输出置为 1，pulldown 将输出置为 0，其例化格式如下。

```
pullup   [对 1 的驱动强度] 例化名 (输出);
pulldown [对 0 的驱动强度] 例化名 (输出);
```

示例如下。

```
pullup (strong1) p1 (neta), p2 (netb);
      //p1 和 p2 以 strong1 的强度分别驱动 neta 和 netb
```

4.2.2　门延时

门延时是从门输入端发生变化到输出端发生变化的延迟时间。

门延时的表示方法如下。

```
# (delay)          //指定 1 项门延时
#  delay           //指定 1 项门延时，括号可省略
# (d1,d2)          //指定 2 项门延时
# (d1,d2,d3)       //指定 3 项门延时
```

4

可指定 0、1、2、3 项门延时。

- 最多可指定 3 项门延时，此时 d1 表示上升延时，d2 表示下降延时，d3 表示关断延时，即转换到高阻态 z 的延时。延时的单位由时标定义语句'timescale 确定。
- 如果指定 2 项门延时，则 d1 表示上升延时，d2 表示下降延时，关断延时为这 2 个延时值中较小的那个。
- 如果只指定 1 项延时，表示 3 种延时相同，此时#号后面的括号可省略。
- 没有指定延时，默认延时为 0。

上升延时是指在门的输入发生变化时，门的输出从{0,x,z}变为 1 所需要的转换时间，如图 4.11 所示。

下降延时是指在门的输入发生变化时，门的输出从{1,x,z}变化为 0 所需要的转换时间，如图 4.12 所示。

关断延时是指门的输出从{0,1,x}变化为高阻态 z 所需要的转换时间，如图 4.13 所示。

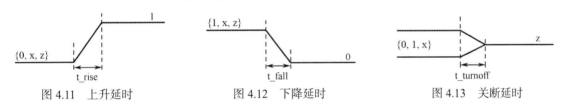

图 4.11　上升延时　　　　　　图 4.12　下降延时　　　　　　图 4.13　关断延时

以下是指定门延时的示例。

```
and #(10) a1 (out, in1, in2);      //与门的上升延时、下降延时、关断延时均为 10
not #(5) gate1(out,in);            //非门的 3 种延时均为 5
or #5 gate3(out,a,b);              //或门的 3 种延时均为 5
and #(10,12) a2 (out, in1, in2);
    //10、12 分别是与门的上升延时和下降延时，关断延时为 10
bufif0 #(10,12,11) b3 (out, in, ctrl);
    //bufif0 门的上升延时为 10，下降延时为 12，关断延时为 11
```

当指定门延时，应注意如下几点。

- 多输入门（如与门）和多输出门（如非门）最多只能指定两个延时，因为输出不会是高阻态 z。
- 三态门和单向开关单路（MOS 管、CMOS 管）可以指定 3 个延时。
- 上拉电阻和下拉电阻不会有任何的延时，因为它表示的是一种硬件属性，其状态不会发生变化，且没有输出值。
- 双向导通开关（tran）在传输信号时没有延时，不允许添加延时定义。
- 带有控制端的双向导通开关（tranif1、tranif0）在开关切换时，会有开或关的延时，可以给此类双向导通开关指定零个、一个或两个延时，示例如下。

```
tranif0 #(1) (inout1, inout2, CTRL);        //开和关延时均为 1
tranif1 #(1, 1.2) (inout3, inout4, CTRL);   //开延时为 1，关延时为 1.2
```

代码清单 4.1 描述了具有三态输出的锁存器模块，采用门元件例化方式实现，各个门的延时做了标注，如要计算各输入端到输出端的传输延时，可采用累积的方式，并取决于其传输路径。

代码清单 4.1　采用门元件例化实现的锁存器模块

```
module tri_latch(
        input clock, data, enable,
        output tri qout, nqout);
not #5 n1 (ndata, data);
nand #(3,5) n2 (wa, data, clock), n3 (wb, ndata, clock);
nand #(12,15) n4 (q, nq, wa), n5 (nq, q, wb);
bufif1 #(3,7,13) q_drive (qout, q, enable),
                 nq_drive (nqout, nq, enable);
endmodule
```

代码清单 4.1 的综合视图如图 4.14 所示。

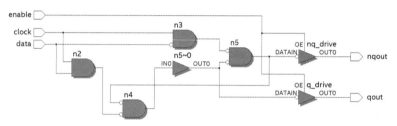

图 4.14　代码清单 4.1 的综合视图

由于集成电路制造工艺的差异，实际电路中器件的延时总会在一定范围内波动。在 Verilog 中，不仅可以指定 3 种类型的门延时，还可以对每种类型的门延时指定其最小值、典型值和最大值。在编译或仿真阶段，选择使用不同的延时值，可为更贴合实际的仿真提供支持。

- 最小值：门单元所具有的最小延时。
- 典型值：门单元所具有的典型延时。
- 最大值：门单元所具有的最大延时。

下面是说明最小延时、典型延时、最大延时用法的示例。

```
and #(1:2:3)  (OUT1, IN1, IN2);
    //所有的延时类型：最小延时为 1，典型延时为 2，最大延时为 3
or  #(1:2:3, 3:4:5)  (OUT2, IN1, IN2);
    //上升延时：最小延时为 1，典型延时为 2，最大延时为 3
    //下降延时：最小延时为 3，典型延时为 4，最大延时为 5
    //关断延时：最小延时为 min(1,3)，典型延时为 min(2,4)，最大延时为 min(3,5)
bufif0 #(1:2:3, 3:4:5, 2:3:4)  (OUT3, IN1, CTRL);
    //上升延时：最小延时为 1，典型延时为 2，最大延时为 3
    //下降延时：最小延时为 3，典型延时为 4，最大延时为 5
    //关断延时：最小延时为 2，典型延时为 3，最大延时为 4
```

4.2.3　驱动强度

1. 门元件的驱动强度

门元件的驱动强度分为对高电平（逻辑 1）的驱动强度和对低电平（逻辑 0）的驱动强度，

故<驱动强度说明>的格式如下。

```
(strength1, strength0)
(对 1 的驱动强度，对 0 的驱动强度)
```

如果未指定驱动强度，则默认为(strong1, strong0)。

对 1 的驱动强度可分为 5 个等级，从强到弱分别为：

```
supply1, strong1, pull1, weak1, highz1
```

对 0 的驱动强度也分为 5 个等级，从强到弱分别为：

```
supply0, strong0, pull0, weak0, highz0
```

示例如下。

```
and(strong1, weak0) u1(x, y, z);
    //两输入与门对 1 的驱动强度为 strong1,对 0 的驱动强度为 weak0
```

2. pullup 和 pulldown 的驱动强度

pullup 元件只需指定对 1 的驱动强度；pulldown 元件则只需指定对 0 的驱动强度。

如果未指定驱动强度，则 pullup 默认的驱动强度为 pull1，pulldown 默认的驱动强度为 pull0。

3. 充电强度和充电延时

还有一种电荷存储强度（charge storage strengths），或称为充电强度，只适用于 trireg 数据类型，指定充电强度的关键词如下。

```
large    medium    small
```

trireg 默认的充电强度为 medium。

图 4.15 所示是用 nmos 开关控制电容充放电的电路，其中，nmos 输出端定义为 trireg 类型，并指定了其充电强度、充电延时等信息，描述该电路的源代码如代码清单 4.2 所示。

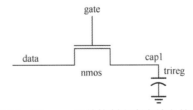

图 4.15 用 nmos 开关控制电容充放电的电路

代码清单 4.2 用 nmos 开关控制电容充放电的电路

```
module capacitor;
reg data, gate;
trireg (large) #(0,0,50) cap1;        //声明 trireg 变量，其充电强度为 large
    //#(0,0,50)表示其上升延时为 0，下降延时为 0，充电延时为 50 个时间单位
nmos nmos1 (cap1, data, gate);        //nmos 开关驱动 trireg 信号
```

```
initial begin
$monitor("%0d data=%v gate=%v cap1=%v", $time, data, gate, cap1);
    data = 1; gate = 1;
    #10 gate = 0;
    #30 gate = 1;
    #10 gate = 0;
    #100 $finish;
end
endmodule
```

4.3 开关级元件

4.3.1 MOS 开关

MOS 开关包括 cmos、nmos、pmos、rcmos、rnmos 和 rpmos（前缀 r 表示电阻）6 种。

nmos 和 pmos 开关如图 4.6 所示。每种开关包括数据输入、数据输出和控制端 3 个端口。当控制端为高电平时，nmos、rnmos 开关导通，输入数据输出至输出端；否则，nmos、rnmos 开关关闭，输出为高阻态 z。当控制端为低电平时，pmos、rpmos 开关导通，输入数据输出至输出端；否则，pmos、rpmos 开关关闭，输出为高阻态 z。

如果要例化图 4.16 所示的 nmos 和 pmos 开关，可这样书写：

```
nmos n1(dout, din, ncontrol);        //例化 nmos 开关
pmos p1(dout, din, pcontrol);        //例化 pmos 开关
```

cmos 开关元件是 pmos 开关和 nmos 开关的组合，具有数据输入、数据输出和两个控制端，ncontrol 和 pcontrol 是互补信号。图 4.17 展示了 cmos 开关，cmos 开关由 pmos 开关和 nmos 开关构成，pmos 开关和 nmos 开关共享数据输入和数据输出端口，但其控制端口是独立的。

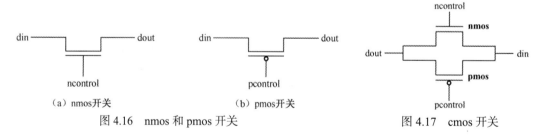

（a）nmos开关　　　　　（b）pmos开关
图 4.16　nmos 和 pmos 开关　　　　　　　　图 4.17　cmos 开关

同理，rcmos 开关则是 rpmos 开关和 rnmos 开关的组合。

cmos 开关例化语句如下。

```
cmos 例化名(数据输出, 数据输入, n 通道控制端, p 通道控制端);
```

图 4.17 所示的 cmos 开关的例化语句可这样书写：

```
cmos (dout, din, ncontrol, pcontrol);
```

以上语句等价于以下语句。

```
nmos (dout, din, ncontrol);
pmos (dout, din, pcontrol);
```

图 4.18 所示为 cmos 反相器及其开关级结构，该反相器由一个 nmos 开关和一个 pmos 开关构成，其开关级描述如代码清单 4.3 所示。

代码清单 4.3　cmos 反相器开关级描述

```
module invertor(dout, din);
output dout;
input din;
supply1 vdd;                    //电源
supply0 gnd;                    //地
pmos (dout, vdd, din);          //cmos 反相器
nmos (dout, gnd, din);
endmodule
```

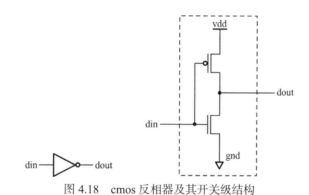

图 4.18　cmos 反相器及其开关级结构

4.3.2　双向导通开关

双向导通开关包括 tran、tranif0、tranif1、rtran、rtranif0 和 rtranif1 这 6 种。
这 6 种开关是双向的，即数据可以双向流动，两边的信号都可以是驱动信号。
tran、tranif0 和 tranif1 的符号如图 4.19 所示。

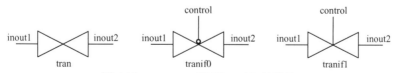

图 4.19　tran、tranif0 和 tranif1 的符号

tran 和 rtran 为无条件双向导通开关。tran 开关可以这样例化。

```
tran t0(inout1,inout2);
```

端口列表中只有两个端口，且可以双向流动，即从 inout1 流向 inout2，或从 inout2 流向 inout1。

双向导通开关的每个端口都应声明为 inout 类型。

tranif0 和 rtranif0 是有条件双向导通开关，只有当控制端 control 为 0 时，数据才可以双向流动；tranif1 和 rtranif1 也是有条件双向导通开关，只有当控制端 control 为 1 时，数据才可以双向流动。

tranif0、tranif1 的例化如下所示。

```
tranif0 t1(inout1, inout2, control);
tranif1 t2(inout1, inout2, control);
    //inout1 和 inout2 为双向端口，control 为控制端口
```

4.4　门级结构建模

结构描述方式是指通过调用库中的元件或已设计好的模块来完成设计实体功能的描述方式。门级结构描述就是用 Verilog HDL 门元件例化实现电路功能。

图 4.20 所示为用门元件实现 4 选 1 多路选择器（Multiplexer，MUX）的原理图。对于该电路，用 Verilog HDL 门元件例化实现，如代码清单 4.4 所示。

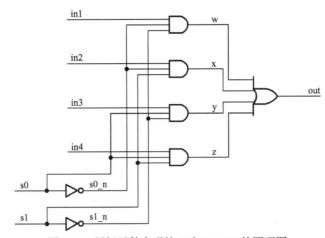

图 4.20　用门元件实现的 4 选 1 MUX 的原理图

代码清单 4.4　门元件例化实现的 4 选 1 MUX

```
module mux4_1(
    input in1,in2,in3,in4,s0,s1,
    output out);
wire s0_n,s1_n,w,x,y,z;
not (s0_n,s0),(s1_n,s1);
and (w,in1,s0_n,s1_n),(x,in2,s0_n,s1),
    (y,in3,s0,s1_n),(z,in4,s0,s1);
or (out,w,x,y,z);
endmodule
```

代码清单 4.5 采用门元件例化实现 1 位全加器。代码清单 4.5 的综合视图如图 4.21 所示。

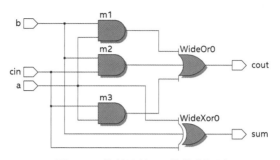

图 4.21 代码清单 4.5 的综合视图

代码清单 4.5 采用门元件例化实现 1 位全加器

```
module full_add(                    //门元件例化
    input a,b,cin,
    output sum,cout);
wire s1,m1,m2,m3;
and (m1,a,b),(m2,b,cin),(m3,a,cin);
xor (sum,a,b,cin);
or (cout,m1,m2,m3);
endmodule
```

代码清单 4.6 展示了采用门元件例化实现三态缓冲器阵列。

代码清单 4.6 采用门元件例化实现三态缓冲器阵列

```
module tri_drv(
    input [7:0] din,
    input tri_en,
    output [7:0] dout);
bufif0 u1(dout, din, tri_en);
endmodule
```

4.5 用户自定义元件

用户可以自定义元件模型并建立相应的原语库，其中的元件称为 UDP 元件。UDP 元件可分为两种：

- 组合逻辑 UDP 元件；
- 时序逻辑 UDP 元件，时序逻辑 UDP 元件又包括电平敏感时序 UDP 元件和边沿敏感时序 UDP 元件。

UDP 元件只能有一个输出，其取值只能为 0、1 或 x，不支持高阻态 z。

UDP 元件输入端出现高阻态 z，按照 x 值进行处理。

1. UDP 元件头部和端口定义

UDP 元件的定义应以关键字 primitive 开头，以关键字 endprimitive 终止。

UDP 元件的输出端口只能有一个，且必须位于端口列表的第一项；UDP 元件可以有多个输入端口，所有的端口变量须是 1 位标量，不允许使用向量端口；在 UDP 元件中不允许有双向端口。

　　时序逻辑 UDP 元件的输出端口可以被定义为 reg 型，其输出端口的初始值可用 initial 语句指定；组合逻辑 UDP 元件的端口不能定义为 reg 型。

　　时序逻辑 UDP 元件允许最多 9 个输入端口，组合 UDP 元件允许最多 10 个输入端口。

2. UDP 元件状态表

　　状态表（state table）定义 UDP 元件的行为，它以关键字 table 开始，以关键字 endtable 结束。UDP 元件状态表中可使用的符号见表 4.3，这些符号用于表示输入值和输出状态，其取值可以是 0、1 和 x（z 值被视为非法，传递给 UDP 元件输入端的 z 值按照 x 值进行处理）。

表 4.3　UDP 元件状态表中可使用的符号

符号	说明	注释
0	逻辑 0	—
1	逻辑 1	—
x	不定态	—
?	代表 0、1 或 x	只能表示输入
b	代表 0 或 1	只能表示输入
-	保持不变	只能表示时序 UDP 的输出
(vw)	从逻辑 v 到逻辑 y 的转变	代表(01)、(10)、(0x)、(1x)、(x1)、(x0)、(?1)等
*	同(??)	表示输入端有任何变化
R 或 r	同(01)	表示上升沿
F 或 f	同(10)	表示下降沿
P 或 p	(01)、(0x)或(x1)	包含 x 值的上升沿跳变
N 或 n	(10)、(1x)或(x0)	包含 x 值的下降沿跳变

注意：　　　　表 4.3 中的有些符号（如 "？"）用于提高代码可读性和简化状态表的编写。

4.6　组合逻辑 UDP 元件

　　组合逻辑 UDP 元件的状态表中，每行中的输入端口与输出端口间用冒号（:）进行分隔，如果状态表中某行输入值未指定，其对应的输出值为 x。

　　代码清单 4.7 展示了一个 2 选 1 MUX 的组合逻辑 UDP 元件的示例，该元件有两个数据输入端、1 个数据输出端和 1 个控制端口。

代码清单 4.7　2 选 1 MUX 的组合逻辑 UDP 元件

```
primitive multiplexer(mux,cntrl,dataA,dataB);
output mux;
```

```
input cntrl, dataA, dataB;
table
//cntrl dataA dataB mux
    0   1   0 : 1 ;
    0   1   1 : 1 ;
    0   1   x : 1 ;
    0   0   0 : 0 ;
    0   0   1 : 0 ;
    0   0   x : 0 ;
    1   0   1 : 1 ;
    1   1   1 : 1 ;
    1   x   1 : 1 ;
    1   0   0 : 0 ;
    1   1   0 : 0 ;
    1   x   0 : 0 ;
    x   0   0 : 0 ;
    x   1   1 : 1 ;
endtable
endprimitive
```

用符号"?"可以对上例进行简化,符号"?"用来表示 0、1、x 这几种取值。当某位的值无论是等于 0、1 还是 x 都不影响输出结果时,可用该符号来简化 table。若代码清单 4.7 采用符号"?"表述,则如代码清单 4.8 所示。

代码清单 4.8　采用符号"?"表述的 2 选 1 MUX 的组合 UDP 元件

```
primitive multiplexer(mux, cntrl, dataA, dataB);
output mux;
input cntrl, dataA, dataB;
table
//cntrl dataA dataB mux
    0   1   ? : 1 ;          //?表示 0、1、x
    0   0   ? : 0 ;
    1   ?   1 : 1 ;
    1   ?   0 : 0 ;
    x   0   0 : 0 ;
    x   1   1 : 1 ;
endtable
endprimitive
```

4.7　时序逻辑 UDP 元件

4.7.1　电平敏感时序 UDP 元件

时序逻辑元件的输出除了与当前输入有关,还与它当前所处的状态有关,因此时序逻辑 UDP 元件 table 表中增加了表示当前状态的字段,也由冒号分隔。代码清单 4.9 定义了一个电平敏感的 1 位数据锁存器 UDP 元件。

代码清单 4.9　电平敏感的 1 位数据锁存器 UDP 元件

```
primitive latch(q, clk, data);
output q; reg q;
input clk, data;
table
// clk data q   q+
```

```
    0   1  : ?  : 1 ;
    0   0  : ?  : 0 ;
    1   ?  : ?  : - ;          //clk=1 时，锁存器的输出保持原值，用符号"-"表示
endtable
endprimitive
```

4.7.2   边沿敏感时序 UDP 元件

在电平敏感的行为中，当前输入和当前状态决定次态输出；边沿敏感行为的不同之处在于输出的变化是由输入端的特定转换（边沿）触发的。

时序 UDP 元件每行最多只能由 1 个边沿表示，边沿由括号中的一对值（如(01)）或转换符号（如 r）表示，而下面这样的表示则是非法的。

```
(01) (10) 0 : 0 : 1 ;        //非法，1 行中有 2 个边沿表示
```

代码清单 4.10 是上升沿触发的 D 触发器 UDP 元件的示例。

代码清单 4.10   上升沿触发的 D 触发器 UDP 元件

```
primitive d_edge_ff(q, clk, data);
output q; reg q;
input clk, data;
table
//  clk   data  q    q+
    (01)   0 : ? : 0;          //时钟上升沿到来，输出值更新
    (01)   1 : ? : 1;
    (0?)   1 : 1 : 1;
    (0?)   0 : 0 : 0;
    (?0)   ? : ? : -;          //时钟下降沿，输出 q 保持原值
    ?    (??): ? : -;          //时钟不变，输出也不变
endtable
endprimitive
```

注意：   (01)表示从 0 到 1 的转换，即上升沿；(10)表示下降沿；(?0)表示从任何状态（0、1 或 x）到 0 的转换，即排除了上升沿的可能性；代码清单 4.10 中 table 表最后一行的意思是：如果时钟处于某一确定状态（这里 "?" 表示是 0 或者是 1，不包括 x），则不管输入数据有什么变化（(??)表示任何可能的变化），D 触发器的输出都将保持原值不变（用符号 "-" 表示）。

4.7.3   电平敏感和边沿敏感行为的混合描述

UDP 元件允许在一个 table 表中混合描述电平敏感和边沿敏感行为。当输入发生变化时，首先处理边沿敏感行为，后处理电平敏感行为，当电平敏感和边沿敏感行为指定不同的输出值时，最终结果由边沿敏感行为指定。

代码清单 4.11 展示了上升沿触发的 JK 触发器 UDP 元件的示例。

代码清单 4.11   上升沿触发的 JK 触发器 UDP 元件的示例

```
primitive jk_edge_ff(q, clk, j, k, preset, clear);
output q; reg q;
input clk, j, k, preset, clear;
```

```
table
//clk   jk  pc   q   q+   (pc=preset,clear)
   ?    ??  01 : ? : 1 ;        //置1
   ?    ??  *1 : 1 : 1 ;
   ?    ??  10 : ? : 0 ;        //置0
   ?    ??  1* : 0 : 0 ;
   r    00  00 : 0 : 1 ;        //对时钟上升沿敏感
   r    00  11 : ? : - ;
   r    01  11 : ? : 0 ;
   r    10  11 : ? : 1 ;
   r    11  11 : 0 : 1 ;
   r    11  11 : 1 : 0 ;
   f    ??  ?? : ? : - ;        //对时钟下降沿不敏感
   b    *?  ?? : ? : - ;        //j、k 电平变换不影响输出
   b    ?*  ?? : ? : - ;
endtable
endprimitive
```

注意：　　在代码清单 4.11 中，置 1 和置 0 端口是电平敏感的，当置 1 和置 0 端口为 01 时，输出值为 1；当置 1 和置 0 端口为 10 时，输出值为 0。其余逻辑属于边沿敏感。在正常情况下，触发器对时钟上升沿敏感，如代码清单 4.11 中 r 开头的行所示；table 表中 f 开头的行表示输出对时钟下降沿不敏感（此行的作用是避免输出端产生不必要的 x 值）；table 表最后两行表示 j、k 电平变换不影响输出。

4.8　时序 UDP 元件的初始化和例化

4.8.1　时序 UDP 元件的初始化

时序 UDP 元件输出端口的初始值可以用过程赋值语句 initial 来指定。

代码清单 4.12 展示了采用 initial 语句赋初值的触发器 UDP 元件的示例。

代码清单 4.12　采用 initial 语句赋初值的触发器 UDP 元件的示例

```
primitive srff(q,s,r);
output q; reg q;
input s, r;
initial q = 1'b1;
table
// s r   q   q+
   1 0 : ? : 1;
   f 0 : 1 : -;
   0 r : ? : 0;
   0 f : 0 : -;
   1 1 : ? : 0;
endtable
endprimitive
```

输出 q 在仿真中初始值为 1；时序 UDP 元件初始语句中不允许设置延时。

代码清单 4.13 中的 UDP 元件 dff1 中包含初始语句，将 q 初始值设置为 1；模块 d_ff 中例

化了 dff1，d_ff 模块的原理图如图 4.12 所示，q 端口的传输延时也在图 4.12 中得到体现。

代码清单 4.13　UDP 元件赋初值及其例化

```
primitive dff1(q,clk,d);              //dff1元件定义
input clk, d;
output q; reg q;
initial q = 1'b1;
table
// clk d   q   q+
    r   0 : ? : 0;
    r   1 : ? : 1;
    f   ? : ? : -;
    ?   * : ? : -;
endtable
endprimitive
//-------------UDP元件例化-----------------
module d_ff(q, qb, clk, d);
input clk, d;
output q, qb;
dff1 g1 (qi, clk, d);                 //例化dff1元件
buf #3 g2 (q, qi);
not #5 g3 (qb, qi);
endmodule
```

在图 4.22 中，UDP 元件输出 qi 传输到端口 q 和 qb，在仿真时间 0，qi 赋值为 1，qi 的值在仿真时间 3 传输到端口 q，在仿真时间 5 传输到端口 qb。

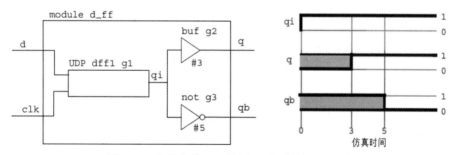

图 4.22　代码清单 4.13 的原理图和传输延时示意

4.8.2　时序 UDP 元件的例化

在模块中例化 UDP 元件，端口连接顺序应与 UDP 元件定义的顺序相同。

代码清单 4.14 是例化 UDP 元件 d_edge_ff（源代码见代码清单 4.10）的示例。

代码清单 4.14　例化 UDP 元件 d_edge_ff

```
'timescale 1ns/1ns
module flip;
reg clock, data;
parameter p1 = 10, p2 = 33, p3 = 12;
d_edge_ff #p3 d_inst(q,clock,data);    //d_edge_ff源代码见代码清单4.10
initial begin
```

```
    data = 1;  clock = 1;
    #(20 * p1)  $stop;
end
always #p1 clock = ~clock;
always #p2 data = ~data;
endmodule
```

代码清单 4.14 用 ModelSim 运行，得到图 4.23 所示的仿真输出波形，从波形可以看出，输出 q 的值每次在时钟上升沿到来 12ns（#p3）后才会改变，与程序代码的描述一致。

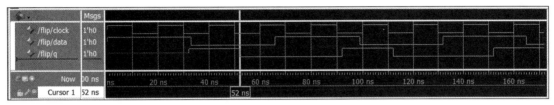

图 4.23　运行代码清单 4.14 的仿真输出波形

练习

1. 写出 1 位全加器本位和（SUM）的 UDP 描述。
2. 写出 4 选 1 多路选择器的 UDP 描述。
3. 采用例化 Verilog HDL 门元件的方式描述图 4.24 所示的电路。

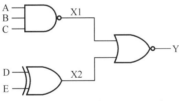

图 4.24　由门元件构成的电路

标注各个门的延时如下。

（a）与非门（nand）的上升延时为 10ns。

（b）或非门（nor）的上升延时为 12ns，下降延时为 11ns。

（c）异或门（xor）的上升延时为 14ns，下降延时为 15ns。

4. 图 4.25 所示是 2 选 1 MUX 门级原理图，请用例化门元件的方式描述该电路。

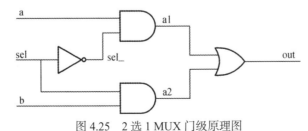

图 4.25　2 选 1 MUX 门级原理图

## 第5章

数据流建模

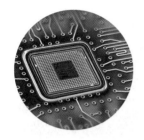

赋值是将值赋给 net 型和 variable 型变量的操作,有两种基本的赋值方式。

- 连续赋值(continuous assignment):用于对 net 型变量赋值。
- 过程赋值(procedural assignment):用于对 variable 型变量赋值。

此外,还有两种辅助的赋值方式:assign/deassign 和 force/release,称为过程连续赋值(procedural continuous assignment)。

5.1 连续赋值

连续赋值提供了有别于门元件连接的另一种组合逻辑建模的方法。

连续赋值语句是 Verilog HDL 数据流建模的核心语句,主要用于对 net 型变量(包括标量和向量)进行赋值,其格式如下。

```
assign  LHS_net = RHS_expression;
```

LHS(Left Hand Side)指赋值符号"="的左侧,RHS(Right Hand Side)指赋值符号"="的右侧。

LHS_net 必须是 net 型变量,不能是 reg 型变量。

RHS_expression 的操作数对数据类型没有要求,可以是 net 或 variable 数据类型,也可以是函数调用。

只要 RHS_expression 表达式的操作数有事件发生(值的变化),RHS_expression 就会立刻重新计算,并将重新计算后的值赋予 LHS_net。

示例如下。

```
wire    cout, a, b;
assign  cout = a & b;
```

考虑了驱动强度和赋值延时的、更为完整的连续赋值格式如下。

```
assign (strength0, strength1) #(delay)  LHS_net=RHS_expression;
```

(strength0, strength1)表示对 0 和对 1 的驱动强度。

#(delay)表示赋值延时,驱动强度和赋值延时可缺省。

示例如下。

```
wire sum, a, b;
assign (strong1, pull0) sum = a + b;     //assign 连续赋值语句
```

在上面的语句中，strong1 和 pull0 分别表示对高电平 1 和低电平 0 的驱动强度。

5.1.1　net 型变量声明时赋值

Verilog HDL 还提供了另一种对 net 型变量赋值的方法，即在 net 型变量声明时同时对其赋值。下面的赋值方式等效于前面的例子中对 cout 的赋值语句，两者的效果相同。

```
wire  a, b;
wire  cout = a & b;           //等效于 assign  cout = a & b;
```

注意：　　　　　net 型变量只能声明一次，故声明时赋值也只能进行一次。

如果前面的例子中对 sum 变量的赋值改为变量声明时赋值，如下所示。

```
wire (strong1, pull0)  sum = a + b;            //变量声明时赋值
```

代码清单 5.1 展示了用连续赋值方式定义的 4 位带进位加法器。

代码清单 5.1　用连续赋值方式定义的 4 位带进位加法器

```
module adder4(
    input wire[3:0] ina, inb,
    input wire cin,
    output wire[3:0] sum,
    output wire cout);
assign {cout, sum} = ina + inb + cin;
endmodule
```

代码清单 5.2 展示了用连续赋值定义的 4 选 1 总线选择器，其输出为 16 位宽的总线，并从输入的 4 路总线中选择 1 路输出。

代码清单 5.2　用连续赋值方式定义的 4 选 1 总线选择器

```
module select_bus(busout, bus0, bus1, bus2, bus3, enable, s);
parameter n = 16;
parameter Zee = 16'bz;
output[1:n] busout;
input[1:n] bus0, bus1, bus2, bus3;
input enable;
input[1:2] s;
tri[1:n] data;
tri[1:n] busout = enable ? data : Zee;        //变量声明时赋值
assign data = (s == 0) ? bus0 : Zee,          //4 个连续赋值
        data = (s == 1) ? bus1 : Zee,
        data = (s == 2) ? bus2 : Zee,
        data = (s == 3) ? bus3 : Zee;
endmodule
```

如果 enable 为 1，把 data 的值赋给 busout；如果 enable 为 0，则 busout 为高阻态。

5.1.2   赋值延时和线网延时

1. 赋值延时

assign 赋值延时指赋值符号右端表达式的操作数值发生变化到等号左端发生相应变化的延时。
如果没有指定赋值延时值，默认赋值延时为 0。

赋值延时有如下两种声明方式。

- 普通赋值延时，示例如下。

```
wire sum,a, b;
assign #10 sum = a + b;
    //a+b 计算结果延时 10 个时间单位后赋值给 sum，也称惯性延时
```

- 隐式连续赋值延时，示例如下。

```
wire sum,a, b;
wire #10  sum = a + b;
    //隐式延时，声明一个 wire 型变量时对其进行包含一定延时的连续赋值
```

2. 线网延时

net 型变量声明时的延时与对其连续赋值的延时，含义是不同的。示例如下。

```
wire #5  sum;                      //线网延时
assign  #10  sum = a + b;          //连续赋值延时
```

第 1 句定义的延时称为线网延时（net delay），第 2 句定义的延时是连续赋值延时。如果 a
或 b 的值发生变化，则需要的延时为 15（10+5）个时间单位，sum 的值才会发生变化。

5.1.3   驱动强度

在对如下 net 数据类型的标量（位宽为 1）进行连续赋值时，可指定驱动强度（strength）：

```
wire  tri  trireg  wand  triand  tri0  wor  trior  tri1
```

表 5.1 列出了 Verilog HDL 中有关标量信号驱动强度的关键字及其强度等级。

表 5.1   有关标量信号驱动强度的关键字及其强度等级

关键字	强度等级
supply0	7
strong0	6
pull0	5
large0	4
weak0	3
medium0	2
small0	1

续表

关键字	强度等级
highz0	0
highz1	0
small1	1
medium1	2
weak1	3
large1	4
pull1	5
strong1	6
supply1	7

在连续赋值时，一个线网信号可能由多个前级输出端同时驱动，该线网最终的逻辑状态将取决于各驱动端的不同驱动强度，因此有必要对各驱动端的驱动强度进行指定。

驱动强度分为对高电平（逻辑 1）的驱动强度和对低电平（逻辑 0）的驱动强度，故驱动强度说明的格式如下。

```
(strength1, strength0)
(对 1 的驱动强度，对 0 的驱动强度)
```

如果不指定驱动强度，则默认为(strong1, strong0)。

对 1 的驱动强度可分为 5 个等级，从强到弱分别如下。

```
supply1, strong1, pull1, weak1, highz1
```

对 0 的驱动强度也分为 5 个等级，从强到弱分别如下。

```
supply0, strong0, pull0, weak0, highz0
```

示例如下。

```
assign (weak1, weak0)  f = a + b;
```

5.2 数据流建模

用数据流描述方式描述电路与用传统的逻辑表达式表示电路类似。在设计时，只要有了布尔代数表达式，就很容易将它用数据流的方式表达出来，表达方法是用 Verilog HDL 中的逻辑操作符置换布尔运算符。

例如，若逻辑表达式为 $f=ab+\overline{cd}$，则用数据流方式表示为：

```
assign f=(a&b)|(~(c&d));
```

1. 2 选 1MUX

代码清单 5.3 展示了如何用连续赋值方式定义 2 选 1 MUX。

代码清单 5.3   用连续赋值方式定义 2 选 1 MUX

```
module mux2_1(
    input a,b,sel,
    output out);
assign out=(sel==0) ? a:b;            //连续赋值，sel 为 0 时 out=a，否则 out=b
endmodule
```

2. 4 选 1 MUX

代码清单 5.4 展示了用数据流描述的 4 选 1 MUX。显然，代码清单 5.4 与代码清单 4.4 用门元件例化实现的 4 选 1 MUX 相似，这需要我们清楚所描述电路的门级结构。

代码清单 5.4   用数据流描述的 4 选 1 MUX

```
module mux4_1b(
    input in1,in2,in3,in4,s0,s1,
    output out);
assign out=(in1 & ~s0 & ~s1)|(in2 & ~s0 & s1)|
           (in3& s0 & ~s1)|(in4 & s0 & s1);
endmodule
```

也可以用条件操作符实现 4 选 1 MUX，如代码清单 5.5 所示。

代码清单 5.5   用条件操作符实现的 4 选 1 MUX

```
module mux4_1c(
    input in1,in2,in3,in4,s0,s1,
    output out);
assign out=s0 ? (s1 ? in4:in3):(s1 ? in2:in1);
endmodule
```

3. RS 触发器

代码清单 5.6 展示了如何用 assign 赋值语句描述基本 RS 触发器，图 5.1 展示了其综合结果。

代码清单 5.6   用 assign 赋值语句描述基本 RS 触发器

```
module rs_ff(
    input r,s,
    output q,qn);
assign    qn=~(r & q),
          q =~(s & qn);
endmodule
```

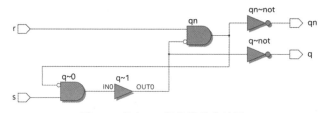

图 5.1   基本 RS 触发器综合结果

4. 边沿触发的 D 触发器

代码清单 5.7 展示了边沿触发的 D 触发器的示例，这需要清楚我们边沿触发的 D 触发器的门级构成。

代码清单 5.7 边沿触发的 D 触发器

```
module edge_dff(
    output q, qbar,
    input d, clk, clear);
wire s, sbar, r, rbar, cbar;
assign    cbar = ~clear;
assign    sbar = ~(rbar & s),   rbar = ~(r & cbar & d),
          s = ~(sbar & cbar & ~clk),   r = ~(rbar & ~clk & s);
assign    q = ~(s & qbar),
          qbar = ~(q & r & cbar);
endmodule
```

5.3 加法器和减法器

本节用加法器和减法器的示例进一步说明用数据流描述方式实现组合逻辑电路的方法。

1. 半加器

半加器的真值表如表 5.2 所示。其原理如图 5.2 所示。代码清单 5.8 展示了半加器的数据流描述。

表 5.2 半加器的真值表

输入		输出	
a	b	sum	cout
0	0	0	0
0	1	1	0
1	0	1	0
1	1	0	1

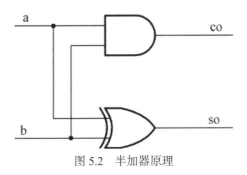

图 5.2 半加器原理

代码清单 5.8   半加器的数据流描述

```
module half_add(                    //数据流描述
    input a,b,
    output so,co);
assign so=a^b,  co=a&b;
endmodule
```

2. 全加器

代码清单 5.9 展示了用数据流描述方式实现的 1 位全加器。

代码清单 5.9   用数据流描述方式实现的 1 位全加器

```
module full_add(
    input a,b,cin,  output sum,cout);
assign sum=a ^ b ^ cin,             //数据流描述
       cout=(a&b)|(b&cin)|(cin&a);
endmodule
```

3. 4 位加法器

代码清单 5.9 展示了用数据流描述方式实现的 4 位二进制加法器

代码清单 5.10   用数据流描述方式实现 4 位二进制加法器

```
module add4(
    input[3:0] a,b,  input cin,
    output[3:0] sum,  output cout);
assign {cout, sum} = a + b + cin;       //数据流描述
endmodule
```

4. 4 位超前进位加法器

4 位超前进位加法器（Carry-Lookahead Adder，CLA）的源代码如代码清单 5.11 所示。4 位超前进位加法器的 RTL 综合原理图如图 5.3 所示。

代码清单 5.11   4 位超前进位加法器

```
module add4_ahead(
    input[3:0] a,b,
    input cin,
    output[3:0] sum,
    output cout);
wire[3:0] G, P, C;
assign G[0]=a[0]&b[0],              //产生第 0 位本位值和进位值
       P[0]=a[0]|b[0],
       C[0]=cin,
       sum[0]=G[0]^P[0]^C[0];
assign G[1]=a[1]&b[1],              //产生第 1 位本位值和进位值
       P[1]=a[1]|b[1],
       C[1]=G[0]|(P[0]&C[0]),
       sum[1]=G[1]^P[1]^C[1];
assign G[2]=a[2]&b[2],              //产生第 2 位本位值和进位值
```

```
            P[2]=a[2]|b[2],
            C[2]=G[1]|(P[1]&C[1]),
            sum[2]=G[2]^P[2]^C[2];
assign G[3]=a[3]&b[3],              //产生第3位本位值和进位值
       P[3]=a[3]|b[3],
       C[3]=G[2]|(P[2]&C[2]),
       sum[3]=G[3]^P[3]^C[3];
assign cout=C[3];                   //产生最高位进位输出
endmodule
```

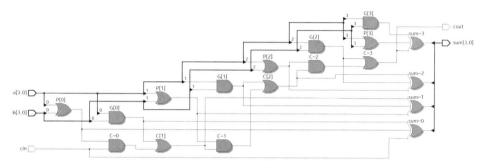

图 5.3 4 位超前进位加法器 RTL 综合原理图

5. 半减器

半减器只考虑两位二进制数相减，相减的差以及是否向高位借位，其真值表如表 5.3 所示。由此可得其表达式，并用数据流描述，如代码清单 5.12，半减器综合原理如图 5.4 所示。

表 5.3 半减器真值表

输入		输出	
a	b	d	co
0	0	0	0
0	1	1	1
1	0	1	0
1	1	0	0

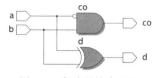

图 5.4 半减器综合原理

代码清单 5.12 半减器的数据流描述

```
module half_sub(
    input a, b,
    output d, co);
assign  d = a^b,  co = (~a)&b;
endmodule
```

6. 全减器

全减器除了考虑两位二进制数相减的差，以及是否向高位借位，还要考虑当前位的低位是否曾有借位，用数据流描述的全减器如代码清单 5.13 所示，全减器综合原理如图 5.5 所示。

代码清单 5.13　用数据流描述的全减器

```
module full_sub(
    input a, b,
    input cin,          //低位借位
    output d, co);
assign d = a^b^cin,
        co = (~a&(b^cin))|(b&cin);
endmodule
```

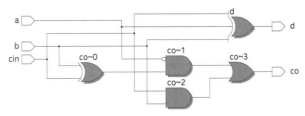

图 5.5　全减器综合原理

全减器的 Test Bench 测试代码如代码清单 5.14 所示，用 ModelSim 运行，其仿真波形如图 5.6 所示，从波形分析得知全减器功能正确。

代码清单 5.14　全减器的 Test Bench 测试代码

```
'timescale 1ns / 1ns
module fullsub_tb;
reg a,b,cin;
wire d, co;
full_sub u1(.a(a), .b(b), .cin(cin), .d(d), .co(co));
initial begin  a = 0; b = 0; cin = 0;
    repeat(3) begin
    # 20 a <= $random;  b <= $random; end
    repeat(3) begin
    # 20 cin <= 1;  a <= $random;  b <= $random; end
    # 20 $stop;
end
endmodule
```

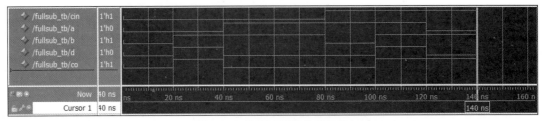

图 5.6　1 位全减器的仿真波形

5.4 格雷码与二进制码的转换

格雷码是一种循环码，其特点是相邻码字只有一个比特位发生变化，这就有效降低了在跨时钟域（Clock Domain Crossing，CDC）情况下亚稳态问题发生的概率，格雷码常用于通信、FIFO 或 RAM 地址寻址计数器中。但格雷码是一种无权码，一般不能用于算术运算。

表 5.4 给出了十进制数、4 位二进制码和 4 位格雷码的对应关系。

表 5.4 十进制数、4 位二进制码和 4 位格雷码的对应关系

十进制数	二进制码	格雷码	十进制数	二进制码	格雷码
0	0000	0000	8	1000	1100
1	0001	0001	9	1001	1101
2	0010	0011	10	1010	1111
3	0011	0010	11	1011	1110
4	0100	0110	12	1100	1010
5	0101	0111	13	1101	1011
6	0110	0101	14	1110	1001
7	0111	0100	15	1111	1000

1. 二进制码转格雷码

二进制码转格雷码的方法如下。二进制码的最高位作为格雷码的最高位，格雷码的次高位由二进制码的高位和次高位异或得到，以此类推，转换过程如图 5.7 所示。

最高位保留 —— $g_n=b_n$

其他各位 —— $g_i=b_{i+1} \oplus b_i$

二进制码为　1　0　1　1　0

格雷码为　　1　1　1　0　1

图 5.7 二进制码转格雷码的过程

这里以 4 位二进制码转格雷码为例。

```
gray[3] = 0 ^ bin[3];          //0 ^ bin[3] = bin[3]
gray[2] = bin[3]  ^ bin[2];
gray[1] = bin[2]  ^ bin[1];
gray[0] = bin[1]  ^ bin[0];
```

故可得二进制码转格雷码的一般公式。

gray = bin^(bin >> 1)

据此写出数据流描述的 Verilog 代码，如代码清单 5.15 所示。

代码清单 5.15   数据流描述的 Verilog 代码

```
module bin2gray
  #(parameter WIDTH = 8)          //数据位宽
    (input[WIDTH - 1 : 0] bin,     //二进制码
     output[WIDTH -1 : 0] gray);   //格雷码
assign gray = bin^(bin >> 1);       //二进制码转格雷码
endmodule
```

2. 格雷码转二进制码

格雷码转二进制码方法如下。格雷码的最高位作为二进制码的最高位，二进制码的次高位由二进制码的高位和格雷码次高位异或得到，以此类推，转换过程如图 5.8 所示。

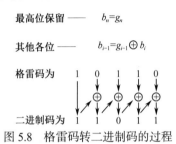

图 5.8   格雷码转二进制码的过程

这里以 4 位格雷码转二进制码为例。

```
bin[3] = gray[3];
bin[2] = gray[2] ^ bin[3];
bin[1] = gray[1] ^ bin[2];
bin[0] = gray[0] ^ bin[1];
```

可以看到，最高位无须转换，从次高位开始使用二进制码的高位和格雷码的次高位相异或，可使用 generate、for 来描述，如代码清单 5.16 所示。

代码清单 5.16   格雷码转二进制码

```
module gray2bin
  #(parameter WIDTH = 8)               //位宽
    (input[WIDTH -1 : 0] gray,          //格雷码
     output[WIDTH-1 : 0] bin);          //二进制码
assign bin[WIDTH -1] = gray[WIDTH -1];  //最高位无须转换
genvar i;                               //次高位到0，二进制码的高位和格雷码的次高位相异或
generate
    for(i = 0; i <= WIDTH-2; i = i + 1)
        begin: g2b                      //命名块
        assign bin[i] = bin[i + 1] ^ gray[i];
        end
endgenerate
endmodule
```

3. 测试

编写测试代码对前面两个模块进行测试：生成 0~15 的 4 位二进制码，通过 bin2gray 转换

成格雷码，观察格雷码输出；再将转换后的格雷码用 gray2bin 转换成二进制码，对比 3 组数据是否正确，如代码清单 5.17。

代码清单 5.17 二进制码和格雷码相互转换的 Test Bench 测试代码

```
'timescale 1ns/1ns                      //时间单位/精度
module bin_gray_tb();
parameter WIDTH = 4;                    //位宽
reg [WIDTH - 1 : 0] bin_in;             //输入二进制码
wire [WIDTH - 1 : 0] gray;              //转换后的格雷码
wire [WIDTH - 1 : 0] bin_out;           //转换后的二进制码
//------------例化被测试模块---------------
bin2gray  #(.WIDTH(WIDTH))
    u1(.bin(bin_in),.gray(gray));
gray2bin  #(.WIDTH(WIDTH))
    u2(.bin(bin_out),.gray(gray));
//-------------设置输入信号---------------
initial begin
    bin_in = 4'd0;
    repeat(25) #20 bin_in = bin_in + 1;
end
//-------------输出------------------
initial
    $monitor("bin_in:%b,gray:%b,bin_out:%b",bin_in,gray,bin_out);
endmodule
```

在 ModelSim 中运行本例，命令窗口输出结果如下，可看出两次转换的结果均正确，与表 5.4 所示一致。

```
bin_in:0000,gray:0000,bin_out:0000
bin_in:0001,gray:0001,bin_out:0001
bin_in:0010,gray:0011,bin_out:0010
bin_in:0011,gray:0010,bin_out:0011
bin_in:0100,gray:0110,bin_out:0100
bin_in:0101,gray:0111,bin_out:0101
bin_in:0110,gray:0101,bin_out:0110
bin_in:0111,gray:0100,bin_out:0111
bin_in:1000,gray:1100,bin_out:1000
bin_in:1001,gray:1101,bin_out:1001
bin_in:1010,gray:1111,bin_out:1010
bin_in:1011,gray:1110,bin_out:1011
bin_in:1100,gray:1010,bin_out:1100
bin_in:1101,gray:1011,bin_out:1101
bin_in:1110,gray:1001,bin_out:1110
bin_in:1111,gray:1000,bin_out:1111
```

5.5 三态逻辑设计

当需要双向传输信息时，三态门是必需的。下面的代码分别用例化门元件 bufif1 和用 assign 语句实现三态门，该三态门当 en 为 0 时，输出为高阻态。

代码清单 5.18 实现三态门

```
//调用门元件 bufif1
module triz1(
    input a,en,
```

```
    output tri y);
bufif1 g1(y,a,en);
endmodule
//数据流描述
module triz2(
    input a,en,
    output y);
assign y=en ? a : 1'bz;
endmodule
```

FPGA 器件的 I/O 单元一般具有三态缓冲器，这样 I/O 引脚既可以作为输入，也可以作为输出使用。图 5.9 所示为三态缓冲 I/O 单元结构，当 EN 为 0（三态门呈现高阻态）时，I/O 引脚作为输入端口，否则作为输出端口。

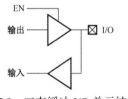

图 5.9   三态缓冲 I/O 单元结构

注意：   在可综合的设计中，凡赋值为 z 的变量应定义为端口，因为对于 FPGA 器件，三态缓冲器仅在器件的 I/O 引脚中是物理存在的。

设计一个功能类似于 74LS245 的三态双向总线缓冲器，其功能表如表 5.5 所示，两个 8 位数据端口（a 和 b）均为双向端口，oe 和 dir 分别为使能端和数据传输方向控制端。设计源代码见代码清单 5.19，其 RTL 综合视图如图 5.10 所示。

表 5.5   三态双向总线缓冲器功能表

输入		输出
oe	dir	
0	0	b→a
0	1	a→b
1	x	隔开

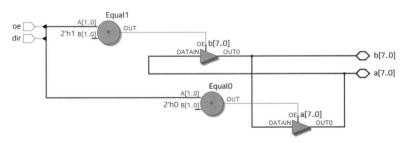

图 5.10   三态双向总线缓冲器 RTL 综合视图

代码清单 5.19 展示了三态双向总线缓冲器的实现方式。

代码清单 5.19　三态双向总线缓冲器的 Verilog 描述

```
module ttl245(
    input oe,dir,            //使能信号和方向控制
    inout[7:0] a,b);         //双向数据线
assign    a=({oe,dir}==2'b00) ? b : 8'bz,
          b=({oe,dir}==2'b01) ? a : 8'bz;
endmodule
```

练习

1. 用连续赋值语句描述一个 8 选 1 MUX。
2. 在 Verilog HDL 中，哪些操作是并发执行的？哪些操作是顺序执行的？
3. 采用数据流描述方式实现 4 位二进制减法器。
4. 实现四舍五入功能电路，当输入的 1 位 8421BCD 码大于 4 时，输出为 1，否则为 0。试编写 Verilog HDL 程序。
5. 设计功能类似于 74LS138 的译码器电路，并进行综合。
6. 采用数据流描述方式实现 8 位加法器并进行综合和仿真。
7. 试编写将有符号二进制 8 位原码转换成 8 位补码的电路，并进行综合和仿真。
8. 编写从补码求原码的 Verilog HDL 程序，输入是有符号的 8 位二进制补码数据。

第6章

行为级建模

门级建模和连续赋值能很好地描述电路的结构，但它们缺乏描述复杂系统所需的抽象能力。本章介绍的过程结构非常适合解决诸如描述微处理器或实现复杂的时序关系等问题，实现行为级建模。

6.1 行为级建模概述

所谓行为级建模，或称为行为描述，是对设计实体的数学模型的描述，其抽象程度高于结构描述。行为描述类似于高级编程语言，当描述一个设计实体的行为时，无须知道其内部电路构成，只要描述清楚输入与输出信号的行为。

Verilog HDL 行为级建模是基于过程实现的，Verilog HDL 的过程（procedure）包含以下4 种：

- initial；
- always；
- task；
- function。

用 initial 过程和 always 过程实现行为级建模，每一个 initial 过程块和 always 过程块都执行一个行为流，initial 过程块中的语句只执行一次，always 过程块则不断重复执行。

示例如下。

```
module behave;
reg [1:0] a, b;
initial  begin  a = 'b1;  b = 'b0; end
always   begin  #50 a = ~a; end
always   begin  #100 b = ~b; end
endmodule
```

在上例中，initial 语句为变量 a 和变量 b 分别赋初始值 1 和 0，之后 initial 语句不再执行；always 语句则重复执行 begin-end 块（也称为顺序块），因此，每隔 50 个时间单位变量 a 取反，每隔 100 个时间单位变量 b 取反。

一个模块中可以包含多个 initial 语句和 always 语句，但两种语句不能嵌套使用。

6.1.1　always 过程

always 过程使用模板如下。

```
always @(<敏感信号列表>)
begin
    //过程赋值
    //if-else、case 选择语句
    //while、repeat，for 循环语句
    //task、function 调用
end
```

always 过程语句通常带有触发条件，触发条件写在敏感信号列表中，仅当触发条件满足时，其后的 begin-end 块语句才被执行。

在代码清单 6.1 中，posedge clk 表示将时钟信号 clk 的上升沿作为触发条件，而 negedge clr 表示将 clr 信号的下降沿作为触发条件。

代码清单 6.1　同步置数、异步清 0 的计数器

```
module count(
    input load,clk,clr,
    input[7:0] data,
    output reg[7:0] out);
always @(posedge clk or negedge clr)        //clk 上升沿或 clr 下降沿触发
begin
    if(!clr)        out<=8'h00;             //异步清 0，低电平有效
    else if(load)   out<=data;             //同步预置
    else            out<=out+1;            //计数
end
endmodule
```

注意： 在代码清单 6.1 中，clr 信号下降沿到来时清 0，故低电平清 0 有效，如果需要高电平清 0 有效，则应把 clr 信号上升沿作为敏感信号。

```
always @(posedge clk or posedge clr)
                //clr 信号上升沿到来时清 0，故高电平清 0 有效
```

故过程体内的描述应与敏感信号列表在逻辑上一致，比如下面的描述是错误的：

```
always @(posedge clk or negedge clr)  begin
  if(clr) out<=0;        //与敏感信号列表中 clr 下降沿触发矛盾，应改为 if(!clr)
  else out<=in;
end
```

代码清单 6.2 给出的是一个指令译码电路的示例，该示例通过指令判断对输入数据执行相应的操作，包括加、减、按位与、按位或、按位取反，这是一个组合逻辑电路，如果采用 assign 语句描述，表达起来较烦琐。本例采用 always 过程和 case 语句进行分支判断，使设计思路得到直观体现。

代码清单 6.2　指令译码电路示例

```
'define add      3'd0
'define minus    3'd1
```

```
'define band    3'd2
'define bor     3'd3
'define bnot    3'd4
module alu(
    input[2:0] opcode,              //操作码
    input[7:0] a,b,                 //操作数
    output reg[7:0] out);
always@*                           //或写为 always@(*)
begin  case(opcode)
    'add:    out=a+b;              //加操作
    'minus: out=a-b;              //减操作
    'band:   out=a&b;             //按位与
    'bor:    out=a|b;             //按位或
    'bnot:   out=~a;              //按位取反
    default:out=8'hx;             //未收到指令时，输出不定态
    endcase
end
endmodule
```

6.1.2   initial 过程

initial 过程的使用格式如下。

```
initial
  begin
    语句 1;
    语句 2;
    …
  end
```

initial 语句不带触发条件，过程中的块语句沿时间轴只执行一次。

注意: initial 块是可以综合的，只不过不能添加时序控制语句，因此作用有限，一般只用于变量的初始化。

下面的测试模块用 initial 语句完成对测试变量 a、b、c 的赋值。

```
'timescale 1ns/1ns
module test1;
reg a,b,c;
initial  begin  a=0;b=1;c=0;
    #50   a=1;b=0;
    #50   a=0;c=1;
    #50   b=1;
    #50   b=0;c=0;
    #50 $finish;  end
endmodule
```

下面的代码用 initial 语句对 memory 存储器进行初始化,将所有存储单元的初始值都置为 0,存储器不能整体赋值,只能一个单元（元素）一个单元地分别赋值。

```
initial
  begin
    for(addr=0;addr<size;addr=addr+1)
    memory[addr]=0;              //对 memory 存储器进行初始化
  end
```

6.2 过程时序控制

Verilog HDL 提供了两种时序控制方法,用于激活过程语句的执行:延时控制(用#表示)和事件控制(用@表示)。

6.2.1 延时控制

表示延时的方式如下。

```
# 10  rega = regb;              //一般延时
rega = # 10 regb;              //内嵌延时
#d rega = regb;                //用参数表示延时
#((d+e)/2) rega = regb;         //用参数表示延时
```

在代码清单 6.3 中,用了多种方式来表示延时。

代码清单 6.3 延时控制示例

```
'timescale 1ns/1ns
module test;
reg a;
parameter DELY = 10;          //定义参数
initial  begin    a=0;         //0ns, a=0
    #5              a=1;       //5ns, a=1, 一般延时表示
    #DELY           a=0;       //15ns, a=0, 用参数表示延时
    #(DELY/2)       a=1;       //20ns, a=1
    a= #10      0;             //30ns, a=0, 内嵌延时表示
    a= #5       1;             //35ns, a=1
    #10 $finish;  end
endmodule
```

用 ModelSim 运行代码清单 6.3,输出波形如图 6.1 所示。

图 6.1 延时控制示例输出波形

6.2.2 事件控制

在 Verilog HDL 中,事件(event)是指某个 reg 型或 wire 型变量的值发生了变化。事件控制(event control)可用如下格式表示。

```
@(event_expression)          //event_expression 可以是边沿、电平和命名事件
```

1. 一般事件控制

对于时序电路,事件通常是由时钟边沿触发的。为描述边沿这个概念,Verilog HDL 提供

posedge 和 negedge 两个关键字。

关键字 posedge 是指从 0 到 x、z、1，以及从 x、z 到 1 的正跳变（上升沿）；negedge 是指从 1 到 x、z、0，以及从 x、z 到 0 的负跳变（下降沿），如表 6.1 所示。

表 6.1   关键字 posedge 和 negedge 说明

posedge（正跳变）	negedge（负跳变）
0→x	1→x
0→z	1→z
0→1	1→0
x→1	x→0
z→1	z→0

以下是边沿触发的示例。

```
@(posedge clock)                        //当 clock 的上升沿到来时
@(negedge clock)                        //当 clock 的下降沿到来时
@(posedge clk or negedge reset)         //当 clk 的上升沿或 reset 信号的下降沿到来时
```

对于组合电路，事件通常是输入变量的值发生了变化，可这样表示。

```
@(a)                                    //当信号 a 的值发生改变
@(a or b)                               //当信号 a 或信号 b 的值发生改变
```

2. 命名事件

用户可以声明 event 类型的变量，并触发该变量来识别该事件是否发生。命名事件（named event）用关键字 event 来声明，触发信号用"->"表示，见代码清单 6.4。

代码清单 6.4   命名事件触发

```
'timescale 1ns/1ns
module tb_evt;
    event a_event;                      //声明 event 类型的变量
    event b_event;                      //声明 event 类型的变量
initial begin
    #20 -> a_event;
    #30 -> a_event;
    #50 -> a_event;
    #10 -> b_event;
end
always @ (a_event) $display ("T=%0t [always] a_event is triggered", $time);
initial begin
  #25 @(a_event) $display ("T=%0t [initial] a_event is triggered", $time);
  #10 @(b_event) $display ("T=%0t [initial] b_event is triggered", $time);
end
endmodule
```

代码清单 6.4 用 ModelSim 运行，其输出如下。

```
# T=20 [always] a_event is triggered
# T=50 [always] a_event is triggered
# T=50 [initial] a_event is triggered
# T=100 [always] a_event is triggered
# T=110 [initial] b_event is triggered
```

3. 敏感信号列表

当多个信号或事件中任意一个发生变化都能够触发语句的执行时，Verilog HDL 用关键字 or 连接多个事件或信号，这些事件或信号组成的列表称为"敏感信号列表"，也可以用逗号"，"代替 or。示例如下。

```
always @(a, b, c, d, e)            //用逗号分隔敏感信号
always @(posedge clk, negedge rstn) //用逗号分隔敏感信号
always @(a or b, c, d or e)        //or 和逗号混用，分隔敏感信号
```

在 RTL 的设计中，经常需要在敏感信号列表中列出所有的输入信号，在 Verilog-2001 中，采用隐式事件表达式（implicit event_expression）来解决此一问题，采用隐式事件表达式后，综合器会自动从过程块中读取所有的 net 和 variable 型输入变量并添加到事件表达式中，这解决了容易漏写输入变量的问题。

隐式事件表达式可采用下面两种形式之一。

```
always @*          //形式 1
always @(*)        //形式 2
```

第一个示例如下。

```
always @(*)             //等同于 @(a or b or c or d or f)
   y = (a & b) | (c & d) | myfunction(f);
```

第二个示例如下。

```
always @*               //等同于 @(a or b or c or d or tmp1 or tmp2)
begin  tmp1 = a & b;
       tmp2 = c & d;
       y = tmp1 | tmp2;
end
```

4. 电平敏感事件控制

Verilog 还支持使用电平作为敏感信号来控制时序，即后面语句的执行需要等待某个条件为真，并使用关键字 wait 来表示这种电平敏感情况。示例如下。

```
begin
wait (!enable) #10 a = b;
              #10 c = d;
end
```

如果 enable 的值为 1，则 wait 语句将延迟语句（#10 a = b;）的计算，直至 enable 的值变为 0。如果在进入 begin-end 块时，enable 已经是 0，会立刻执行（#10 a = b;）语句。

6.3 过程赋值

过程赋值必须置于 always、initial、task 和 function 过程内，属于"激活"类型的赋值，用于为 reg、integer、time、real、realtime 和存储器等数据类型的对象赋值。

6.3.1   variable 型变量声明时赋值

在声明 variable 型变量时可以为其赋初值,这可看作过程赋值的一种特殊情况,variable 型变量将会保持该值,直至遇到该变量的下一条赋值语句。

数组(array)不支持在声明时赋值。示例如下。

```
reg[3:0] a = 4'h4;
```

上面的语句等同于:

```
reg[3:0] a;
initial a = 4'h4;
```

以下是变量声明时赋值的一些示例。

```
integer i = 0, j;
real r1 = 2.5, n300k = 3E6;
time t1 = 25;
realtime rt1 = 2.5;
```

6.3.2   阻塞过程赋值

Verilog HDL 包含两种类型的过程赋值语句:
- 阻塞(blocking)过程赋值语句;
- 非阻塞(nonblocking)过程赋值语句。

阻塞过程赋值语句和非阻塞过程赋值语句在顺序块中指定不同的过程流。

阻塞过程赋值符号为"="(与连续赋值符号相同),示例如下。

```
b = a;
```

阻塞过程赋值在该语句结束时立即完成赋值操作,即 b 的值在该条语句结束后立刻改变。如果一个 begin-end 块中有多条阻塞过程赋值语句,那么在前面的赋值语句完成之前,后面的赋值语句不能执行,仿佛被阻塞了一样,因此称为阻塞过程赋值。

阻塞过程赋值的示例如下。

```
rega = 0;
rega[3] = 1;                        //位选
rega[3:5] = 7;                      //段选
mema[address] = 8'hff;              //给存储器单元赋值
{carry, acc} = rega + regb;         //位拼接赋值
```

6.3.3   非阻塞过程赋值

非阻塞过程赋值的符号为"<="(与关系操作符中的小于或等于号相同)。示例如下。

```
b <= a;
```

非阻塞过程赋值可以在同一时间为多个变量赋值,无须考虑语句顺序或相互依赖性,非阻

塞过程赋值语句是并发执行的（相互间无依赖关系），故其书写顺序对执行结果无影响。

代码清单 6.5 是非阻塞过程赋值的示例。

代码清单 6.5　非阻塞过程赋值的示例

```
'timescale 1ns/1ns
module evaluate;
reg a, b, c;
initial begin  a = 0;b = 1;c = 0;  end
always c = #5 ~c;
always @(posedge c) begin
    a <= b;
    b <= a;
#100 $finish;  end
endmodule
```

代码清单 6.5 的执行结果如图 6.2 所示。

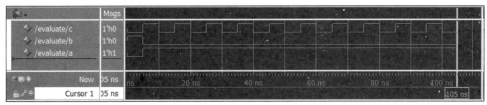

图 6.2　代码清单 6.5 的执行结果

6.3.4　阻塞过程赋值与非阻塞过程赋值的区别

从代码清单 6.6 可以看出阻塞过程赋值和非阻塞过程赋值的区别。

代码清单 6.6　阻塞过程赋值和非阻塞过程赋值的区别

```
'timescale 1ns/1ns
module non_block;
reg a, b, c, d, e, f;
initial begin            //阻塞过程赋值
    a = #10 1;           //在 10ns，a 赋值为 1
    b = #6 0;            //在 16ns，b 赋值为 0
    c = #8 1;            //在 24ns，c 赋值为 1
end
initial begin            //非阻塞过程赋值
    d <= #10 1;          //在 10ns，d 赋值为 1
    e <= #6 0;           //在 6ns，e 赋值为 0
    f <= #8 1;           //在 8ns，f 赋值为 1
#30 $finish;
end
endmodule
```

代码清单 6.6 的执行结果如图 6.3 所示，可看出非阻塞过程赋值语句的执行均是从 0ns 开始的，各语句的延时也是从 0ns 开始计算的；而阻塞过程赋值各语句是按顺序执行的，各条语句的延时是从上条语句执行完开始计算的。

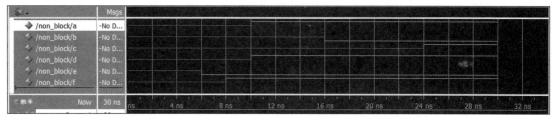

图 6.3 代码清单 6.6 的执行结果

在如下代码中，在 begin-end 块中同时有阻塞过程赋值和非阻塞过程赋值。

```
module non_block1;
reg a, b;
initial begin
    a = 0;
    b = 1;
    a <= b;
    b <= a; end
initial begin  $monitor ($time, ,"a = %b b = %b", a, b);
        #100 $finish;   end
endmodule
```

代码的执行结果如下。

```
a = 1
b = 0
```

根据阻塞过程赋值和非阻塞过程赋值的特点，得出这样的结果也不难理解。

代码清单 6.7 显示了如何将 i[0]的值赋给 r1，以及如何在每次延时后进行赋值操作。运行代码清单 6.7 后，r1 的波形如图 6.4 所示。

代码清单 6.7 将 i[0]的值赋给 r1 并且在每次延时后进行赋值操作

```
module multiple;
reg r1;
reg [2:0] i;
initial begin
    for (i = 0; i <= 6; i = i+1)
    r1 <= # (i*10) i[0];            //赋值给 r1，而不取消以前的赋值
end
endmodule
```

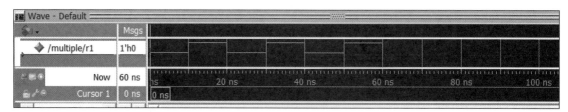

图 6.4 r1 的波形

代码清单 6.8 也说明了非阻塞过程赋值与阻塞过程赋值的区别。

代码清单 6.8　非阻塞过程赋值与阻塞过程赋值的区别

```
//非阻塞过程赋值模块
module non_block2(
    input clk,a,
    output reg c,b);
always @(posedge clk)
    begin
    b<=a;
    c<=b;
    end
endmodule

//阻塞过程赋值模块
module block2(
    input clk,a,
    output reg c,b);
always @(posedge clk)
    begin
    b=a;
    c=b;
    end
endmodule
```

分别将上面两段代码综合，综合后的结果分别如图 6.5 和图 6.6 所示。

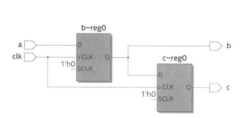 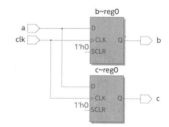

图 6.5　非阻塞过程赋值综合结果　　　　图 6.6　阻塞过程赋值综合结果

6.4　过程连续赋值

过程连续赋值是在过程中对 net 和 variable 数据类型进行连续赋值。过程连续赋值语句比普通的过程赋值语句有更高的优先级，可以改写（override）所有其他语句的赋值。过程连续赋值能连续驱动赋值对象，即过程连续赋值起作用时，其右端表达式中任意操作数的变化都会引起过程连续赋值语句的重新执行和响应。

过程连续赋值主要使用——assign/deassign 和 force/release。

6.4.1　assign 和 deassign

assign（过程连续赋值）与 deassign（取消过程连续赋值）操作的赋值对象只能是 variable 型变量，而不能是 net 型变量。

赋值过程中对 variable 型变量连续赋值，该值将保持，直至被重新赋值。

带异步复位和置位端的 D 触发器可以用 assign 与 deassign 描述，如代码清单 6.9 所示。

代码清单 6.9　用 assign 与 deassign 描述带异步复位和置位端的 D 触发器

```
module dff_assign(
    input d, clock,
    input clear, preset,
    output reg q);
always @(clear or preset)
    if(!clear)  assign q = 0;              //assign 语句赋值 0
    else if(!preset)  assign q = 1;        //assign 语句赋值 1
    else  deassign q;                      //q 被 deassign 语句取消赋值
always @(posedge clock)
    q = d;
endmodule
```

在上例中，当 clear 端或 preset 端为 0 时，通过 assign 语句分别对 q 端置 0、置 1，此时，时钟边沿对 q 端输出不再产生影响，这一状态一直持续到 clear 端和 preset 端均不为 0 时，此时执行一条 deassign 释放语句，结束对 q 端的强行控制，正常的过程赋值语句又重新起作用。

注意：　　　　　assign 与 deassign 是多数综合器不支持的，多用于仿真。

6.4.2　force 和 release

force（强制赋值）与 release（取消强制赋值）操作也是过程连续赋值语句，其使用方法和效果与 assign、deassign 的类似，但其赋值对象可以是 variable 型变量，也可以是 net 型变量。

因为是无条件强制赋值，一般多用于交互式调试过程，应避免在设计模块中使用。

当 force 作用于 variable 型变量时，该变量当前值被覆盖；release 作用时该变量将继续保持强制赋值时的值；之后，其值可被原有的过程赋值语句改变。

当 force 作用于 net 型变量时，该变量也会被强制赋值；一旦 release 作用于该变量，其值马上变为原值，具体见代码清单 6.10。

代码清单 6.10　用 force 与 release 赋值

```
'timescale 1ns/1ns
module test_force;
reg a, b, c, d;
wire e;
and g1 (e, a, b, c);
initial begin
$monitor("%d d=%b,e=%b", $stime, d, e);
assign d = a & b & c;
        a = 1; b = 0; c = 1;
#10; force d = (a | b | c);              //force 强制赋值
     force e = (a | b | c);
#10; release d;                          //release 取消强制赋值
     release e;
#10  $finish;
end
endmodule
```

代码清单 6.10 的运行结果如下。

```
0    d=0,e=0
10   d=1,e=1
20   d=0,e=0
```

6.5 块语句

块语句是由块标识符 begin-end 或 fork-join 界定的一组语句，当块语句只包含一条语句时，块标识符可省略。

6.5.1 串行块 begin-end

begin-end 串行块中的语句按串行方式顺序执行。示例如下。

```
begin
    regb=rega;
    regc=regb;
end
```

上面的语句最后将 regb、regc 的值都更新为 rega 的值。

仿真时，begin-end 串行块中的每条语句前面的延时都是从前一条语句执行结束时起算的。例如，代码清单 6.11 用 begin-end 串行块产生一段周期为 10 个时间单位的信号波形。

代码清单 6.11   用 begin-end 串行块产生信号波形

```
'timescale 10ns/1ns
module wave1;
parameter CYCLE=10;
reg wave;
initial
begin            wave=0;
    #(CYCLE/2)    wave=1;
    #(CYCLE/2)    wave=0;
    #(CYCLE/2)    wave=1;
    #(CYCLE/2)    wave=0;
    #(CYCLE/2)    wave=1;
    #(CYCLE/2)    $stop;
end
initial $monitor($time,,,"wave=%b",wave);
endmodule
```

上例用 ModelSim 仿真后，波形如图 6.7 所示，信号周期为 10 个时间单位（100ns）。

图 6.7   代码清单 6.11 仿真后的波形

6.5.2 并行块 fork-join

并行块 fork-join 中的所有语句都是并发执行的。示例如下。

```
fork
    regb=rega;
    regc=regb;
join
```

上面的块语句执行完后，regb 更新为 rega 的值，而 regc 的值更新为改变之前的 regb 的值，故执行后，regb 与 regc 的值是不同的。

仿真时，fork-join 并行块中的每条语句前面的延时都是相对于该并行块的起始执行时间的，即起始时间对于块内所有的语句是相同的。要用 fork-join 并行块产生一段与代码清单 6.11 相同的信号波形，应该像代码清单 6.12 一样标注延时。

代码清单 6.12 用 fork-join 并行块产生信号波形

```
'timescale 10ns/1ns
module wave2;
parameter CYCLE=5;
reg wave;
initial
  fork            wave=0;
    #(CYCLE)      wave=1;
    #(2*CYCLE)    wave=0;
    #(3*CYCLE)    wave=1;
    #(4*CYCLE)     wave=0;
    #(5*CYCLE)     wave=1;
    #(6*CYCLE)    $stop;
join
initial $monitor($time,,,"wave=%b",wave);
endmodule
```

上面的代码用 ModelSim 仿真后，可得与图 6.7 所示相同的波形。

6.5.3 块命名

要给块语句命名，只需把块名称加在 begin、fork 关键字后面。
块命名的作用有如下几点。

- 可在块内定义局部变量，该变量只在该块内有效。
- 可用 disable 语句终止该命名块的执行，并开始执行其后面的语句。
- 可通过层次路径名对命名块内的任一变量进行访问。

第一个示例如下。

```
begin : break
for (i = 0; i < n; i = i+1) begin : continue
@ clk
    if(a == 0) disable continue;        //终止 continue 循环
statements
@clk
    if(a == b) disable break;           //终止 break 循环
statements
end   end
```

第二个示例如下。

```
always begin : monostable
    #250 q = 0;
end
always @retrig  begin
    disable  monostable;
    q = 1;
end
```

第三个示例如下。

```
module  tb;
initial
begin : block1       //名字为 block1 的顺序命名块
  integer n;         //n 是本地变量，可通过层次路径名 tb.block1.n 被其他模块访问
  ...
end
initial
fork : block2        //名字为 block2 的并行命名块
  reg n;             //n 是本地变量，可通过层次路径名 tb.block2.n 被其他模块访问
  ...
join
```

disable 语句提供了一种终止命名块执行的方法。代码清单 6.13 展示了用 disable 语句终止命名块的示例。代码从寄存器的最低有效位开始寻找第一个值为 1 的位，找到该位后，用 disable 语句终止命名块的执行，并输出该位的位置。

代码清单 6.13　用 disable 语句终止命名块的示例

```
'timescale 1ns/1ns
module nameblock_tb;
reg [15:0] flag;
integer i;                   //用于计数的整数
initial  begin
  flag = 16'b 0001_0100_0000_0000;
  i = 0;
  begin: detect_1            //块命名为 detect_1
  while(i < 16)
    begin
    if(flag[i])              //从 flag 寄存器的最低有效位开始寻找第一个值为 1 的位
    begin
       $display("Detect a bit 1 at element number %d", i);
    disable detect_1;        //在寄存器中找到了值为 1 的位，则终止 detect_1 命名块的执行
    end
    i = i + 1;
    end  end
end
endmodule
```

用 ModelSim 运行代码清单 6.13 后，输出如下，表示在第 10 位的位置发现第一个值为 1 的位。

```
Detect a bit 1 at element number          10
```

6.6　条件语句

Verilog HDL 行为级建模有赖于行为语句，这些行为语句如表 6.2 所示。其中的过程语句、块语句、赋值语句前面已介绍，本节着重介绍条件语句。

表 6.2　Verilog HDL 的行为语句

类别	语句	是否可综合性
过程语句	initial	是
	always	是
	task、function	否
块语句	串行块 begin-end	是
	并行块 fork-join	否
赋值语句	连续赋值 assign	是
	过程赋值=、<=	是
	过程连续赋值（assign/deassign、force/release）语句	否
条件语句	if-else	是
	case	是
循环语句	for	是
	repeat	否
	while	否
	forever	否

条件语句有 if-else 和 case 语句两种，都属于顺序语句，应放在过程语句内使用。

6.6.1　if-else 语句

if 语句的格式与 C 语言中的 if-else 语句的格式类似，其使用方法有以下几种。

```
if(表达式)          语句 1;        //方法一，非完整性 if 语句

if(表达式)          语句 1;        //方法二，二重选择 if 语句
else               语句 2;

if(表达式 1)        语句 1;        //方法三，多重选择 if 语句
else if(表达式 2)   语句 2;
else if(表达式 3)   语句 3;
…
else if(表达式 n)   语句 n;
else               语句 n+1;
```

在上述方式中，表达式一般为逻辑表达式或关系表达式，也可能是 1 位的变量。系统对表达式的值进行判断，若为 0、x、z，则按"假"处理；若为 1，则按"真"处理，执行指定语句。语句可以是单句的，也可以是多句的，多句时用 begin-end 块语句括起来。if 语句也可以多重嵌套，对于 if 语句的嵌套，若不清楚 if 和 else 的匹配，最好用 begin-end 块语句括起来。

1. 二重选择 if 语句

二重选择 if 语句首先判断条件是否成立，如果 if 语句中的条件成立，那么程序会执行语句 1，否则程序执行语句 2。例如，代码清单 6.14 展示了用二重选择 if 语句描述的三态非门。

代码清单 6.14 用二重选择 if 语句描述的三态非门

```
module tri_not(
    input x,oe,
    output reg y);
always @(x,oe)
begin  if(!oe) y<=~x;
        else   y<=1'bZ;
end
endmodule
```

2. 多重选择 if 语句

代码清单 6.15 展示了用多重选择 if 语句描述的 1 位二进制数比较器。

代码清单 6.15 用多重选择 if 语句描述的 1 位二进制数比较器

```
module compare(
    input a,b,
    output reg less,equ,big);
always @(a,b)
begin
    if(a>b) begin big<=1'b1;equ<=1'b0;less<=1'b0;end
    else if(a==b) begin equ<=1'b1;big<=1'b0;less<=1'b0;end
    else begin less<=1'b1;big<=1'b0;equ<=1'b0;end
end
endmodule
```

代码清单 6.16 展示了用多重选择 if 语句实现的模 60 的 8421BCD 码加法计数器。

代码清单 6.16 模 60 的 8421BCD 码加法计数器

```
module count60bcd(
    input load,clk,reset,
    input[7:0] data,
    output reg[7:0] qout,
    output cout);
always @(posedge clk)  begin
    if(!reset)   qout<=0;                      //同步复位
    else if(load==1'b0)     qout<=data;        //同步置数
    else if((qout[7:4] == 5)&&(qout[3:0] == 9))
            qout <= 0;                         //当计数达到 59 时，输出清零
    else if(qout[3:0] == 4'b1001)              //当低位达到 9 时，低位清零，高位加 1
        begin
        qout[3:0] <= 0;
        qout[7:4] <= qout[7:4] + 1; end
    else  begin                                //否则高位不变，低位加 1
        qout[7:4] <= qout[7:4];
        qout[3:0] <= qout[3:0] + 1'b1; end
end
assign cout=(qout==8'h59)?1:0;                 //产生进位输出信号
endmodule
```

代码清单 6.17 展示了模 60 的 8421BCD 码加法计数器的 Test Bench 测试代码。

代码清单 6.17　模 60 的 8421BCD 码加法计数器的 Test Bench 测试代码

```
'timescale 1ns/1ns
module count60bcd_tb;
parameter PERIOD = 20;        //定义时钟周期为20ns
reg clk,rst,load;
reg[7:0] data=8'b01010100;    //置数端为54
wire[7:0] qout;
wire cout;
initial begin clk = 0;
    forever begin #(PERIOD/2) clk = ~clk; end
end
initial begin
    rst <= 0; load <= 1;      //复位信号
    repeat(2) @(posedge clk);
    rst <= 1;
    repeat(5) @(negedge clk);
    load <= 0;                //置数信号
    @(negedge clk);
    load <= 1;
    #(PERIOD*100) $stop;
end
count60bcd i1(.reset(rst), .clk(clk), .load(load),
              .data(data), .qout(qout), .cout(cout));
endmodule
```

在 ModelSim 中运行代码清单 6.17，得到图 6.8 所示的仿真波形，说明功能正确。

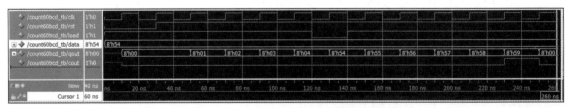

图 6.8　模 60 的 8421BCD 码加法计数器的仿真波形

3. 多重嵌套的 if 语句

if 语句可以嵌套，多用于描述具有复杂控制功能的逻辑电路。

多重嵌套的 if 语句的格式如下。

```
if(条件1)    语句1;
if(条件2)    语句2;
    ...
```

6.6.2　case 语句

相对 if-else 语句只有两个分支而言，case 语句是一种多分支语句，故 case 语句多用于描述多条件译码电路，如描述译码器、数据选择器、状态机及微处理器的指令译码等。

case 语句的使用格式如下。

```
case (敏感表达式)
    值1:语句1;                          //case 分支项
    值2:语句2;
        ...
    值n: 语句n;
    default:语句n+1;
endcase
```

当敏感表达式的值为 1 时，执行语句 1；值为 2 时，执行语句 2；依次类推；若敏感表达式的值与上面列出的值都不相符，则执行 default 后面的语句 n+1。若前面已列出了敏感表达式所有可能的取值，则 default 语句可省略。

代码清单 6.18 展示了一个用 case 语句描述的 3 人表决电路，其综合结果如图 6.9 所示。

代码清单 6.18　用 case 语句描述的 3 人表决电路

```
module vote3(
    input a,b,c,
    output reg pass);
always @(a,b,c)  begin
    case({a,b,c})                               //用 case 语句进行译码
    3'b000,3'b001,3'b010,3'b100: pass=1'b0;     //表决不通过
    3'b011,3'b101,3'b110,3'b111: pass=1'b1;     //表决通过
                                                //注意多个选项间用逗号","连接
    default: pass=1'b0;
    endcase
    end
endmodule
```

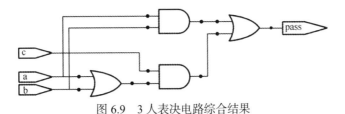

图 6.9　3 人表决电路综合结果

代码清单 6.19 展示了用 case 语句编写的 BCD 码-7 段数码管译码电路，实现 4 位 8421BCD 码到 7 段数码管显示译码的功能。7 段数码管实际上是由 7 个长条形的发光二极管（Light Emitting Diode，LED）组成的（一般用 a、b、c、d、e、f、g 分别表示 7 个 LED），多用于显示字母、数字。图 6.10 所示为 7 段数码管的结构与共阴极、共阳极两种连接方式。假定采用共阴极连接方式，用 7 段数码管显示 0～9 的 10 个整数，则相应的译码电路的 Verilog HDL 描述如代码清单 6.19 所示。

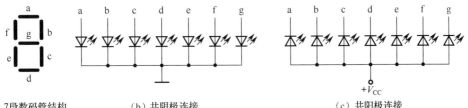

（a）7 段数码管结构　　　　（b）共阴极连接　　　　（c）共阳极连接

图 6.10　7 段数码管的结构与连接方式

代码清单 6.19　BCD 码-7 段数码管译码电路

```
module decode4_7(
    input D3,D2,D1,D0,                    //输入的 4 位 8421BCD 码
    output reg a,b,c,d,e,f,g);
always @*                                  //使用通配符
  begin
    case({D3,D2,D1,D0})
    4'd0:{a,b,c,d,e,f,g}=7'b1111110;       //显示 0
    4'd1:{a,b,c,d,e,f,g}=7'b0110000;       //显示 1
    4'd2:{a,b,c,d,e,f,g}=7'b1101101;       //显示 2
    4'd3:{a,b,c,d,e,f,g}=7'b1111001;       //显示 3
    4'd4:{a,b,c,d,e,f,g}=7'b0110011;       //显示 4
    4'd5:{a,b,c,d,e,f,g}=7'b1011011;       //显示 5
    4'd6:{a,b,c,d,e,f,g}=7'b1011111;       //显示 6
    4'd7:{a,b,c,d,e,f,g}=7'b1110000;       //显示 7
    4'd8:{a,b,c,d,e,f,g}=7'b1111111;       //显示 8
    4'd9:{a,b,c,d,e,f,g}=7'b1111011;       //显示 9
    default:{a,b,c,d,e,f,g}=7'b1111110;    //其他均显示 0
    endcase
  end
endmodule
```

代码清单 6.20 展示了用 case 语句描述的下降沿触发的 JK 触发器。

代码清单 6.20　用 case 语句描述的下降沿触发的 JK 触发器

```
module jk_ff(
    input clk,j,k,
    output reg q);
always @(negedge clk)  begin
case({j,k})
    2'b00: q<=q;            //保持
    2'b01: q<=1'b0;         //置 0
    2'b10: q<=1'b1;         //置 1
    2'b11: q<=~q;           //翻转
endcase
end
endmodule
```

从上例可以看出，用 case 语句描述实际上就是将模块的真值表描述出来，如果已知模块的真值表，不妨用 case 语句对其描述。代码清单 6.20 的 RTL 综合结果如图 6.11 所示。该结果是用 D 触发器和 MUX 构成的。

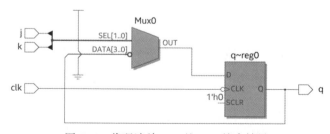

图 6.11　代码清单 6.20 的 RTL 综合结果

6.6.3　casez 与 casex 语句

在 case 语句中，敏感表达式与值 1～n 的比较是一种全等比较，必须保证两者的对应位全等。casez 与 casex 语句是 case 语句的两种变体，在 casez 语句中，如果分支表达式某些位的值为高阻态 z，那么对这些位的比较就不予考虑，因此只需关注其他位的比较结果。而在 casex 语句中，则把这种处理方式进一步扩展到对 x 的处理。即如果比较的双方有一方的某些位的值是 x 或 z，那么这些位的比较就都不予考虑。

图 6.12（a）～（c）给出了 case、casez 和 casex 语句的比较规则。

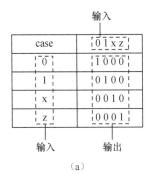

casez	0 1 x z
0	1 0 0 1
1	0 1 0 1
x	0 0 1 1
z	1 1 1 1

casex	0 1 x z
0	1 0 1 1
1	0 1 1 1
x	1 1 1 1
z	1 1 1 1

（a）　　　　　　　　　　（b）　　　　　　　　　（c）

图 6.12　case、casez 和 casex 语句的比较规则

此外，还有另一种标识 x 或 z 的方式，即用无关值的符号"?"来表示。示例如下。

```
case(a)
2'b1x:out=1;          //只有 a=1x，才有 out=1
casez(a)
2'b1x:out=1;          //如果 a=1x、1z，则 out=1
casex(a)
2'b1x:out=1;          //如果 a=10、11、1x、1z 等，则 out=1
casez(a)
3'b1??:out=1;         //如果 a=100、101、110、111 或 1xx、1zz 等，则 out=1
3'b01?:out=1;         //如果 a=010、011、01x、01z，则 out=1
```

代码清单 6.21 展示了一个采用 casez 语句及符号"?"描述的数据选择器的示例。

代码清单 6.21　用 casez 语句及符号"?"描述的数据选择器

```
module mux_casez(
    input a,b,c,d, input[3:0] select,
    output reg out);
always @*
begin
    casez(select)
    4'b???1:out=a;
    4'b??1?:out=b;
    4'b?1??:out=c;
    4'b1???:out=d;                //无须加 default 语句
    endcase
end
endmodule
```

在使用条件语句时，应注意列出所有条件分支，否则，编译器认为条件不满足时，会引进一个触发器保持原值。在设计组合电路时，应避免这种隐含触发器的存在。当然，在很多情况下，不可能列出所有分支，因为每个变量至少有 4 种取值：0、1、z、x。为了包含所有分支，可在 if 语句最后加上 else；在 case 语句的最后加上 default 语句。

代码清单 6.22 是一个隐含锁存器的示例。

代码清单 6.22　隐含锁存器示例

```
module buried_ff(
    input b,a,
    output reg c);
always @(a or b)
    begin  if((a==1)&&(b==1))  c=a&b;  end
endmodule
```

设计者原意是设计一个 2 输入与门，但由于 if 语句中无 else 语句，在综合时会默认 else 语句为 "c=c;"，因此会形成一个隐含锁存器。该例的综合结果如图 6.13 所示。

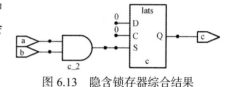

仿真时，在语句 c=1 执行之后 c 的值会一直维持为 1。如需实现 2 输入与门功能，只需加上 "else c=0;" 语句即可。

图 6.13　隐含锁存器综合结果

6.7　循环语句

Verilog HDL 有 4 种类型的循环语句，用来控制语句的执行次数。

- for：有条件的循环语句。
- repeat：连续执行一条语句 n 次。
- while：执行一条语句，直到某个条件不满足为止。
- forever：连续地执行语句，多用在 initial 块中，用于生成时钟等周期性波形。

6.7.1　for 语句

for 语句的格式（同 C 语言）如下。

```
for(循环变量赋初值;循环结束条件;循环变量增值)
执行语句;
```

代码清单 6.23 通过 7 人投票表决器这一示例说明 for 语句的使用方法：通过一个 for 语句统计赞成的人数，若超过 4 人赞成则表决通过。用 vote[7:1] 表示 7 人的投票情况，1 代表赞成，即 vote[i] 为 1 代表第 i 个人赞成，pass=1 表示表决通过。

代码清单 6.23　7 人投票表决器

```
module vote7(
    input[7:1] vote,
    output reg pass);
reg[2:0] sum;
integer i;
always @(vote)
  begin  sum=0;
    for(i=1;i<=7;i=i+1)            //for 语句
        if(vote[i]) sum=sum+1;
```

```
        if(sum[2])    pass=1;        //若超过4人赞成，则pass=1
        else          pass=0;
    end
endmodule
```

代码清单 6.24 展示了如何用 for 语句实现两个 8 位二进制数相乘。

代码清单 6.24　用 for 语句实现两个 8 位二进制数相乘

```
module mult_for  #(parameter SIZE=8)
    (input[SIZE:1] a,b,                //操作数
     output reg[2*SIZE:1] outcome);    //结果
integer i;
always @(a or b)
    begin  outcome<=0;
      for(i=1;i<=SIZE;i=i+1)           //for 语句
      if(b[i]) outcome<=outcome+(a<<(i-1));
    end
endmodule
```

代码清单 6.25 展示了一个用 for 语句生成奇校验位的示例。

代码清单 6.25　用 for 语句生成奇校验位的示例

```
module parity_check(
    input[7:0] a,
    output reg y);
integer i;
always @(a)
begin  y=1'b1;                //注意，此处不能采用非阻塞过程赋值<=
for(i=0;i<=7;i=i+1)           //for 语句
y=y ^ a[i];   end            //此处不能采用非阻塞过程赋值<=
endmodule
```

在代码清单 6.25 中，for 语句执行 $1 \oplus a[0] \oplus a[1] \oplus a[2] \oplus a[3] \oplus a[4] \oplus a[5] \oplus a[6] \oplus a[7]$ 运算，综合后生成的 RTL 结果如图 6.14 所示。如果将变量 y 的初值改为 0，则上例变为偶校验电路。

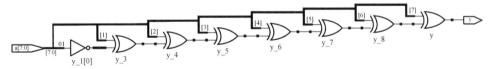

图 6.14　综合后生成的 RTL 结果

注意：　大多数综合器支持 for 语句，在可综合的设计中，若需使用循环语句，应首先考虑用 for 语句实现。

6.7.2　repeat、while 和 forever 语句

1. repeat 语句

repeat 语句的使用格式如下。

```
repeat(循环次数表达式) begin
                语句或语句块
              end
```

代码清单 6.26 用 repeat 语句和移位操作符实现了两个 8 位二进制数的乘法。

代码清单 6.26　用 repeat 语句和移位操作符实现两个 8 位二进制数的乘法

```
module mult_repeat
  #(parameter SIZE=8)
    (input[SIZE:1] a,b,
     output reg[2*SIZE:1] result);
reg[2*SIZE:1] temp_a;
reg[SIZE:1] temp_b;
always @(a or b)  begin
    result=0; temp_a=a; temp_b=b;
    repeat(SIZE)                //repeat 语句，SIZE 表示循环次数
      begin
      if(temp_b[1])             //如果 temp_b 的最低位为 1，就执行下面的加法
      result=result+temp_a;
      temp_a=temp_a<<1;         //操作数 a 左移 1 位
      temp_b=temp_b>>1;         //操作数 b 右移 1 位
      end
  end
endmodule
```

2. while 语句

while 语句的格式如下。

```
while(循环执行条件表达式) begin
                语句或语句块
              end
```

while 语句在执行时，首先判断循环执行条件表达式是否为真，若为真，则执行后面的语句或语句块，然后回头继续判断循环条件表达式是否为真，若为真，再执行一遍后面的语句，如此直至循环执行条件表达式不为真。因此，在执行语句中必须有一条改变条件表达式值的语句。

例如，在下面的代码中，用 while 语句统计 rega 变量中 1 的个数。

```
begin : count1s
reg[7:0] tempreg;
count = 0;
tempreg = rega;
while(tempreg)  begin
    if(tempreg[0])  count = count + 1;
                    tempreg = tempreg >> 1;
end  end
```

下面的示例分别用 while 和 repeat 语句显示 4 个 32 位整数。

```
module loop1;
integer i;
initial  //repeat 循环
begin i=0; repeat(4)
 begin
$display("i=%h",i);i=i+1;
 end end
```

```
endmodule
module loop2;
integer i;
initial  //while 循环
begin  i=0; while(i<4)
 begin
 $display("i=%h",i);i=i+1;
 end  end
endmodule
```

用 ModelSim 软件运行，其输出结果如下。

```
i=00000001    //i 是 32 位整数
i=00000002
i=00000003
i=00000004
```

3. forever 语句

forever 语句的使用格式如下。

```
forever  begin
  语句或语句块
end
```

forever 语句连续不断地执行后面的语句或语句块，常用于产生周期性的波形。forever 语句多用在仿真模块的 initial 过程中，可以用 disable 语句中断循环，也可以用系统函数$finish 退出 forever 循环。

例如，下面的代码用 forever 语句产生时钟信号，其产生的时钟波形如图 6.15 所示。

```
'timescale 1 ns/1 ns
module loopf;
reg clk;
initial begin
    clk = 0;
    forever begin
    clk = ~clk;  #5; end
end
endmodule
```

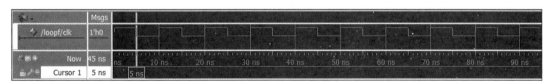

图 6.15　产生的时钟波形

练习

1. 用行为描述方式实现带异步复位端和异步置位端的 D 触发器。
2. 用行为描述方式设计 JK 触发器，并进行综合，JK 触发器带异步复位端和异步置位端。
3. initial 语句与 always 语句的区别是什么？

4. 编写同步模 5 计数器程序，带异步复位端和进位输出端。

5. 用行为语句设计 8 位计数器，每次在时钟的上升沿计数器加 1，当计数器溢出时，自动从 0 开始计数，计数器有同步复位端。

6. 分别编写 4 位串并转换程序和 4 位并串转换程序。

7. 用 case 语句描述 4 位双向移位寄存器。74LS194 是 4 位双向移位寄存器，采用 16 引脚双列直插封装，其引脚排列如图 6.16 所示。74LS194 具有异步清 0、数据保持、同步左移、同步右移、同步置数等 5 种工作方式。CLR 为异步清 0 输入，低电平有效。S_1、S_0 为方式控制输入：当 S_1S_0=00 时，74LS194 工作于数据保持方式；当 S_1S_0=01 时，74LS194 工作于同步右移方式，其中 D_R 为右移数据输入端，Q_3 为右移数据输出端；当 S_1S_0=10 时，74LS194 工作于同步左移方式，其中 D_L 为左移数据输入端，Q_0 为左移数据输出端；当 S_1S_0=11 时，74LS194 工作于同步置数方式，其中 $D_3 \sim D_0$ 为并行数据输入端。请用 case 语句描述实现 74LS194 的上述逻辑功能。

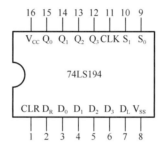

图 6.16   4 位双向移位寄存器 74LS194 引脚排列

8. 用 if 语句描述四舍五入电路的功能，假定输入的是 1 位 BCD 码。

9. 试编写两个 8 位二进制有符号数相减的 Verilog HDL 程序。

第7章

层次结构

Verilog HDL 通过模块例化支持层次化的设计，高层模块可以例化下层模块，并通过输入、输出和双向端口互通信息。

7.1 模块和模块例化

模块定义应包含在关键字 module 和 endmodule 之间，关键字 module 后面是模块名，然后是参数列表、输入输出端口列表，端口、信号数据类型声明，接着是模块逻辑功能的定义，底层模块的例化等内容。Verilog HDL 模块的结构如下所示。

```
module  <顶层模块名>
    # (参数列表 parameter...)
(<输入输出端口列表>);
端口、信号数据类型声明;
/*任务、函数声明，用关键字 task、funtion 定义*/
//逻辑功能定义
assign <结果信号名>=<表达式>;        //使用 assign 语句定义逻辑功能
always @(<敏感信号表达式>)           //用 always 块描述逻辑功能
    begin
    //过程赋值
    //if-else、case 语句、for 语句
    //task、function 调用
    end
//子模块例化
    <子模块名> <例化名>    #(参数传递) (<端口列表>);
//门元件例化
    门元件名 <例化名> (<端口列表>);
endmodule
```

注意:
　　　　　　　关键字 macromodule 可以与关键字 module 互换使用。

Verilog-2001 标准改进了模块端口的声明语句，使其更接近标准 C 语言的风格，可用于

module、task 和 function。同时允许将端口声明和数据类型声明放在同一语句中。

例如，以下是一个 FIFO 模块的端口声明示例。

```
module fifo_2001
  #(parameter MSB=3,DEPTH=4)            //参数定义，注意前面有"#"
   (input[MSB:0] in,
    input clk,read,write,reset,
    output reg[MSB:0] out,              //端口和数据类型声明放同一条语句中
    output reg full,empty);
```

代码清单 7.1 展示了如何用两个与非门构成 D 触发器。

代码清单 7.1   用两个与非门构成 D 触发器

```
module ffnand(q, qbar, preset, clear);
output q, qbar;                        //两个输出端口
input preset, clear;                   //两个输入端口
nand g1 (q, qbar, preset),             //用两个与非门构成 D 触发器
     g2 (qbar, q, clear);
endmodule
```

代码清单 7.2 中例化了上面的 D 触发器，端口采用位置对应（或称为位置关联）方式进行模块例化，此时，例化端口列表中信号的排列顺序应与模块定义时端口列表中的信号排列顺序相同。

代码清单 7.2   例化 D 触发器（1）

```
'timescale 1ns/1ns
module ffnand_wave1;
wire out1, out2;
reg in1, in2;
parameter d = 10;
ffnand ff(out1, out2, in1, in2);
                              //例化 ffnand 模块，采用位置关联
initial begin                 //定义波形
    #d in1 = 0; in2 = 1;
    #d in1 = 1;
    #d in2 = 0;
    #d in2 = 1;
end
endmodule
```

在代码清单 7.3 中也例化了上面的 D 触发器，其中 ff2 采用的是信号名关联方式，此种方式在例化时可按任意顺序排列信号。

代码清单 7.3   例化 D 触发器（2）

```
'timescale 1ns/1ns
module ffnand_wave2;
reg in1, in2;
parameter d = 10;
ffnand ff1(out1, , in1, in2),
    //例化 ffnand 模块，采用位置关联方式，ff1 的 qbar 端口未连接
        ff2(.qbar(out2), .clear(in2), .preset(in1), .q());
    //例化 ffnand 模块，采用信号名关联方式，ff2 的 q 端口未连接
initial begin
    #d in1 = 0; in2 = 1;
```

```
        #d in1 = 1;
        #d in2 = 0;
        #d in2 = 1;
end
endmodule
```

代码清单 7.2 和代码清单 7.3 的测试波形均如图 7.1 所示。

图 7.1　代码清单 7.2 和代码清单 7.3 的测试波形

7.2　带参数模块例化与参数传递

在基于 Top-down 的数字设计中，可把系统分为多个子模块，子模块再分为更多的子模块，以此类推，直到便于实现为止。这种 Top-down 的设计方法能够把复杂的设计分解为许多相对简单的逻辑来实现，也适合多人分工合作，如同用 C 语言编写大型软件一样。Verilog HDL 能够很好地支持这种 Top-down 的设计方法。

本节用 8 位累加器（accumulator）的示例，介绍在多层次电路设计中带参数模块的例化方法及参数传递的方式。

7.2.1　带参数模块例化

8 位累加器实现对输入的 8 位数据进行累加的功能，可分解为两个子模块实现：8 位加法器和 8 位寄存器。8 位加法器负责对输入的数据、进位进行累加；8 位寄存器负责暂存累加和，并把累加和输出、反馈到 8 位累加器输入端，以进行下一次的累加。

代码清单 7.4 和代码清单 7.5 分别展示了 8 位加法器与 8 位寄存器的源代码。

代码清单 7.4　8 位加法器的源代码

```
module add8
  #(parameter MSB=8,LSB=0)
  (input[MSB-1:LSB] a,b,
   input cin,
   output[MSB-1:LSB] sum,
   output cout);
assign {cout,sum}=a+b+cin;
endmodule
```

代码清单 7.5　8 位寄存器的源代码

```
module reg8
  #(parameter SIZE=8)
```

```
  (input clk,clear,
   input[SIZE-1:0] in,
   output reg[SIZE-1:0] qout);
always @(posedge clk, posedge clear)
begin if(clear) qout<=0;              //异步清 0
     else  qout<=in;
end
endmodule
```

对于顶层模块，可以像代码清单 7.6 这样进行描述。

代码清单 7.6　8 位累加器顶层连接描述

```
module acc
  #(parameter WIDTH=8)
   (input[WIDTH-1:0] accin,
    input cin,clk,clear,
    output[WIDTH-1:0] accout,
    output cout);
wire[DEPTH-1:0] sum;
add8 u1(.cin(cin),.a(accin),.b(accout),.cout(cout),.sum(sum));
     //例化 add8 子模块，端口名关联
reg8 u2(.qout(accout),.clear(clear),.in(sum),.clk(clk));
     //例化 reg8 子模块，端口名关联
endmodule
```

在模块例化时需注意端口的对应关系。在代码清单 7.6 中，采用的是端口名关联方式（对应方式），此种方式在例化时可按任意顺序排列端口信号。

还可按照位置对应方式进行模块例化，此时，例化端口列表中端口的排列顺序应与模块定义时端口的排列顺序相同。如上面对 add8 和 reg8 的例化，采用位置关联方式应写为下面的形式。

```
add8 u3(accin, accout, cin, sum, cout);
     //例化 add8 子模块，端口位置关联
reg8 u4(clk, clear, sum, accout);
     //例化 reg8 子模块，端口位置关联
```

建议采用端口名关联方式进行模块例化，以免出错。

7.2.2　用 parameter 进行参数传递

在高层模块中例化下层模块时，下层模块内部定义的参数（parameter）值被高层模块覆盖（override），称为参数传递或参数重载。下面介绍两种参数传递的方式。

1. 按列表顺序进行参数传递

按列表顺序进行参数传递，参数传递的顺序必须与参数在原模块中声明的顺序相同，并且不能跳过任何参数。

在 7.2.1 节的设计中，累加器是 8 位宽度的，如果要将其改为 16 位宽度的，则如代码清单 7.7 所示。

代码清单 7.7 按列表顺序进行参数传递

```
module acc16
  #(parameter WIDTH=16)
   (input[WIDTH-1:0] accin,
    input cin,clk,clear,
    output[WIDTH-1:0] accout,
    output cout);
wire[WIDTH-1:0] sum;
add8 #(WIDTH,0)        //按列表顺序传递参数，参数排列必须与被引用模块中的参数一一对应
u1 (.cin(cin),.a(accin),.b(accout),.cout(cout),.sum(sum));
                       //例化 add8 子模块
reg8 #(WIDTH)          //按列表顺序传递参数
u2 (.qout(accout),.clear(clear),.in(sum),.clk(clk));
                       //例化 reg8 子模块

endmodule
```

代码清单 7.7 用 Quartus Prime 综合后的 RTL 视图如图 7.2 所示，可见，整个设计的尺度已变为 16 位。

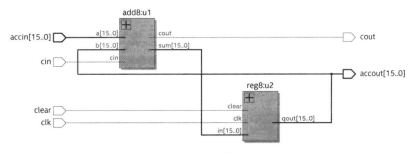

图 7.2 用 Quartus Prime 综合后的 RTL 视图

2. 用参数名进行参数传递

按列表顺序传递参数容易出错，Verilog-2001 标准中增加了用参数名进行参数传递的方式，这种方式允许参数按照任意顺序排列。代码清单 7.7 采用参数名传递方式可写为代码清单 7.8 所示的形式。

代码清单 7.8 用参数名进行参数传递

```
module acc16n
  #(parameter WIDTH=16)
   (input[WIDTH-1:0] accin,
    input cin,clk,clear,
    output[WIDTH-1:0] accout,
    output cout);
wire[WIDTH-1:0] sum;
add8 #(.MSB(WIDTH),.LSB(0))        //用参数名进行参数传递
u1 (.cin(cin),.a(accin),.b(accout),.cout(cout),.sum(sum));
                                   //例化 add8 子模块
reg8 #(.SIZE(WIDTH))              //用参数名进行参数传递方式
u2 (.qout(accout),.clear(clear),.in(sum),.clk(clk));
                                   //例化 reg8 子模块

endmodule
```

代码清单 7.8 用 Quartus Prime 综合后的 RTL 视图与代码清单 7.7 的相同。在该例中，用 add8 #(.MSB(WIDTH),. LSB(0)) 修改了 add8 模块中的两个参数值。显然，此时原来模块中的参数值已失效，被顶层例化语句中的参数值代替。

注意：

参数传递的两种形式如下。

模块名 # (.参数 1(参数 1 值),.参数 2(参数 2 值),…) 例化名 (端口列表);
//用参数名进行参数传递
模块名 # (参数 1 值，参数 2 值，…) 例化名 (端口列表);
//按列表顺序进行参数传递

7.2.3 用 defparam 进行参数重载

还可以用 defparam 语句来重载下层模块的参数值，defparam 语句在例化之前就改变了原模块内的参数值，其格式如下。

defparam 例化模块名.参数 1 = 参数 1 值, 例化模块名.参数 2 = 参数 2 值, …;
模块名 例化模块名 (端口列表);

对于代码清单 7.7，如果用 defparam 语句来进行参数重载，可写为代码清单 7.9 的形式。

代码清单 7.9 用 defparam 语句进行参数重载

```
module acc16_def
  #(parameter WIDTH=16)
    (input[WIDTH-1:0] accin,
     input cin,clk,clear,
     output[WIDTH-1:0] accout,
     output cout);
wire[WIDTH-1:0] sum;
defparam u1.MSB = WIDTH, u1.LSB =0; //用 defparam 进行参数重载
add8 u1 (.cin(cin),.a(accin),.b(accout),.cout(cout),.sum(sum));
                               //例化 add8 子模块
defparam u2.SIZE = WIDTH;             //用 defparam 进行参数重载
reg8 u2 (.qout(accout),.clear(clear),.in(sum),.clk(clk));
                               //例化 reg8 子模块

endmodule
```

defparam 语句是可综合的，代码清单 7.9 的综合结果与代码清单 7.7、代码清单 7.8 的综合结果相同。

在代码清单 7.10 中，采用专门的模块（模块名为 annotate），用 defparam 语句进行参数重载。

代码清单 7.10 用 defparam 语句进行参数重载的示例

```
module top_tb;
reg clk;
reg [0:4] in1;  reg [0:9] in2;
wire [0:4] o1;  wire [0:9] o2;
vdff m1 (o1, in1, clk);
vdff m2 (o2, in2, clk);
endmodule

module annotate;
```

```
defparam                        //用 defparam 进行参数重载
    top.m1.size = 5,        top.m2.size = 10,
    top.m1.delay = 10,      top.m2.delay = 20;
endmodule
module vdff(out, in, clk);
parameter size = 1, delay = 1;
input [0:size-1] in;
input clk;
output [0:size-1] out;
reg [0:size-1] out;
always @(posedge clk)
    # delay out = in;
endmodule
```

7.3　层次路径名

在 Verilog HDL 描述中，每一个例化模块，以及每个模块的端口、变量，都应使用不同的标识符来命名。在整个设计中，每个标识符都具有唯一性，这样就可以在任何地方，通过指定完整的层次名对整个设计中的每个设计对象进行访问，即层次访问。

Verilog HDL 中的每一个标识符都有层次路径名（hierarchical path name），可以通过路径对其访问，层次之间的分隔符采用点号（.）。

注意： 层次访问多见于仿真中，在面向综合的设计中并不推荐；此外，automatic 任务和函数不能通过层次路径名访问。

在代码清单 7.11 中，其顶层模块和各个子模块间的端口和变量都可以通过层次路径名唯一确定，并相互访问。

代码清单 7.11　层次访问示例

```
module wave;
reg stim1, stim2;
cct a(stim1, stim2);                //例化 cct 模块
initial begin :wave1
    #100 fork :innerwave            //命名块
    reg hold;
    join
    #150 begin  stim1 = 0;  end
end
endmodule
module cct(stim1, stim2);           //cct 子模块
input stim1, stim2;
    mod amod(stim1), bmod(stim2);   //例化 mod 模块
endmodule
module mod(in);                     //mod 子模块
input in;
always @(posedge in) begin : keep   //命名块
reg hold;
    hold = in;
end
endmodule
```

代码清单 7.11 的层次结构如图 7.3 所示，包括模块、子模块、命名块等对象。

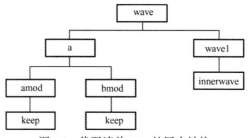

图 7.3   代码清单 7.11 的层次结构

代码清单 7.11 中的层次结构对象如下所示，包括模块、子模块、命名块，以及上述对象内的端口、变量，这些设计对象都可以通过层次路径名唯一确定，并相互访问。

```
wave                         wave.a.bmod
wave.stim1                   wave.a.bmod.in
wave.stim2                   wave.a.bmod.keep
wave.a                       wave.a.bmod.keep.hold
wave.a.stim1                 wave.wave1
wave.a.stim2                 wave.wave1.innerwave
wave.a.amod                  wave.wave1.innerwave.hold
wave.a.amod.in
wave.a.amod.keep
wave.a.amod.keep.hold
```

在下面的示例中，两个命名块中的变量通过层次路径名被区分并赋值。

```
begin
fork :mod_1
    reg x;  mod_2.x = 1;          //在 mod_1 命名块中访问 mod_2.x 变量
join
fork :mod_2
    reg x;  mod_1.x = 0;          //在 mod_2 命名块中访问 mod_1.x 变量
join
end
```

注意: 上面示例中的两个变量虽然都名为 x,但分处于两个命名块中,是两个不同的变量。

7.4   generate 生成语句

generate 是 Verilog-2001 中新增的语句，generate 语句一般和循环语句（for）、条件语句（if、case）一起使用。为此，Verilog-2001 增加了 4 个关键字 generate、endgenerate、genvar 和 localparam。genvar 是一个新的数据类型，用在 generate 循环中的索引变量（控制变量）必须定义为 genvar 数据类型。

7.4.1   generate、for 生成语句

generate 语句和 for 语句一起使用，generate 循环可以产生一个对象（如 module、primitive、

或者 variable、net、task、function、assign、initial 和 always）的多个例化，为可变尺度的设计提供便利。

在使用 generate、for 生成语句时需注意以下几点。

- 关键字 genvar 用于定义 for 的索引变量，genvar 变量只作用于 generate 生成块内，在仿真输出中是看不到 genvar 变量的。
- for 循环的内容必须加 begin 和 end（即使只有一条语句），且必须给 begin-end 块命名，以便于循环例化展开，也便于对生成语句中的变量进行层次化引用。

代码清单 7.12 展示了一个用 generate 语句描述的 4 位行波进位加法器（Ripple-Carry Adder，RCA）的示例，它采用 generate 语句和 for 循环实现元件的例化并确定元件间的连接关系。

代码清单 7.12 用 generate 语句描述的 4 位行波进位加法器的示例

```
module add_ripple  #(parameter SIZE=4)
   (input[SIZE-1:0] a,b,
    input cin,
    output[SIZE-1:0] sum,
    output cout);
wire[SIZE:0] c;
assign c[0]=cin;
generate
    genvar i;              //声明循环变量，该变量只作用于 generate 块
    for(i=0;i<SIZE;i=i+1)
    begin : add           //块命名
    wire n1,n2,n3;
    xor g1(n1,a[i],b[i]);
    xor g2(sum[i],n1,c[i]);
    and g3(n2,a[i],b[i]);
    and g4(n3,n1,c[i]);
    or g5(c[i+1],n2,n3);   end
endgenerate               //块结束
assign cout=c[SIZE];
endmodule
```

代码清单 7.12 用 Quartus Prime 软件综合，其 RTL 综合原理图如图 7.4 所示，从图中可以看出，generate 执行过程中，每次循环中有唯一的名字，如 add[0]、add[1]等，这也是 begin-end 块语句需要起名字的原因之一。

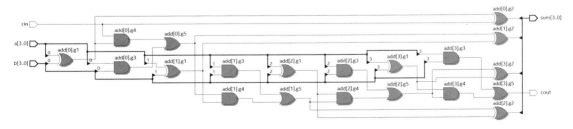

图 7.4 4 位行波进位加法器 RTL 综合原理图

代码清单 7.13 展示了一个参数化的格雷码到二进制码的转换器模块，采用 generate 语句和 for 循环复制（生成）assign 连续赋值操作。

代码清单 7.13   参数化的格雷码到二进制码的转换器模块的实现方法一

```
module gray2bin1(
    input[SIZE-1:0] gray,
    output[SIZE-1:0] bin);
parameter SIZE = 8;
genvar i;                          //声明循环变量
generate
    for (i=0; i<SIZE; i=i+1)
    begin : bit
    assign bin[i] = ^ gray[SIZE-1:i];     //复制 assign 连续赋值操作
    end
endgenerate
endmodule
```

代码清单 7.14 也可用于实现参数化的格雷码到二进制码的转换，同样采用 generate 语句和 for 循环实现，不同之处在于复制的是 always 过程块。

代码清单 7.14   参数化的格雷码到二进制码的转换器模块的实现方法二

```
module gray2bin2(bin, gray);
parameter SIZE = 8;
output [SIZE-1:0] bin;
input [SIZE-1:0] gray;
reg [SIZE-1:0] bin;
genvar i;
generate for (i=0; i<SIZE; i=i+1)
    begin: bit
    always @(gray[SIZE-1:i])            //复制 always 过程块
    bin[i] = ^gray[SIZE-1:i]; end
endgenerate
endmodule
```

代码清单 7.15 采用 generate、for 语句实现两条 N 位总线的按位异或功能，其 RTL 原理如图 7.5 所示。

代码清单 7.15   用 generate、for 语句实现两条 N 位总线的按位异或功能

```
module bit_xor(
    input[N-1 : 0 ] bus0 , bus1,
    output[N-1 : 0 ] out);
parameter  N = 8 ;          //总线位宽为 8 位
genvar  j;                  //声明循环变量，只用于生成块内部
generate                    //generate 循环例化异或门（xor）
    for(j = 0 ; j < N; j = j + 1)
    begin : xor_bit         //循环实现块命名
    xor g1(out[j], bus0[j], bus1[j]);
    end
endgenerate                 //结束生成块
endmodule
```

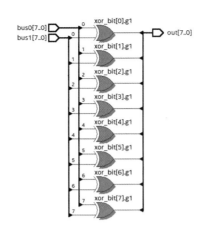

图 7.5　用 generate、for 语句实现按位异或功能的 RTL 原理

7.4.2　generate、if 生成语句

generate 语句和 if 语句一起使用，可根据不同的条件例化不同的对象，此时，if 语句的条件通常为常量。

下面的示例用 generate 语句描述了一个可扩展的乘法器，当乘法器的 a 和 b 的位宽小于 8 时，生成 CLA 超前进位乘法器；否则，生成 WALLACE 树状乘法器。

```verilog
module multiplier(
    input [a_width-1:0] a,
    input [b_width-1:0] b,
    output[product_width-1:0] product);
parameter a_width = 8, b_width = 8;
localparam product_width = a_width+b_width;
generate
    if((a_width < 8) || (b_width < 8))
    CLA_mult #(a_width, b_width)
    u1 (a, b, product);
    else
    WALLACE_mult #(a_width, b_width)
    u1(a, b, product);
endgenerate
endmodule
```

7.4.3　generate、case 生成语句

generate 语句和 case 语句一起使用，可根据不同的条件例化不同的对象。

代码清单 7.16 采用 generate、case 生成语句实现半加器和 1 位全加器的例化，当条件 ADDER 为 0 时，例化半加器；当条件 ADDER 为 1 时，例化 1 位全加器。

代码清单 7.16　用 generate、case 生成语句实现半加器和 1 位全加器的例化

```verilog
module adder_gene(          //顶层模块
    input a, b, cin,
    output sum, cout);
```

```
parameter ADDER = 0;
    generate
    case(ADDER)
    0 : h_adder  u0(.a(a), .b(b), .sum(sum), .cout(cout));
    1 : f_adder  u1(.a(a), .b(b), .cin(cin), .sum(sum),.cout(cout));
    endcase
    endgenerate
endmodule
```

代码清单 7.16 中的半加器和 1 位全加器源代码如代码清单 7.17 所示。

代码清单 7.17   半加器和 1 位全加器源代码

```
module h_adder(
    input a, b,                  //半加器源代码
    output reg sum, cout);
always @ (a or b)
    {cout, sum} = a + b;
initial
    $display ("Half adder instantiation");
endmodule
module f_adder(
    input a, b, cin,            //1 位全加器源代码
    output reg sum, cout);
always @ (a or b or cin)
    {cout, sum} = a + b + cin;
initial
    $display ("Full adder instantiation");
endmodule
```

用 generate、for 语句例化 4 个 1 位全加器实现 4 位全加器，源代码如代码清单 7.18 所示。

代码清单 7.18   用 generate、for 语句实现 4 位加法器

```
module full_adder4(
    input[3:0] a, b,  input  c,
    output[3:0] so,
    output    co);
wire [3:0]   co_temp ;
f_adder  u_adder0(              //单独例化最低位的 1 位全加器
    .a(a[0]),
    .b(b[0]),
    .cin(c==1'b1 ? 1'b1 : 1'b0),
    .sum(so[0]),
    .cout(co_temp[0]));
genvar i;
generate
    for(i=1; i<=3; i=i+1)       //循环例化其余 3 个 1 位全加器
    begin: adder_gen           //块命名
    f_adder   u_adder(         //f_adder 的源代码见代码清单 7.17
      .a(a[i]),
      .b(b[i]),
      .cin(co_temp[i-1]),      //上一个 1 位全加器的进位是下一个的进位
      .sum(so[i]),
      .cout(co_temp[i]));
    end
endgenerate
assign  co = co_temp[3];
endmodule
```

代码清单 7.18 中 4 位加法器的测试脚本如代码清单 7.19 所示，其输出波形如图 7.6 所示。

代码清单 7.19 4 位加法器的测试脚本

```
module adder4_tb;
reg[3:0] a, b;
reg  cin;
wire[3:0] sum;
wire cout;
integer i;
full_adder4 u1(.a(a), .b(b), .c(cin), .so(sum), .co(cout));
initial begin
    a <= 0;  b <= 0;  cin <= 0;
$monitor("a=0x%0h b=0x%0h cin=0x%0h cout=0%0h sum=0x%0h",
         a, b, cin, cout, sum);
for(i = 0; i < 8; i = i + 1) begin
   #10 a <= $random;
        b <= $random;
     cin <= $random;  end
   end
endmodule
```

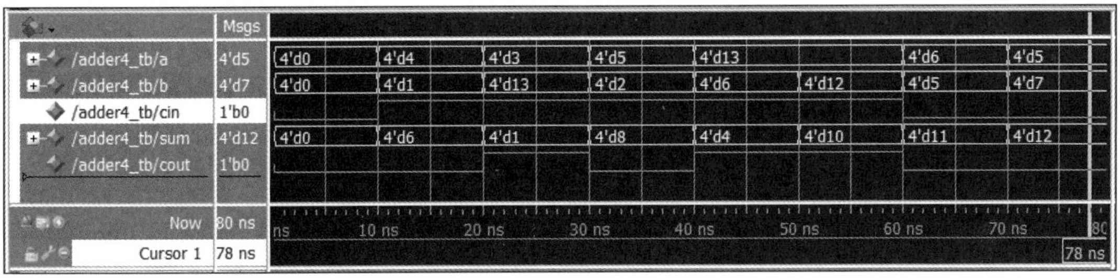

图 7.6　4 位加法器的输出波形

7.5 属性

属性（attribute）用于向仿真工具或综合工具传递信息，控制仿真工具或综合工具的行为和操作。与综合有关的属性包括：

- enum_encoding；
- chip_pin；
- keep；
- preserve；
- noprune。

此处以 keep 属性为例说明属性的用法。

keep 属性用于告诉综合工具保留特定节点，以免该节点在优化过程中被优化掉。比如，代码清单 7.20 用于实现产生短脉冲信号的电路，该电路中有 3 个反相器，如果不采取任何措施，综合器将会减少到只保留一个，故例中使用 keep 属性语句来告诉综合器保留节点 a、b 和 c。代码清单 7.20 综合后生成的 RTL 原理如图 7.7 所示。

代码清单 7.20   产生短脉冲信号的电路

```
module pulse_gen(
    input   clk,
    output  pulse);
(* synthesis, keep *) wire a;
(* synthesis, keep *) wire b;
(* synthesis, keep *) wire c;
assign a = (~clk);
assign b = (~a);
assign c = (~b);
assign pulse = clk & c;
endmodule
```

 注意：   (* synthesis, keep *)也可以写为(* keep *)的形式。

图 7.7   产生短脉冲信号的电路的 RTL 原理

对于 reg 型变量，为防止综合器将其优化掉，可为其添加 noprune 属性，示例如下。

```
(* synthesis, noprune *) reg [3:0] cnt;
```

（* synthesis, keep *）也适用于 reg 型变量，可防止 reg 型变量被优化掉。但也有可能出现这样的情况，有的变量即使经过此处理，仍然会被综合器优化掉，致使无法找到它。此时就需对其使用"测试属性"，即 probe_port 属性，把这两个属性结合起来，示例如下。

```
( * synthesis, probe_port, keep * )
```

上面的语句适用于 wire 型和 reg 型变量。

其他与综合有关的属性语句如下。

```
(* synthesis, async_set_reset[="signal_name1,signal_name2,..."]*)
(* synthesis, black_box[=<optional_value>] *)
(* synthesis, combinational[=<optional_value>] *)
(* synthesis, fsm_state[=<encoding_scheme>] *)
(* synthesis, full_case[=<optional_value>] *)
(* synthesis, parallel_case[=<optional_value>] *)
(* synthesis, implementation="<value>" *)
(* synthesis, keep[=<optional_value>] *)
(* synthesis, ram_block[=<optional_value>] *)
(* synthesis, rom_block[=<optional_value>] *)
(* synthesis, probe_port[=<optional_value>] *)
```

 注意：   Verilog HDL 没有定义标准的属性，属性的具体用法由综合器、仿真器厂商自己定义，尚无统一的标准，不同的综合器、仿真器，属性语句的使用格式也会有所不同。

练习

1. 分别用结构描述和行为描述方式设计一个基本的 D 触发器。在此基础上，采用结构描述的方式，用 8 个 D 触发器构成 8 位移位寄存器。

2. 带置数功能的 4 位循环移位寄存器电路如图 7.8 所示。当 load 为 1 时，将 4 位数据 $d_0d_1d_2d_3$ 同步输入寄存器寄存，当 load 为 0 时，电路实现循环移位并输出 $q = q_0q_1q_2q_3$，试将 2 选 1 MUX、D 触发器分别定义为子模块，并采用 generate、for 语句例化两种子模块，实现图 7.8 所示电路功能。

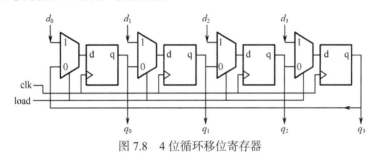

图 7.8　4 位循环移位寄存器

3. 74LS161 是异步复位/同步置数的 4 位计数器，图 7.9 所示为由 74LS161 构成的模 11 计数器，试完成下述任务。

（a）用 Verilog HDL 设计实现 74LS161 的功能；

（b）用模块例化的方式实现图 7.9 所示的模 11 计数器。

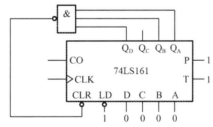

图 7.9　由 74LS161 构成的模 11 计数器

4. 用 Verilog HDL 或用 IP（Intellectual Property，知识产权）核设计实现异步 FIFO 缓存器，FIFO 缓存器具有异步复位端（rst_n），低电平有效，具有写时钟端口（wclk），读时钟端口（rclk），具有数据满（full）、空（empty）标志，数据位宽为 8 位，深度为 32。

5. generate 语句中的循环控制变量（索引变量）应该定义为什么数据类型？试举例说明。

第8章   任务与函数

任务和函数提供了在设计的不同位置执行共同代码的能力，还提供了一种将大型设计分解为较小设计的方法，便于读取和调试，并使程序结构清晰。

本章还介绍在仿真中常用的系统任务和系统函数。

8.1   任务

8.1.1   任务的定义和调用

任务（task）的定义方式如下。

```
task <任务名>;              //无端口列表
    端口及数据类型声明语句;
    其他语句;
endtask
```

任务调用的格式如下。

```
<任务名> (端口1,端口2,…);
```

注意：
任务调用时的端口变量和定义时的端口变量应是一一对应的。

可以像下面这样定义任务。

```
task sum;                  //任务定义
input[7:0] a, b;
output[7:0] s;
begin   s = a + b;   end
endtask
```

也可以这样定义任务。

```
task sum(                  //任务定义
    input[7:0] a, b,
    output[7:0] s);
begin   s = a + b;   end
endtask
```

当调用任务时，可以这样使用。

```
module task_inst(
    input[7:0] x, y,
    output reg[7:0] z);
always@*
begin
    sum(x, y, z);    //任务调用，将变量 x 和 y 的值赋给 a 和 b；任务完成后，s 的值赋给 z
end
endmodule
```

注意： 当用综合器综合上面的代码时，应把任务源代码置于模块内，不可放在模块外定义。

8.1.2 任务示例

代码清单 8.1 用任务实现了交通灯时序控制电路。

代码清单 8.1 用任务实现交通灯时序控制电路

```
module traffic_lights;
reg clock, red, amber, green;
parameter  on = 1, off = 0, red_tics = 350,
             amber_tics = 30, green_tics = 200;
initial red = off;
initial amber = off;
initial green = off;
always begin                   //控制灯顺序
    red = on;                  //红灯亮
    light(red, red_tics);      //任务例化
    green = on;                //绿灯亮
    light(green, green_tics);  //任务例化
    amber = on;                //黄灯亮
    light(amber, amber_tics);  //任务例化
end
task light;                    //任务定义
output color;
input[31:0] tics;              //延时
begin
    repeat (tics) @(posedge clock);
    color = off;               //灯灭
end
endtask
always begin                   //产生时钟波形
    #100 clock = 0;
    #100 clock = 1;
end
endmodule
```

用 ModelSim 运行，交通灯时序控制电路的仿真波形如图 8.1 所示。

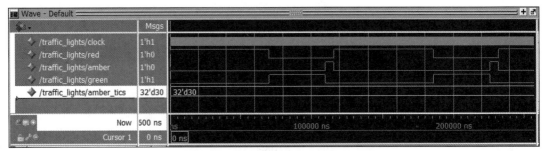

图 8.1   交通灯时序控制电路的仿真波形

在代码清单 8.2 中，定义了一个完成两个操作数按位与的任务，并在算术逻辑单元中调用该任务实现按位与操作。

代码清单 8.2   用任务实现两个操作数按位与

```
module alutask(code,a,b,c);
input[1:0] code; input[3:0] a,b;
output reg[4:0] c;
task my_and;                      //任务定义，注意无端口列表
input[3:0] a,b;                   //a、b、out 名称的作用域为任务内部
output[4:0] out;
integer i;  begin for(i=3;i>=0;i=i-1)
    out[i]=a[i]&b[i];            //按位与
end
endtask
always@(code or a or b)
    begin  case(code)
    2'b00: my_and(a,b,c);
            /*调用任务，此处的端口 a、b、c 分别对应任务定义时的 a、b、out */
    2'b01:c=a|b;                  //相或
    2'b10:c=a-b;                  //相减
    2'b11:c=a+b;                  //相加
    endcase
    end
endmodule
```

编写如下的激励代码对上例进行验证。

```
'timescale 100ps/ 1ps
module alutask_vlg_tst( );
parameter DELY=100;
reg eachvec;
reg [3:0] a;reg [3:0] b;reg [1:0] code;
wire [4:0]  c;
    alutask i1( .a(a),.b(b),.c(c),.code(code));
initial     begin
code=4'd0;a=4'b0000;b=4'b1111;
    #DELY code=4'd0;a=4'b0111;b=4'b1101;
    #DELY code=4'd1;a=4'b0001;b=4'b0011;
    #DELY code=4'd2;a=4'b1001;b=4'b0011;
    #DELY code=4'd3;a=4'b0011;b=4'b0001;
    #DELY code=4'd3;a=4'b0111;b=4'b1001;
    $display("Running testbench");
end
```

```
always begin
@eachvec;
end
endmodule
```

用 ModelSim 运行上面的代码，得到图 8.2 所示的仿真波形。

图 8.2 两个操作数按位与的仿真波形

在代码清单 8.3 中用任务实现异或功能。

代码清单 8.3 用任务实现异或功能

```
module xor_oper
  #(parameter  N = 4)
   (input  clk, rstn ,
    input[N-1:0]  a, b,
    output [N-1:0]  co);
reg[N-1:0]  co_t;
always @(*) begin
    xor_tsk(a, b, co_t);              //任务例化
    end
reg[N-1:0]  co_r;
always @(posedge clk or negedge rstn) begin
    if(!rstn) begin  co_r   <= 'b0;  end
    else begin  co_r <= co_t;  end
    end
assign  co = co_r;
/*----------- task ----------*/
task xor_tsk;
input [N-1:0]   numa;
input [N-1:0]   numb;
output [N-1:0] numco;
    #3  numco  = numa ^ numb;         //实现异或功能
endtask
endmodule
```

代码清单 8.3 的 RTL 综合视图如图 8.3 所示。

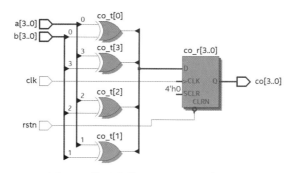

图 8.3 代码清单 8.3 的 RTL 综合视图

在使用任务时，应注意如下几点。

- 任务的定义与调用必须在一个 module 内。
- 定义任务时，没有端口列表，但需紧接着进行 I/O 端口和数据类型的说明。
- 当任务被调用时，任务被激活。任务的调用与模块的调用一样，通过任务名调用实现，调用时需列出端口列表，端口名的排序和类型必须与任务定义时的相一致。
- 一个任务可以调用别的任务和函数，可调用的任务和函数个数不受限制。

8.2   函数

8.2.1   函数简介

在 Verilog HDL 模块中，如果多次用到重复的代码，可以把这部分重复代码，定义成函数（function）。在综合时，每调用一次函数，则复制或平铺（flatten）该电路一次，所以函数不宜过于复杂。

函数可以有一个或者多个输入，但只能返回一个值。函数的定义格式如下。

```
function  <返回值位宽或类型说明> 函数名;
    端口声明;
    局部变量定义;
    其他语句;
endfunction
```

<返回值位宽或类型说明>是一个可选项，如果默认，则返回值为 1 位 reg 类型的数据。

函数的调用通常是在表达式中调用函数的返回值，并把函数作为表达式中的一个操作数来实现的。函数的调用格式如下。

```
<函数名> ( <表达式> <表达式> );
```

代码清单 8.4 用函数和 case 语句定义了一个 8-3 编码器，并使用 assign 语句调用了该函数。

代码清单 8.4   用函数和 case 语句定义的编码器（不含优先顺序）

```
module code_83(din,dout);
input[7:0] din;
output[2:0] dout;
function[2:0] code;             //函数定义
input[7:0] din;                 //函数只有输入，输出为函数名本身
    casex(din)
    8'b1xxx_xxxx:code=3'h7;
    8'b01xx_xxxx:code=3'h6;
    8'b001x_xxxx:code=3'h5;
    8'b0001_xxxx:code=3'h4;
    8'b0000_1xxx:code=3'h3;
    8'b0000_01xx:code=3'h2;
    8'b0000_001x:code=3'h1;
    8'b0000_000x:code=3'h0;
    default:code=3'hx;
    endcase
endfunction
```

```
assign dout=code(din);                    //函数调用
endmodule
```

与 C 语言相似，Veirlog HDL 使用函数以适应对不同操作数执行同一运算的操作。函数在综合时被转换成具有独立运算功能的电路，每调用一次函数相当于改变这部分电路的输入以得到相应的计算结果。

代码清单 8.5 用函数实现一个带控制端的完成整数运算的电路，分别完成正整数的平方、立方和阶乘运算。

代码清单 8.5 用函数实现平方、立方和阶乘运算

```
module calculate(
    input    clk,clr,
    input[1:0]  sel,
    input[3:0]  n,
    output reg[31:0]  result);
always @(posedge clk) begin
    if(!clr)  result<=0;
    else  begin
    case(sel)
    2'd0: result<=square(n);
    2'd1: result<=cubic(n);
    2'd2: result<=factorial(n);      //调用 factorial 函数
    endcase
end  end
//-------------------------------------------
function [31:0] square;              //平方运算函数定义
input[3:0] operand;
begin   square=operand*operand;   end
endfunction
//-------------------------------------------
function [31:0] cubic;               //立方运算函数定义
input[3:0] operand;
begin   cubic=operand*operand*operand;   end
endfunction
//-------------------------------------------
function [31:0] factorial;           //阶乘运算函数定义
input[3:0] operand;
integer i;
begin
    factorial = 1;
    for(i = 2; i <= operand; i =i + 1)
    factorial = i * factorial;
end
endfunction
endmodule
```

代码清单 8.6 是代码清单 8.5 的 Test Bench 测试代码，图 8.4 所示为其测试波形。

代码清单 8.6 平方、立方和阶乘运算电路的 Test Bench 测试代码

```
'timescale  1ns/100ps
module calculate_tb;
reg[3:0] n;
reg   clr,clk;
```

```
reg[1:0] sel;
wire[31:0] result;
parameter CYCLE = 20;
calculate u1(.clk(clk),.n(n),.result(result),.clr(clr),.sel(sel));
initial begin clk = 0;
    forever  # CYCLE clk = ~clk; end      //产生时钟信号
initial  begin
    {n, clr, sel} <= 0;
    #40 clr=1;
    repeat(10)
    begin
    @(negedge clk) begin
    n={$random} % 11;
    @(negedge clk)
    sel={$random} % 3;
    end end
    #1000 $stop;
end
endmodule
```

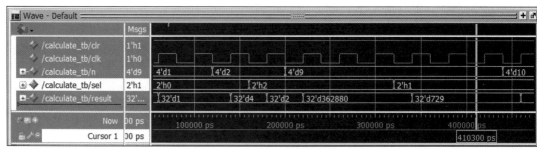

图 8.4　平方、立方和阶乘运算电路测试波形

 注意：　　　　函数的定义中蕴含一个与函数同名的、函数内部的寄存器。在函数定义时，将函数返回值所使用的寄存器名称设为与函数同名的内部变量，因此函数名被赋予的值就是函数的返回值。

下面的示例定义了 clogb2()函数，该函数完成以 2 为底的对数运算，调用 clogb2()函数由 RAM 模块的深度换算出所需的地址宽度。

```
module ram_model(address, write, cs, data);
parameter data_width = 8;
parameter ram_depth = 256;
localparam adder_width = clogb2(ram_depth);        //调用 clogb2 函数
input[adder_width - 1:0] address;
input write, cs;
inout [data_width - 1:0] data;
reg[data_width - 1:0] data_store[0:ram_depth - 1];

function integer clogb2(input integer value);     //定义 clogb2 函数
begin
    for(clogb2=0; value>0; clogb2=clogb2+1;)
    value = value>>1;
end
endfunction
```

在使用函数时，应注意如下几点。

- 函数的定义与调用必须在一个 module 内。
- 函数只允许有输入变量且必须至少有一个输入变量，输出变量由函数名本身担任，在定义函数时，需声明函数名的数据类型和位宽。
- 定义函数时没有端口列表，但调用函数时需列出端口列表，端口名的排序和类型必须与定义时一致，这与任务相似。
- 函数可以出现在连续赋值 assign 的右端表达式中。
- 函数定义不能包含任何时间控制语句，包括使用#、@或 wait 等符号；函数定义时不能使用非阻塞过程赋值。
- 函数的使用与任务相比有更多的限制和约束。函数不能调用任务，而任务可以调用别的任务和函数，且调用任务和函数的个数不受限制。

8.2.2 任务和函数的区别

表 8.1 对任务与函数进行了比较。

表 8.1 任务与函数的比较

比较项	任务	函数
输入与输出	可有任意个各种类型的参数	至少有一个输入，不能将 inout 类型参数作为输出
调用	任务只可在过程赋值语句中调用，不能在连续赋值语句 assign 中调用	函数可作为表达式中的一个操作数来调用，在过程赋值和连续赋值语句中均可以调用
定时和事件控制(#、@和 wait)	任务可以包含定时和事件控制语句	函数不能包含定时和事件控制语句
调用其他任务和函数	任务可调用其他任务和函数	函数可以调用其他函数，但不可以调用其他任务
返回值	任务不向表达式返回值	函数向调用它的表达式返回一个值

合理使用任务和函数会使程序结构显得清晰，一般的综合器对任务和函数都是支持的，部分综合器不支持任务。

在使用函数和任务时，注意以下几点。

- 函数应在一个模拟时间单元中执行，任务可以包含时间控制语句。
- 函数不能调用任务，任务可以调用其他任务和函数。
- 函数应至少有一个输入类型参数，并且不应有输出或输出类型参数；任务可以有任何类型的 0 个或多个参数。
- 函数返回单个值，任务无返回值。

8.3 automatic 任务和函数

Verilog-2001 标准增加了一个关键字 automatic，可用于实现任务和函数的定义。

8.3.1   automatic 任务

任务本质上是静态的（static），并发执行的多个任务共享存储区。若某个任务在模块中的多个地方被同时调用，则这个任务对同一块地址空间进行操作，结果可能是错误的。Verilog-2001 标准中增加了关键字 automatic，空间是动态分配的，使任务成为可重入的，这意味着若在模块中的多个地方同时调用该任务，则任务可以并发执行。

代码清单 8.7 给出一个静态任务示例。

代码清单 8.7   静态任务示例

```
module task_tb;
  integer i=0;                    //变量 i 在模块中声明
    initial  disp_ask( );         //任务的调用
    initial  disp_ask( );
    initial  disp_ask( );
 task disp_ask( );
begin
  i=i+1;
  $display("i = %0d",i);
end
endtask
endmodule
```

用 ModelSim 运行代码清单 8.7，TCL 窗口输出信息如下。

```
i = 1
i = 2
i = 3
```

若在上面的任务定义中增加关键字 automatic，则定义了可重入任务（reentrant task），如代码清单 8.8 所示，此时任务的多次调用是并发执行的。

代码清单 8.8   可重入任务示例

```
module auto_tb;
    initial  disp_ask( );         //任务的调用
    initial  disp_ask( );
    initial  disp_ask( );
task automatic disp_ask( );
integer i=0;                      //变量 i 在任务中声明
begin
    i=i+1;
    $display("i = %0d",i);
end
endtask
endmodule
```

代码清单 8.8 用 ModelSim 运行，TCL 窗口输出信息如下。

```
i = 1
i = 1
i = 1
```

8.3.2 automatic 函数

关键字 automatic 用于函数，表示函数的迭代调用，也可称为递归函数（recursive function）。

代码清单 8.5 中的阶乘运算可采用递归函数来实现，如代码清单 8.9 所示，通过函数自身的迭代调用，实现了 32 位无符号整数的阶乘运算（n!）。

比较代码清单 8.5 与代码清单 8.9，可体会函数与递归函数的区别。

代码清单 8.9　实现 32 位无符号整数的阶乘运算

```
module tryfact;
function automatic integer factorial;          //函数定义
input[31:0] opa;
    if (opa >= 2)
        factorial = factorial(opa-1) * opa;    //迭代调用
    else
        factorial = 1;
endfunction
integer result;
integer n;
initial begin
    for (n = 0; n <= 7; n = n+1) begin
    result = factorial(n);                     //函数调用
$display("%0d  factorial=%0d", n, result);
end  end
endmodule
```

上面的 factorial 函数是用 if 语句实现的，也可以写为下面的形式，用条件操作符实现：

```
function automatic  integer factorial;
input integer opa;
integer  i;
    begin
    factorial = (opa >= 2) ? opa * factorial(opa-1) : 1;
    end
endfunction
```

代码清单 8.9 的仿真结果如下。

```
0  factorial=1
1  factorial=1
2  factorial=2
3  factorial=6
4  factorial=24
5  factorial=120
6  factorial=720
7  factorial=5040
```

由于 Verilog-2001 标准增加了关键字 signed，所以函数的定义还可在 automatic 后面加上 signed，返回有符号数。示例如下。

```
function automatic signed[63:0] factorial;
```

代码清单 8.10 用函数实现 8 位数据的高低位转换，最高有效位转换为最低有效位，次高位转换为次低位，依次类推。

代码清单 8.10　用函数实现 8 位数据的高低位转换

```
'timescale 1 ns/ 1ns
module bit_invert;
reg[7:0] din;
wire[7:0] result;
assign result = invert(din);                    //函数调用
initial begin   din=8'b00101101;
    #30 din=8'b00101111;
    #20 din=8'b10001111;
    #30 $stop;
end
initial $monitor($time,,,"ain=%b result=%b",din,result);
function automatic unsigned[7:0] invert(
    input[7:0] data);
integer i;
begin
for (i = 0; i < 8; i = i + 1)
    invert[i] = data[7-i];
end
endfunction
endmodule
```

用 ModelSim 运行，TCL 窗口输出信息如下，可见转换结果正确。

```
0    ain=00101101   result=10110100
30   ain=00101111   result=11110100
50   ain=10001111   result=11110001
```

8.4　系统任务与系统函数

Verilog HDL 的系统任务和系统函数主要用于仿真。系统任务和系统函数均以符号"$"开头，一般在 initial 或 always 过程块中进行调用；用户也可以通过 PLI 将自己定义的系统任务和系统函数加到系统中，用于仿真和调试。

根据功能，系统任务可分为以下类别。

- 显示类任务。完成这类任务的函数如下。

$display	$displayb	$displayh	$displayo
$write	$writeb	$writeh	$writeo
$strobe	$strobeb	$strobeh	$strobeo
$monitor	$monitorb	$monitorh	$monitoro
$monitoron	$monitoroff		

- 文件操作类任务。完成这类任务的函数如下。

$fclose	$fopen	$ferror	$fread
$fgetc	$fgets	$ungetc	$sformat
$readmemh	$readmemb	$sdf_annotate	
$fdisplay	$fdisplayb	$fdisplayh	$fdisplayo
$fwrite	$fwriteb	$fwriteh	$fwriteo
$fstrobe	$fstrobeb	$fstrobeh	$fstrobeo
$fmonitor	$fmonitorb	$fmonitorh	$fmonitoro
$swrite	$swriteb	$swriteh	$swriteo
$fscanf	$sscanf	$rewind	$fseek
$ftell	$fflush	$feof	

- 时间尺度任务。完成这类任务的函数如下。

$timeformat	$printtimescale

- 仿真控制任务。完成这类任务的函数如下。

$finish	$stop

系统函数可分为以下类别。

- 时间函数。这类函数如下。

$realtime	$stime	$time

- 转换函数。这类函数如下。

$signed	$unsigned

- 随机数与概率分布函数。这类函数如下。

$random	$dist_chi_square	$dist_erlang	$dist_exponential
$dist_normal	$dist_poisson	$dist_t	$dist_uniform

注意: 系统任务和系统函数在不同的 Verilog 仿真工具(如 ModelSim、VCS、Verilog-XL) 上, 其用法和功能可能存在差异, 使用时应查阅相关仿真器的使用手册。

8

8.5 显示类任务

显示类（输出控制类）系统任务包括$display、$write、$strobe、$monitor 等。

8.5.1 $display 与$write

$display 和$write 都用于输出仿真结果，可以把变量和代码运行结果输出在 TCL 窗口上，供调试者知晓代码运行情况。两者功能类似，区别在于$display 在输出结束后能自动换行，而$write 不能自动换行。

$display 和$write 的格式如下。

```
$display("格式控制符", 输出变量名列表);
$write("格式控制符", 输出变量名列表);
```

示例如下。

```
$display($time,,,"a=%h b=%h c=%h",a,b,c);
```

上面的语句定义了信号显示的格式，即以十六进制格式显示信号 a、b、c 的值，两个相邻的逗号 "," 表示加入一个空格。显示格式控制符及其说明见表 8.2。

表 8.2 显示格式控制符及其说明

格式控制符	说明
%h 或%H	以十六进制形式显示
%d 或%D	以十进制形式显示

格式控制符	说明
%o 或%O	以八进制形式显示
%b 或%B	以二进制形式显示
%c 或%C	以 ASCII 字符形式显示
%v 或%V	显示 net 型变量的驱动强度
%m 或%M	显示层次名
%s 或%S	以字符串形式显示
%t 或%T	以当前的时间格式显示

使用$display 显示字符串，示例如下。

```
$display("it's a example for display\n");
```

上面的语句表示直接输出引号中的字符串，其中，"\n"是转义字符，表示换行。

Verilog HDL 中常用的转义字符有\n（换行符）、\t（制表符）、\"（符号 "）等，其含义及用法已在 1.5.5 节中介绍。

转义字符常用于定义仿真输出的格式，示例如下。

```
module dis;
initial begin
    $display("\\\t\\\n\"\"\123");
end
endmodule
```

上面的代码执行后输出如下。

```
\    \
"S                    //八进制数 123 对应的 ASCII 字符为 S（大写）
```

在代码清单 8.11 中，用$display 分别显示了多种进制数、ASCII 字符、驱动强度、字符串等各种格式的内容，用 ModelSim 仿真，其 TCL 窗口输出的信息如图 8.5 所示。

代码清单 8.11　关于$display 的示例

```
module disp;
reg [31:0] rval;
pulldown (pd);
initial begin
    rval = 101;
    $display("rval = %h hex %d decimal",rval,rval);
    $display("rval = %o octal\nrval = %b bin",rval,rval);
    $display("rval has %c ascii character value",rval);
    $display("pd strength value is %v",pd);
    $display("current scope is %m");
    $display("%s is ascii value for 101",101);
    $display("simulation time is %t", $time);
end
endmodule
```

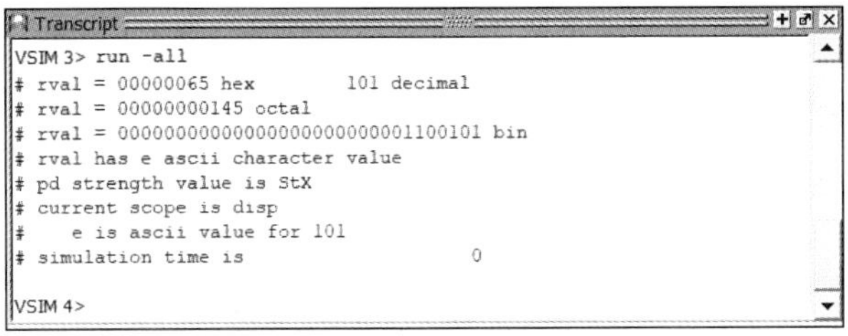

图 8.5　TCL 窗口输出的信息

8.5.2　$strobe 与$monitor

$strobe 与$monitor 都提供了监控和输出参数列表中字符或变量的值的功能。

$strobe 与$monitor 的使用格式如下。

```
$strobe("格式控制符",输出变量名列表);
$monitor("格式控制符",输出变量名列表);
```

$strobe 与$monitor 的使用方法与$display 的类似，上面的格式控制符、输出变量名列表与 $display 与$write 中定义的完全相同，但输出信息的时间和$display 的有所不同。

$strobe 相当于选通监控器，它只有在模拟时间发生改变且所有事件都处理完毕后才将结果输出，更适用于显示用非阻塞过程赋值的变量的值。

$monitor 相当于持续监控器，一旦被调用，就相当于启动了一个实时监控器，输出变量另列表中的任何变量发生变化，都会按照$monitor 语句中规定的格式将变量值输出一次。

示例如下。

```
$monitor($time,"a=%b b=%h", a, b);
```

每次 a 或 b 信号的值发生变化时都会激活上面的语句，并显示当前仿真时间、二进制格式的 a 信号和十六进制格式的 b 信号。

示例如下。

```
$monitor($time,,,"a=%d b=%d c=%d",a,b,c);
//只要 a、b、c 这 3 个变量的值发生任何变化，就会将 a、b、c 的值输出一次
```

代码清单 8.12 是一个说明$display、$write、$strobe、$monitor 这 4 个显示类任务区别的示例。

代码清单 8.12　$display、$write、$strobe、$monitor 的区别

```
module disp_tb;
integer i;
initial begin
    for(i=1; i<4; i=i+1)begin
        $display("$display output i=: %d", i);
        $write("$write output i=: %d\n", i);
        $strobe("$strobe output i=: %d", i);
    end
end
initial
    $monitor("$monitor output i=: %d", i);
endmodule
```

代码清单 8.12 执行后输出如下，$display 和$write 执行显示操作各 3 次；$strobe 退出循环

后才会执行，故$strobe 显示的是 i=4，是循环结束时变量的值；$monitor 为持续监控任务，用于变量的持续监控，变量发生了变化，$monitor 均会显示相应的信息。

```
$display output i=:           1
$write output i=:             1
$display output i=:           2
$write output i=:             2
$display output i=:           3
$write output i=:             3
$strobe output i=:            4
$monitor output i=:           4
```

8.6　文件操作类任务

Verilog HDL 提供的对文件进行操作的系统任务如下。

- 文件打开、关闭：$fopen、$fclose、$ferror。
- 文件写入：$fdisplay、$fwrite、$fstrobe、$fmonitor。
- 文件读取：$fgetc、$fgets、$fscanf、$fread。
- 文件读取加载至存储器：$readmemh、$readmemb。
- 字符串写入：$sformat、$swrite。
- 文件定位：$fseek、$ftell、$feof、$frewind。

使用文件操作类任务对文件进行操作时，需根据文件性质和变量内容确定使用哪一种系统任务，并保证参数及读/写变量类型与文件内容的一致性。

8.6.1　$fopen 与$fclose

$fopen 用于打开某个文件并准备写操作，其格式如下。

```
fd = $fopen("file_name");
fd = $fopen("file_name", mode);
```

file_name 为打开文件的名字，fd 为返回的 32 位文件描述符，文件成功打开时，fd 为非零值；如果文件打开出错，fd 为 0 值，此时，应用程序可以调用系统任务$ferror 来确定发生错误的原因。

mode 用于指定文件打开的方式，mode 类型见表 8.3。

表 8.3　mode 类型

mode 类型	说明
r、rb	以只读的方式打开文件
w、wb	清除文件内容并以只写的方式打开文件
a、ab	在文件末尾写数据
r+r+b、rb+	以可读/写的方式打开文件
w+w+b、wb+	读/写打开或建立一个文件，允许读/写
a+a+b、ab+	读/写打开或建立一个文本文件，允许读，或在末尾追加信息

$fclose 用于关闭文件，其格式如下。

```
$fclose(fd);
```

上面的语句表示用系统任务$fclose 关闭由 fd 指定的文件，同时隐式终结$fmonitor、$fstrobe 等任务。fd 必须是 32 位的变量，使用前应该将其定义成 reg 型或 integer 型，示例如下。

```
reg[31:0] fd;
integer fd;
```

以下是用$fopen 打开文件的示例。

```
integer messages, broadcast, cpu_chann, alu_chann, mem_chann;
initial begin
cpu_chann = $fopen("cpu.dat");
    if (cpu_chann == 0) $finish;
alu_chann = $fopen("alu.dat");
    if (alu_chann == 0) $finish;
mem_chann = $fopen("mem.dat");
    if (mem_chann == 0) $finish;
messages = cpu_chann | alu_chann | mem_chann;
    broadcast = 1 | messages;
end
```

8.6.2 $fgetc 与$fgets

系统函数$fgetc、$fgets 用于将文件中的数据读入，以供仿真程序使用。

1. $fgetc

$fgetc 每次从文件读取 1 个字符（character），其使用格式如下。

```
c = $fgetc(fd)
```

上面的语句表示用$fgetc 从 fd 指定的文件中读取 1 个字符（1 字节），每执行一次$fgetc，就从文件中读取 1 个字符；若读取时发生错误或读取到文件结束，则将 c 设置为 EOF（-1）。

使用$fgetc 读取字符时，$fgetc 的返回值为 8 位，c 的值可能是 $8'h00 \sim 8'hFF$ 的任何数值，而 EOF（-1）的 8 位补码也是 $8'hFF$，因此在读取正常数据 $8'hFF$ 时会产生错判文件读取已结束的情况，故一般 c 的数据宽度应定义为大于 8 位，以便 EOF（-1）可以与字符代码 0xFF 区分。示例如下。

```
reg[15:0]  c;
c = $fgetc(fd)
```

将 c 定义为 16 位（只要大于 8 位即可），这样正常读取的数据只能是 $16'h0000 \sim 16'h00FF$，只有读取文件结束时，才会得到值 $16'hFFFF$（-1），此时就可以判断出文件结束了。

比如，在代码清单 8.13 中采用$fgetc 读取文件 tb.txt 的内容，用 ModelSim 仿真，TCL 窗口输出的信息（tb.txt 文件的内容）如图 8.6 所示。

代码清单 8.13　$fgetc 用法示例

```
'timescale 1ns / 1ps
module file_tb( );
localparam FILE_TXT = "./tb.txt";
integer fd;
integer i;
reg[15:0]  c;                            //将 c 定义为 16 位，以便判断文件结束
initial begin
    i = 0;
    fd = $fopen(FILE_TXT, "r");          //以只读方式打开文件
    if(fd == 0)  begin
        $display("$open file failed");
        $stop;   end
    $display("\n ******** file opened ******** ");
    c = $fgetc(fd);
    i = i + 1;
    while ($signed(c) != -1)             //判断文件是否已读取完毕
    begin                                //用 while 语句逐个读取字符
        $write("%c", c);
        #10;
        c = $fgetc(fd);
        i = i + 1;
    end
    #10;
    $fclose(fd);
    $display("\n ******** file closed ******** ");
    #100;  $stop;
end
endmodule
```

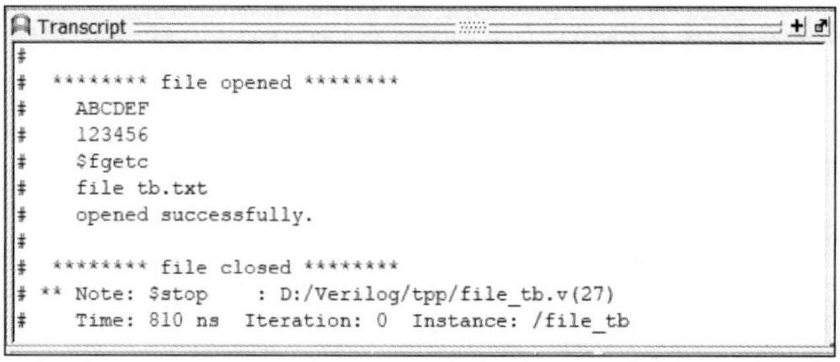

图 8.6　TCL 窗口输出的信息

2. $fgets

$fgets 是按行（line）读取文件，其使用方式如下。

```
integer code = $fgets(str, fd);
```

上面的语句表示用$fgets 将 fd 指定的文件中的字符读入 str 变量中，直至变量 str 被填满，或者读到换行符并传输到 str，或遇到文件结束条件。正常读取时，返回值 code 表示当前行有多少个数据，如果返回值 code 为 0，表示文件读取结束或者读取错误。

$fgets 主要针对读取文本文件，对于读取二进制文件而言，虽然也可以使用，但不能表示明确的行的含义。

8.6.3 $readmemh 与$readmemb

$readmemh 与$readmemb 是实现文件读/写控制的系统任务,其作用都是从外部文件中读取数据并放入存储器中。两者的区别在于读取数据的格式不同,$readmemh 用于读取十六进制数据,而$readmemb 用于读取二进制数据。$readmemb 的使用方式如下。

```
$readmemb("数据文件名",存储器名);                //方式一
$readmemb("数据文件名",存储器名,起始地址);         //方式二
$readmemb("数据文件名",存储器名,起始地址,结束地址); //方式三
```

其中,起始地址和结束地址均可以保持默认。默认起始地址从存储器的首地址开始,默认结束地址为存储到存储器的结束地址。

$readmemh 的格式与$readmemb 的格式相同。代码清单 8.14 是使用$readmemh 的示例。

代码清单 8.14 $readmemh 使用示例

```
'timescale 10ns/1ns
module rm_tp;
reg[15:0] my_mem[0:5];   /*定义一个 16×6 的存储器 my_mem,存储器共 6 个单元,
每个单元宽度为 16 位,可存储 16 位二进制数(4 位十六进制数)*/
reg[4:0] n;
initial
    begin
    $readmemh("myfile.txt",my_mem);  /*将 myfile.txt 中的数据装载到存储器
    my_mem 中,默认起始地址从 0 开始,到存储器的结束地址结束*/
    for(n=0;n<=5;n=n+1)
    $display("%h",my_mem[n]);
    end
endmodule
```

上例在仿真前,在当前工程目录下准备一个名为 myfile.txt 的文件,不妨将其内容填写如下。

```
0123 4567 89AB CDEF
```

用 ModelSim 仿真后的输出如下所示,这说明 myfile.txt 中的数据已装载到存储器中。

```
0123
4567
89ab
cdef
xxxx
xxxx
```

8.7 控制和时间类任务

8.7.1 $finish 与$stop

系统任务$finish 与$stop 用于控制仿真的执行过程,$finish 用于结束本次仿真;$stop 用于暂停(中断)当前的仿真,仿真暂停后通过仿真工具菜单或命令行还可以使仿真继续进行。

$finish 与$stop 的使用格式如下。

```
$stop;
$stop(n);
$finish;
$finish(n);
```

n 是$finish 和$stop 的参数，n 的值可以是 0、1、2，分别表示如下含义。

- 0：不输出任何信息。
- 1：输出当前仿真时间和位置。
- 2：输出仿真时间和位置，以及其他一些运行统计数据。

如果不带参数，默认参数值为 1。

当仿真程序执行到$stop 语句时，将暂停仿真，此时设计者可以输入命令，对仿真器进行交互控制；当仿真程序执行到$finish 语句时，则结束此次仿真，返回主操作系统。代码清单 8.15 是使用$stop 的示例。

代码清单 8.15　$stop 使用示例

```
'timescale 1ns / 1ns
module stop_tb();
reg ra;
initial begin
    ra = 0;
    #500  $stop(0);                //$stop(1); $stop(2)
    end
always #20 ra = {$random} % 2;
endmodule
```

代码清单 8.15 中先用$stop(0)语句，在 ModelSim 中用 run-all 命令进行仿真，波形仿真在 500ns 处暂停，同时 TCL 窗口中输出 "Break in Module stop_tb at D:/Verilog/tpp/stop_tb.v line 6" 字样；将代码清单 8.15 中$stop(0)语句参数改为 1，重新仿真，则波形同样在 500ns 处暂停，TCL 窗口中的输出信息多了仿真时间和位置；将$stop(0)语句参数改为 2，重新仿真，则 TCL 窗口中的输出增加了占用的内存、占用处理器的时间等信息。

TCL 窗口输出的信息及波形见图 8.7。

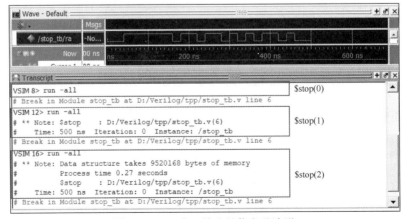

图 8.7　TCL 窗口输出的信息及波形

8.7.2　$time、$stime 与$realtime

$time、$stime 和$realtime 都属于显示仿真时标的系统函数。这 3 个函数被调用时，均返回当前时刻距离仿真开始时刻的时间量值，不同之处如下。

- $time：返回一个 64 位整数型时间值。
- $stime：返回一个 32 位整数型时间值。
- $realtime：返回一个实数型时间值，可以是浮点数。

除非仿真时间很长，$time 与$stime 的区别并不明显。通过代码清单 8.16 可看出$time 与$realtime 的区别。

代码清单 8.16　$time 与$realtime 的区别

```
'timescale 10ns / 1ns
module ts_tp;
reg set;
parameter p = 1.55;
initial begin
    $monitor($realtime,,"set=",set);        //使用函数$realtime
    #p  set = 0;
    #p  set = 1;
end
endmodule
```

代码清单 8.16 用 ModelSim 仿真，其 TCL 窗口输出如下所示，时间显示为实数值。

```
0     set=x
1.6   set=0
3.2   set=1
```

如果将例中的$realtime 改为$time，则 TCL 窗口输出如下，时间显示为整数值。

```
0    set=x
2    set=0
3    set=1
```

8.7.3　$printtimescale 与$timeformat

任务$printtimescale 与$timeformat 用于显示和设置时标信息。

1. $printtimescale

$printtimescale 用于显示指定模块的时间单位和时间精度。其格式如下。

```
$printtimescale(模块名);
```

代码清单 8.17 是任务$printtimescale 的用法示例。

代码清单 8.17　任务$printtimescale 的用法示例

```
'timescale 1ns / 1ps
module a_dat();
    b_dat  b1();
```

```
    initial $printtimescale( );    //无模块名表示显示调用此任务的模块的时标信息
    initial $printtimescale(b1);
    initial $printtimescale(b1.c1);
    //查看特定模块的时标信息，要在任务参数中指定模块的层次结构信息
endmodule
//--------------------------------
'timescale 10fs / 1fs
module b_dat();
    c_dat  c1();
endmodule
//--------------------------------
'timescale 10ns / 1ns
module c_dat();
endmodule
```

代码清单 8.17 的输出信息如下所示：

```
Time scale of (a_dat) is  1ns / 1ps
Time scale of (a_dat.b1) is  10fs / 1fs
Time scale of (a_dat.b1.c1) is  10ns / 1ns
```

2. $timeformat

$timeformat 的用法如下。

```
$timeformat(units, precision, suffix_string, min_width);
```

其中，units 是时间单位，0 表示秒（s），–3 表示毫秒（ms），–6 表示微秒（μs），–9 表示纳秒（ns），–12 表示皮秒（ps），–15 表示飞秒（fs），–10 表示以 100ps 为单位，依次类推，缺省值为'timescale 所设置的仿真时间单位。

precision 是指小数点后保留的位数，默认值为 0。

suffix_string 是时间值后面的后缀字符串，默认值为空格。

min_width 是时间值与后缀字符串合起来的这部分字符串的最小长度，若字符串不足此长度，则在字符串之前补空格，默认值为 20。

$timeformat 不会更改'timescale 设置的时间单位与精度，它只是更改了 $write、$display、$strobe、$monitor、$fwrite、$fdisplay、$fstrobe、$fmonitor 任务在%t 格式下显示时间的方式。在一个 initial 块中，它会持续生效，直至执行了另一个$timeformat 任务。

示例如下。

```
'timescale 1ns /1ps
module time_tb /**/;
initial
begin
    $timeformat(-9, 1, "ns", 10);
    #3.1415;
    $display("%t: $timeformat test.",$realtime);
end
endmodule
```

在上例中，$timeformat 执行后，在$display 任务中以%t 格式显示时间，时间的单位是纳秒，（ns），时间值保留到小数点后 1 位，时间值后面加上 " ns " 字符串，时间值和 " ns " 合起来的字符串长度如果不足 10 个字符，则在前面补空格。

上例用 ModelSim 运行，其 TCL 窗口输出如下。

```
3.1ns: $timeformat test.
```

8.7.4 $signed 与$unsigned

可使用两个系统函数$signed()和$unsigned()来控制表达式的符号。

```
$signed(c)              //返回值有符号
$unsigned(c)            //返回值无符号
```

$signed(c)将 c 转化为有符号数返回，不改变 c 的类型和内容。

$unsigned(c)将 c 转化为无符号数返回，不改变 c 的类型和内容。

代码清单 8.18 中对$signed 和$unsigned 函数的用法进行了比较，对各类数据的变换结果进行分析，有助于理解这两个函数的用法。

代码清单 8.18 $signed 和$unsigned 函数的用法示例

```
module sign_tb /**/;
reg signed[7:0] a,b;
reg[7:0] c,d;
wire signed[8:0] sum;
wire[7:0] rega, regb;
wire signed[7:0] regs;
assign rega = $unsigned(-10);
assign regb = $unsigned(-6'sd4);
assign regs = $signed (6'b110011);
assign sum = a+b;
//------------------------------------
initial begin
    a = -8'd1;
    b =  8'd20;
    c = 8'b1000_0001;
    d = 8'b0001_0010;
#10
    $display("rega     =%b=%d",rega,rega);
    $display("regb     =%b=%d",regb,regb);
    $display("regs     =%b=%d",regs,regs);
#10
    $display("signed a =%b=%d",a,a);
    $display("signed b =%b=%d",b,b);
    $display("a+b      =%b=%d",sum,sum);
#10
    $display("$unsigned(a)=%b=%d",$unsigned(a),$unsigned(a));
    a=$signed(c);
    b=$signed(d);
#10
    $display("a   =%b=%d",a,a);
    $display("b   =%b=%d",b,b);
    $display("a+b     =%b=%d",sum,sum);
end
endmodule
```

用 ModelSim 运行代码清单 8.18，TCL 窗口的输出如下。

```
rega    = 11110110 = 246
regb    = 00111100 = 60
```

```
regs    =11110011= -13
signed a =11111111=  -1
signed b =00010100=  20
a+b    =000010011=  19
$unsigned(a)=11111111=255
a  =10000001=-127
b  =00010010=  18
a+b  =110010011=-109
```

8.8   随机数及概率分布系统函数

8.8.1 $random

$random 是用于产生随机数的系统函数，每次调用该函数将返回一个 32 位的随机数（有符号整数）。其使用格式如下。

```
$random < seed >;
```

其中的 seed 为随机数种子，其数据类型可以是 reg 型、integer 型或 time 型。seed 值不同，产生的随机数也不同；seed 值相同，产生的随机数也相同。

可以为 seed 赋初值，也可以不指定，不指定时 seed 的值为 0。

```
integer seed = 1200;        //定义 seed 为 integer 型变量
initial begin
    forever @(posedge clk)
        rand = $random(seed);
end
```

注意：   参数 seed 必须定义为变量，不能是常数。所有函数的 seed 参数均应以变量作为载体，否则函数不能正常运行。

$random 还有如下两种常用的使用方法。

```
//用法 1：产生(-b+1)～(b-1)的随机数
reg[15:0]  rand;
rand = $random % b;
//用法 2：产生 0～b-1 的随机数
reg[15:0] rand;
rand = {$random} % b;
//使用拼接操作符，拼接操作符的结果是无符号数，因此该用法产生的结果为无符号数
```

示例如下。

```
reg[23:0] rand1,rand2;
rand1 = $random % 60;            //产生-59～59 的随机数
rand2 = {$random} % 60;          //产生 0～59 的正的随机数
```

代码清单 8.19 是$random 函数的使用示例，分别用带 seed 参数和不带 seed 参数的方式产生随机数。

代码清单 8.19 $random 函数的使用示例

```
`timescale 1ns/1ns
module random_gen;
```

```
reg[23:0] rand1;
reg[15:0] rand2;
reg clk;
integer seed = 21000;
parameter CY=10;
initial $monitor($time,,,"rand1=%b rand2=%b",rand1,rand2);
initial begin
    repeat(12) @(posedge clk)
    begin   rand1 <= $random(seed);
            rand2 <= $random % 100;        //每次产生一个-99~99 的随机数
    end  end
initial begin clk = 0;                     //用 initial 过程产生时钟信息 clk
    forever #(CY/2) clk = ~clk;  end
endmodule
```

用 ModelSim 运行代码清单 8.19，TCL 窗口输出如下，输出的是二进制格式，图 8.8 所示为其输出波形，rand1 和 rand2 的格式均设置为 Decimal（有符号十进制数）。

```
0   rand1=xxxxxxxxxxxxxxxxxxxxxxxx    rand2=xxxxxxxxxxxxxxxx
5   rand1=011101000001101010101100    rand2=1111111111100001
15  rand1=100111011110001001110001    rand2=1111111111010011
25  rand1=111100010101111001110111    rand2=0000000000011001
35  rand1=100110100100000100111101    rand2=1111111111101010
45  rand1=000000100010111000101010    rand2=1111111111011100
55  rand1=010011111110000100111000    rand2=1111111111000011
65  rand1=111100000001110011110011    rand2=0000000001001001
```

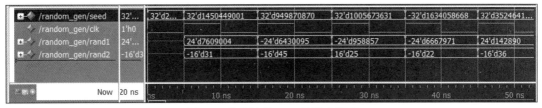

图 8.8   代码清单 8.19 的输出波形

8.8.2 概率分布系统函数

Verilog HDL 提供了多个按一定概率分布产生数据的系统函数，其格式见表 8.4。

表 8.4   概率分布系统函数的格式

概率分布类型	系统函数的格式	说明
均匀分布	$dist_uniform(seed, start, end);	start 和 end 分别表示数据的起始和结尾
正态分布	$dist_normal (seed, mean, std_dev);	mean 表示期望值，std_dev 表示标准差
泊松分布	$dist_poisson(seed, mean);	mean 表示期望值，等于标准差
指数分布	$dist_exponential(seed , mean);	mean 表示单位时间内事件发生的次数

下面以正态分布为例进行介绍。

正态分布（normal distribution）：如果正态分布的数学期望为 μ，标准差为 σ，则其概率密度函数可表示如下。

$$f(x) = \frac{1}{\sqrt{2\pi}\sigma} \exp\left(-\frac{(x-\mu)^2}{2\sigma^2}\right) \tag{8-1}$$

数学期望为 0、标准差为 1（μ=0，σ=1）的正态分布称为标准正态分布。

正态分布曲线呈钟形，两边低，中间高，左右对称，如图 8.9 所示。

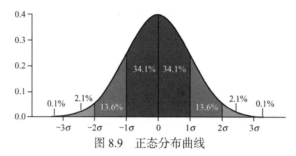

图 8.9　正态分布曲线

调用$dist_normal 系统函数产生标准正态分布数据的代码如下。

```
`timescale 1ns/1ns
module dist_tb;
parameter p=10;
reg  clk= 0;
always #p  clk = ~clk;
integer  seed_norm = 0;
reg[15:0]  data_norm;                            //标准正态分布数据
always@(posedge clk) begin
    data_norm <= $dist_normal(seed_norm, 0, 1);   //标准正态分布
end
initial begin
    forever begin
    #1000 $finish;  end
end
endmodule
```

8.9　编译指令

编译指令（compiler directive）语句以符号 "`"（该符号的 ASCII 为 0x60）开头，在编译时，编译器通常先对这些指令语句进行预处理，然后将预处理的结果和源程序一起编译。

Verilog HDL 提供了十余条编译指令，包括：

- `timescale；
- `define、`undef；
- `ifdef、`else、`elsif、`endif/`ifndef；
- `include；
- `default_nettype；
- `resetall；
- `celldefine、`endcelldefine；

- 'unconnected_drive、'nounconnected_drive;
- 'begin_keywords、'end_keywords;
- 'line、'pragma。

8.9.1 'timescale

'timescale 用于定义时延、仿真的时间单位和时间精度，其使用方式如下。

```
'timescale <time_unit>/<time_precision>
```

用来表示时间单位的符号有 s、ms、μs、ns、ps 和 fs，分别表示秒、毫秒、微秒、纳秒、皮秒、飞秒。时间精度可以和时间单位一样，但是时间精度大小不能超过时间单位大小。代码清单 8.20 给出了'timescale 的定义示例。

代码清单 8.20 'timescale 的定义示例

```
'timescale 1ns/100ps
module andgate(
    output out,
    input a,b);
and  #(4.34,5.86)  al(out,a,b);         //门延时定义
endmodule
```

在代码清单 8.20 中，'timescale 指令定义延时以 1ns 为单位，精度为 100ps（精确到 0.1ns），因此，门延时值 4.34 对应 4.3ns，延时值 5.86 对应 5.9ns。如果将'timescale 指令定义为

```
'timescale 10ns/1ns
```

那么门延时值 4.34 对应 43ns，5.86 对应 59ns。

再如：

```
'timescale 10ns / 1ns
module test;
reg set;
parameter d = 1.55;
initial begin
    #d set = 0;          //16ns(1.6×10)时, set 赋值为 0
    #d set = 1;          //32ns(1.6×10+1.6×10)时, set 赋值为 1
end
endmodule
```

关于'timescale，注意以下几点。

'timescale 指令在模块说明外部出现，并且影响后面所有的延时值。在编译过程中，'timescale 指令会影响后面所有模块中的时间值，直至遇到另一个'timescale 指令或'resetall 指令。在 Verilog HDL 中没有默认的'timescale，如果没有指定'timescale，Verilog HDL 模块就会继承前面编译模块的'timescale 参数。如果一个设计中的多个模块都带有'timescale，模拟器总是定位到所有模块的最小延时精度上，并且所有延时都相应地换算为最小延时精度，延时单位不受影响。

示例如下。

```
'timescale 1ns/1ns
module top;                        //顶层模块
reg  a, b;
wire cout;
initial begin
    a = 1; b = 0;
    # 2.25  a = 0;
    # 5.5   b = 1;
end
andgate g1(cout,a,b);              //andgate 模块见代码清单 8.20
endmodule
```

在上面的代码中，延时值 2.25 对应 2ns，延时值 5.5 对应 6ns。

但由于子模块 andgate 中定义时间精度为 100ps，故该例中的延时精度变为 100ps。

'timescale 的时间精度设置会影响仿真时间，时间精度越小，仿真时占用的内存越多，实际耗用的仿真时间就越长。

$printtimescale 系统任务可用于显示当前的时间单位和时间精度。

8.9.2   'define 和'undef

'define 用于定义宏名，类似于 C 语言中的# define。使用方式如下。

```
'define   宏名    字符串
```

示例如下。

```
'define WORDSIZE 8
reg['WORDSIZE:1] data;             //相当于定义 reg[8:1] data;
```

又如：

```
'define var_nand(dly) nand #dly    //定义带延时的与非门
'var_nand(2) g1 (q21, n10, n11);
'var_nand(5) g2 (q22, n10, n11);
```

再如：

```
'define max(a,b) ((a) > (b) ? (a) : (b))
n = 'max(p+q, r+s);
```

上面的语句等同于以下语句。

```
n = ((p+q) > (r+s)) ? (p+q) : (r+s);
```

'undef 用来取消之前的宏定义，示例如下。

```
'define WORDSIZE 16
reg['WORDSIZE:1] data;
  …
'undef  WORDSIZE
```

在使用'define 语句时应注意下面几点。

- 'define 宏定义语句行末没有分号。
- 在引用已定义的宏名时，必须在宏名的前面加上符号"'"，以表示该名字是一个宏定义的名字。
- 'define 的作用范围是跨模块（module）的，可以是整个工程。也就是说，在一个模块中定义的'define 指令可以被其他模块调用，直至遇到'undef 失效。所以，用'define 定义常量和参数时，一般将其放在模块外。与'define 相比，用 parameter 定义的参数作用范围只限于本模块内，但上层模块例化下层模块时，可通过参数传递改变下层模块中参数的值。

8.9.3 'ifdef、'else、'elsif、'endif 和'ifndef

'ifdef、'else、'elsif、'endif、'ifndef 均属于条件编译指令。

在下例中，定义了 3 种显示模式，如果定义了 VIDEO_480_272（用'define 语句定义，如'define VIDEO_480_272），则使用第 1 套参数；如果定义了 VIDEO_640_480，则使用第 2 套参数；否则使用第 3 套参数。

```
'ifdef  VIDEO_480_272                //480×272 显示模式
    parameter H_ACTIVE = 16'd480;
    parameter V_ACTIVE = 16'd272;
'endif
//--------------------------------------------
'ifdef  VIDEO_640_480                //640×480 显示模式
    parameter H_ACTIVE = 16'd640;
    parameter V_ACTIVE = 16'd480;
'endif
//--------------------------------------------
'ifdef  VIDEO_800_480                //800×480 显示模式
    parameter H_ACTIVE = 16'd800;
    parameter V_ACTIVE = 16'd480;
'endif
```

上面的示例中只使用'ifdef 和'endif 组成条件编译指令块，也可以增加'elsif、'else 编译指令，将上面的示例改为如下形式。

```
'ifdef  VIDEO_480_272                //480×272 显示模式
    parameter H_ACTIVE = 16'd480;
    parameter V_ACTIVE = 16'd272;
//--------------------------------------------
'elsif  VIDEO_640_480                //640×480 显示模式
    parameter H_ACTIVE = 16'd640;
    parameter V_ACTIVE = 16'd480;
//--------------------------------------------
'else  VIDEO_800_480                //800×480 显示模式
    parameter H_ACTIVE = 16'd800;
    parameter V_ACTIVE = 16'd480;
'endif
```

条件编译指令'ifdef、'else 和'endif 可以指定仅对程序中的部分内容进行编译，有如下 3 种形式。

第一种形式如下。

```
'ifdef    宏名
    语句块
'endif
```

这种形式表示：若宏名在程序中被定义过（用'define 语句定义），则下面的语句块参与源文件的编译，否则，该语句块不参与源文件的编译。

第二种形式如下。

```
'ifdef    宏名
    语句块 1
'else    语句块 2
'endif
```

这种形式表示：若宏名在程序中被定义过（用'define 语句定义），则语句块 1 将被编译到源文件中；否则，语句块 2 将被编译到源文件中。

第三种形式如下。

```
'ifdef    宏名
    语句块 1
'ifdef    语句块 2
'else    语句块 3
'endif
```

代码清单 8.21 给出了'ifdef 的用法示例。

代码清单 8.21   'ifdef 的用法示例

```
module compile(
    input a,b,
    output out);
'ifdef add                    //宏名为 add
    assign out=a+b;
'else  assign out=a-b;
'endif
endmodule
```

若在后面的程序中有"'define add"，则执行"assign out=a+b;"操作，若没有该定义语句，则执行"assign out=a-b;"操作。

也可用'ifndef 指令语句来设置条件编译，表示如果没有相关的宏定义，则执行相关语句。比如，上面的示例如果使用'ifndef指令改写，则如代码清单 8.22 所示，这两个示例的操作是相同的，只是表达的方式不同。

代码清单 8.22   'ifndef 的用法示例

```
module compile_ndef(
    input a,b,
    output out);
'ifndef add                    //'ifndef 指令
    assign out=a-b;
'else  assign out=a+b;
'endif
endmodule
```

8.9.4 'include

使用'include 可以在编译时将一个 Verilog 文件包含到另一个文件中，其格式为：

```
'include  "文件名"
```

'include 类似于 C 语言中的# include <filename.h> 结构，后者用于将内含全局或公用定义的头文件包含到设计文件中。

'include 用于指定包含其他文件的内容，被包含的文件名必须放在双引号中，被包含的文件既可以使用相对路径表示，也可以使用绝对路径表示；如果没有路径信息，则默认在当前目录下搜寻要包含的文件。示例如下。

```
'include  "parts/count.v"
'include  "../../fileA.v"
'include  "fileB"
```

使用'include 语句应注意以下几点。

- 一个'include 语句只能指定一个被包含的文件；如果需要包含多个文件，则需要使用多个'include 语句进行包含；多个'include 语句可以写在一行，但命令行中只可以出现空格和注释，示例如下。

```
'include "file1.v"  'include "file2.v"
```

- 'include 语句可以出现在源程序的任何地方；被包含的文件若与包含文件不在同一个子目录，须指明其路径。
- 文件允许嵌套包含，但限制其数量最多为 15 个。

8.9.5 'default_nettype

'default_nettype 指令用于把没有被声明的 net 型变量指定为线网类型。示例如下。

```
'default_nettype wand
```

上面的语句将变量缺失的数据类型定义为 wand 型，如果在此指令后面的任何模块中的连线没有声明，则自动被定义为 wand 数据类型。

```
'default_nettype none
```

上面的语句定义后，将不再自动默认为 net 型变量。

在下面的示例中，假如没有语句"'default_nettype none"，变量 f 默认为 wire 型变量，编译会通过；如果加上该语句，则编译时报错。

```
'default_nettype none
module net_tb(
    input a,
    input b,
    output f);          //f 未定义数据类型，由于编译指令的存在，系统会报错
assign f =a & b;
endmodule
```

对于上面的代码，如果用综合器 Quartus Prime 进行综合，由于 Quartus Prime 不支持 'default_nettype 指令，故加不加语句"'default_nettype none"均能通过，变量 f 会默认为 wire 型变量。

如果用 ModelSim 编译，加语句"'default_nettype none"后会报错。

```
** Error: Net type of 'f' must be explicitly declared.
```

8.9.6 其他编译指令

1. 'resetall

'resetall 指令用于将所有的编译指令重新设置为缺省值。

如果把'resetall 指令加到模块后面，则可以将'timescale 的作用范围限制在当前模块内，避免其影响其他模块。

2. 'celldefine、'endcelldefine

'celldefine、'endcelldefine 指令用于将模块标记为单元（cell）。示例如下。

```
'celldefine
module(
    input clk, clr,
    output q,
    output cout);
    …
endmodule
'endcelldefine
```

3. 'unconnected_drive、'nounconnected_drive

在这两个编译指令间的所有未连接信号的驱动强度为 pull1 或 pull0。示例如下。

```
'unconnected_drive pull1
. . .
 / *在这两个指令间的所有未连接信号的驱动强度为 pull1 * /
'nounconnected_drive
'unconnected_drive pull0
. . .
 / *在这两个指令间的所有未连接信号的驱动强度为 pull0 * /
'nounconnected_drive
```

4. 'begin_keywords、'end_keywords

'begin_keywords 和'end_keywords 指令用于说明源代码使用哪一种关键字集，如 1364-1995、1364-2001、1364-2005。

'begin_keywords 和'end_keywords 指令只能在模块外使用。

练习

1. 任务和函数的不同点有哪些？
2. 分别用任务和函数描述一个 4 选 1MUX。
3. 用函数实现一个用 7 段数码管交替显示 26 个英文字母的程序，自定义字符的形状。
4. 用函数实现 16 位数据的高低位转换，最高有效位转换为最低有效位，次高位转换为次低位，以此类推。
5. 系统任务$strobe 和$monitor 有何区别？
6. 可否用$display 系统任务来显示非阻塞过程赋值的变量输出值？为什么？
7. 用任务完成无符号数的大小排序，设 a、b、c、d 是 4 个 8 位无符号数，按从小到大的顺序重新排列并将它们存储到 4 个寄存器中。
8. 编写一个 Verilog HDL 任务，生成偶校验位。输入是一个 8 位数据，输出是一个包含数据和偶校验位的码字。
9. 编写一个 Verilog HDL 函数，实现求输入向量补码的功能，使用 comp2(vect,N)形式进行调用，其中 vect 是输入的 8 位有符号二进制数，N 是其位宽。
10. 使用 for 循环语句对一个深度为 16（地址从 0~15），位宽为 8 位的存储器（寄存器类型数组）进行初始化，把所有单元初始值赋为 0，存储器命名为 cache。

8

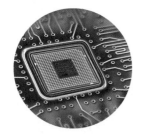

第9章	# Test Bench 测试与 时序检查

Verilog HDL 不仅提供了设计与综合的能力，也提供了对激励、响应和设计验证（verification）的建模能力。Verilog HDL 最初是专用于电路仿真的语言，后来，Verilog HDL 综合器的出现使它具有了硬件综合的能力。

9.1 Test Bench 测试

测试平台（Test Bench 或 Test Fixture）为测试或仿真 Verilog HDL 模块构建了一个虚拟平台，给被测模块施加激励信号，通过观察被测模块的输出响应，可以判断其逻辑功能和时序关系正确与否。

9.1.1 Test Bench

如图 9.1 所示，Test Bench 的激励模块（stimulus）类似于一个测试向量发生器（test vector generator），向待测模块（Design Under Test，DUT）施加激励信号；输出检测器（output checker）检测输出响应，将待测模块在激励向量作用下产生的输出按规定的格式以文本或图形的方式展示，供用户检查、验证。

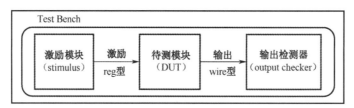

图 9.1 Test Bench 示意

激励模块的特点如下。
- 激励模块只有模块名字，没有端口列表；输入信号（激励信号）定义为 reg 型，以保持信号值；待测模块在激励信号的作用下产生输出，输出信号定义为 wire 型。
- 可用 initial、always 过程定义激励信号，在过程中用 if-else、for、forever、while、repeat、wait、disable、force、release 和 fork-join 等语句产生信号。

- 使用系统任务和系统函数（如$monitor）来检测输出响应，实时输入/输出信号值，以便于检查，$monitor 等系统函数要在 initial 过程中使用。

9.1.2 产生复位信号和激励信号

代码清单 9.1 展示了产生复位信号和激励信号的示例，用 initial 语句产生异步复位信号和同步复位信号，再产生输入信号。

代码清单 9.1 产生复位信号和激励信号的示例

```verilog
'timescale 1ns/1ns
module stimu_gen;
reg rst_n1,rst_n2;
reg  clk=0;                        //clk 赋初值
reg a,b;
initial begin                      //产生异步复位信号
        rst_n1 = 1;
   #65;  rst_n1 = 0;
   #50;  rst_n1 = 1;
   end
initial  begin  rst_n2 = 1;
                                   //产生同步复位信号
   @(negedge clk)  rst_n2 = 0;
   repeat(5) @(posedge clk);       //持续 5 个时钟周期
   @(posedge clk)  rst_n2 = 1;
   end
always
   begin  #10 clk = ~clk;  end     //产生时钟信号
initial
begin    a=0;b=0;                  //激励波形描述
   #150 a=1;b=0;
   #80 b=1;
   #80 a=0;
   #90 $stop;
end
initial $monitor($time,,,"rst_n1=%b rst_n2=%b",rst_n1,rst_n2);  //显示
initial $monitor($time,,,"a=%d b=%d",a,b);
endmodule
```

在 ModelSim 中用 run 400ns 命令运行代码清单 9.1，得到图 9.2 所示的复位信号和激励信号波形。

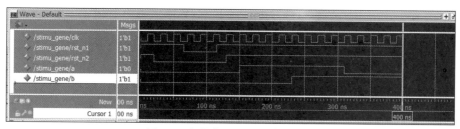

图 9.2 复位信号和激励信号波形

9.1.3　产生时钟信号

代码清单 9.2 中用多种方法产生时钟信号，其中 clk1 用 always 过程实现，clk2 用 initial 过程实现，且只产生一段波形，clk3 用 initial 和 forever 实现，clk4 用 initial 和 forever 产生占空比非 50%的时钟信号。

代码清单 9.2　产生时钟信号

```
'timescale 1ns/1ns
module clk_gene;
parameter CYCLE=20;
reg  clk1,clk2,clk3,clk4;
initial  {clk1,clk2}=2'b01;              //赋初值
always #(CYCLE/2) clk1=~clk1;            //用 always 过程产生时钟信号 clk1
initial repeat(12) #(CYCLE/2) clk2=~clk2;
                                         //控制只产生一段波形
initial begin clk3 = 0;                  //用 initial 过程产生时钟信号 clk3
    forever #(CYCLE/2) clk3 = ~clk3;
    end
initial  begin  clk4 = 0;
    forever   begin                      //用 initial 过程产生占空比非 50%的时钟信号 clk4
    #(CYCLE/4)    clk4 = 0;
    #(3*CYCLE/4) clk4 = 1;
    end  end
initial $monitor($time,,,"clk1=%b clk2=%b clk3=%b clk4=%b",
                      clk1,clk2,clk3,clk4);

endmodule
```

在 ModelSim 中用 run 200ns 命令运行代码清单 9.2，得到图 9.3 所示的时钟信号波形。

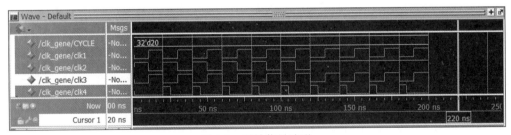

图 9.3　时钟信号波形

9.1.4　读写文件

仿真时经常需要从文件中读取测试信息，并将仿真结果写入文件供其他程序读取分析。

1.　从文件中读取数据

从文件中读取数据，如代码清单 9.3 所示。

代码清单 9.3　从文件中读取数据

```
'timescale 1ns/100 ps
module read2mem;
reg clk=0;
```

```
reg[11:0] din;
integer ad;
parameter PEROD=20;
parameter NUM=6;
reg[11:0] memo[0:NUM-1];              //存储器
always begin #(PEROD/2) clk = ~clk; end
initial begin
    $readmemh("D:/Verilog/tpp/hex.dat", memo);
    //将文件中的数据读至存储器，文件路径中用反斜线"/"
    //如果不指定路径，则文件应和 Test Bench 文件在同一目录
    ad = 0;
    repeat(NUM) begin                  //重复读取存储器中的数据
    @(posedge clk) begin
      din = memo[ad];
      $display("%h", memo[ad]);
      ad = ad + 1;  end
end  end
endmodule
```

本例在仿真前，先在当前工程目录下准备一个名为 hex.dat 的文件，不妨将其内容填写如下。

```
0af x01 bec 109  5  6
```

在 ModelSim 中用命令 run 200ns 运行代码清单 9.3，其输出如下，这说明 hex.dat 中的数据已装载到存储器中。

```
0af
x01
bec
109
005
006
```

2. 将数据写入文件

产生随机数，将数据写入文件，如代码清单 9.4 所示。

代码清单 9.4　产生随机数并将其写入文件

```
'timescale 1ns/100 ps
module wri2mem;
reg clk=0;
parameter PEROD=20;
integer fd;
reg[7:0] rand;
always begin #(PEROD/2) clk = ~clk; end
initial  $monitor("%t rand=%d", $time, rand);
initial begin
    repeat(10) @(posedge clk)
    begin  rand <= {$random} % 200;      //每次产生 0~199 的一个随机数
    end  end
initial begin
    fd = $fopen("D:/Verilog/tpp/wr.dat");  //打开文件
    if(!fd) begin
      $display("can't open file");         //若 fd 为 0，则表示打开文件失败
      $finish;
end  end
always @(posedge clk)
    $fdisplay(fd, "%d", rand);
endmodule
```

写入文件时首先要用系统任务$fopen 打开文件，如果文件不存在，则自动创建该文件。$fopen 在打开文件的同时会清空文件，并返回一个句柄 fd，若 fd 为 0，则表示打开文件失败。

打开文件之后便可用句柄 fd 和$fdisplay 系统任务向文件中写入数据。

代码清单 9.4 用 ModelSim 运行，执行 run 200ns 命令后的输出如图 9.4 所示，用文本编辑器打开文件 wr.dat，其内容如下，说明产生的随机数已存入该文件中。

```
x
148
 97
 57
187
157
157
125
 82
161
```

注意：　　　　　　　每调用一次$fdisplay，都会在数据后插入一个换行符。

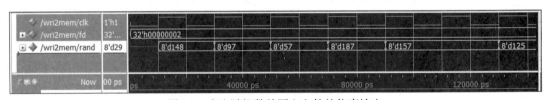

图 9.4　产生随机数并写入文件的仿真输出

9.1.5　显示结果

可以使用系统任务$display 和$monitor 来显示输出响应，示例如下。

```
initial begin
    $timeformat(-9, 1, "ns", 12);
    $display(" Time clk  clr  qout  carry" );
    $monitor("%t   %b   %b   %d    %b",
             $time, clk, clr, qout, carry);
end
```

$display 会将双引号间的文本输出显示，$monitor 的输出为事件驱动型，如上例中$time 变量用于触发信号列表的显示，%t 表示$time 以时间格式输出，%b 表示以二进制格式显示，%d 表示以十进制格式显示。

9.2　测试示例

1. 乘法器测试

代码清单 9.5 展示了 8 位乘法器的 Test Bench 测试示例。

代码清单 9.5　8 位乘法器的 Test Bench 测试示例

```
'timescale 1 ns/ 100 ps
module mult8_tb();
parameter WIDTH = 8;
reg [WIDTH:1] a=0;                        //输入信号
reg [WIDTH:1] b=0;
wire [WIDTH*2:1]  out;                    //输出信号
parameter p=20;
integer i,j;
mult8 #(.SIZE(WIDTH)) i1(.opa(a), .opb(b), .resul(out));
                //例化待测模块
initial  $monitor($time,,,"a*b  =%b=%d",out,out);
initial begin
    for(i=0;i<6;i=i+1)
    # p   a = {$random} % 256;            //每次产生 0~255 的一个随机数
    # 300 $stop;
    end
initial begin
    for(j=0;j<6;j=i+1)
    # (p*2)  b = {$random} % 256;         //每次产生 0~255 的一个随机数
    # 300 $stop;
    end
endmodule
//-----------------------------------------
module mult8 #(parameter SIZE=8)          //8 位乘法器
    (input[SIZE:1] opa,opb,               //操作数
      output[2*SIZE:1] resul);            //结果
assign resul=opa*opb;
endmodule
```

用 ModelSim 运行代码清单 9.5，其 TCL 窗口输出如下，测试波形如图 9.5 所示。

```
0      a*b   =0000000000000000=    0
40     a*b   =0010011000010000= 9744
60     a*b   =0000111100011000= 3864
80     a*b   =0001010110101000= 5544
100    a*b   =0001101010111000= 6840
120    a*b   =0001111100111000= 7992
```

图 9.5　8 位乘法器的测试波形

2. MUX 测试

2 选 1 MUX 的 Test Bench 源代码如代码清单 9.6 所示，调用门级原语实现，图 9.6 展示了其门级原理图。

代码清单 9.6　2 选 1 MUX 的 Test Bench 源代码

```
'timescale 1ns/1ns
module mux21_tb;
```

```
reg a,b,sel;
wire out;
mux2_1 m1(out,a,b,sel);                //调用待测模块
initial begin   a=1'b0;b=1'b0;sel=1'b0;
    #30 b=1'b1;
    #10 sel=1'b1;
    #10 a=1'b1;
    #20 b=1'b0;
    #10 sel=1'b0;
    #30 $stop;   end
initial $monitor($time,,,"a=%b b=%b sel=%b out=%b",a,b,sel,out);
endmodule
//------------------------------------
module mux2_1(out,a,b,sel);            //待测的 2 选 1 MUX 模块
input a,b,sel; output out;
not #(1.4,1.3) (sel_,sel);             //#(1.4,1.3)为门延时
and #(1.7,1.6) (a1,a,sel_);
and #(1.7,1.6) (a2,b,sel);
or #(1.5,1.4) (out,a1,a2);
endmodule
```

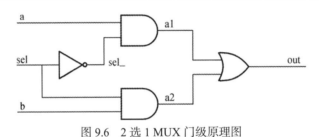

图 9.6　2 选 1 MUX 门级原理图

代码清单 9.6 的测试波形如图 9.7 所示，从图中可以看出，输入 a、b、sel 的值变了，out 经过相应的门延时后才改变。

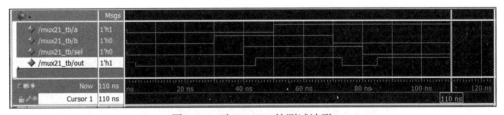

图 9.7　2 选 1 MUX 的测试波形

3. 格雷码计数器测试

5 位格雷码计数器的 Test Bench 测试代码如代码清单 9.7 所示。

代码清单 9.7　5 位格雷码计数器的 Test Bench 代码

```
`timescale 1ns/1ns
module gray_count_tb;
parameter WIDTH = 5;
parameter PERIOD = 20;                 //定义时钟周期为20ns
reg clk,rst;
wire[WIDTH-1 : 0] count;
```

```
wire count_done;
initial begin clk = 0;
     forever begin #(PERIOD/2) clk = ~clk;  end end
initial begin
     rst <= 0;                             //复位信号
     repeat(2) @(posedge clk);
     rst <= 1;  end
gray_count #(.WIDTH(WIDTH)) i1( .rst(rst),
          .clk(clk), .count(count), .count_done(count_done));
initial  $monitor($time,,,"count =%b",count);
endmodule
//---------待测的5位格雷码计数器模块---------------
module gray_count
  #(parameter WIDTH = 5)
   (input clk, rst,
    output[WIDTH-1 : 0] count,
    output count_done);
reg [WIDTH - 1 : 0] bin_cnt = 0;
reg [WIDTH - 1 : 0] gray_cnt;
always@(posedge clk)
begin if(!rst)
     begin bin_cnt <= 0; gray_cnt <= 0; end
     else begin bin_cnt <= bin_cnt + 1;
     gray_cnt <= bin_cnt ^ bin_cnt >>> 1;     //二进制码转格雷码
end   end
assign count = gray_cnt;
assign count_done = (gray_cnt == 0) ? 1 : 0;
endmodule
```

在 ModelSim 中用 run 1000ns 命令运行代码清单 9.7，得到图 9.8 所示的测试波形，TCL 窗口输出如下。

```
0     count =xxxxx     370   count =11000
10    count =00000     390   count =11001
70    count =00001     410   count =11011
90    count =00011     430   count =11010
110   count =00010     450   count =11110
130   count =00110     470   count =11111
150   count =00111     490   count =11101
170   count =00101     510   count =11100
190   count =00100     530   count =10100
210   count =01100     550   count =10101
230   count =01101     570   count =10111
250   count =01111     590   count =10110
270   count =01110     610   count =10010
290   count =01010     630   count =10011
310   count =01011     650   count =10001
330   count =01001     670   count =10000
350   count =01000     690   count =00000
```

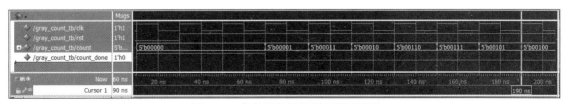

图 9.8 5 位格雷码计数器的测试波形

9.3　Verilog 中的延时定义

Verilog HDL 中描述的延时可分为两类。

1.　分布延时

分布延时（distributed delay）是给电路中每个独立的元件（门元件、线网等）进行延时定义，比如：

```
module distrb(
    input  a, b, c, d,
    output  f);
wire  f1, f2;
nand #3 (f1, a, b);          //与非门分布延时为 3
nand #4 (f2, c, d);
assign #5 f = f1 ^ f2;       //等价于 or #5 (f, f1, f2);
    //用连续赋值语句 assign 定义分布延时
endmodule
```

分布延时又有两种定义方式：一种是门延时，在门例化时定义延时；另一种是赋值延时，在 assign 赋值语句中指定延时值。

2.　模块路径延时

模块路径延时（module path delay）是描述事件从源端口（input 端口或 inout 端口）传输到目标端口（output 端口或 inout 端口）所需的时间。

模块路径延时需要用关键字 specify 来定义，示例如下。

```
module pathdey(
    output  f,
    input  a, b, c, d);
    specify
      (a => f) = 3.5;
      (b => f) = 3.5;
      (c => f) = 4.5;
      (d => f) = 4.5;
    endspecify
wire  f1, f2;
nand  (f1, a, b);
nand  (f2, c, d);
or    (f, f1, f2);
endmodule
```

9.3.1　specify 块

模块路径延时需要用关键字 specify 和 endspecify 描述，这两个关键字之间的内容组成 specify 块。specify 块是模块（module）中独立的一部分，不能出现在其他语句块（如 initial、 always 等）中，specify 块使用专用的关键字 specparam 来定义参数，用法和 parameter 的用法一样，不同点是两者的作用域不同：specparam 可以在 specify 块内，也可以在模块内声明、使用；而 parameter 只能在模块内、specify 块外部声明、使用。

下面是定义 specify 块的示例，用 specparam 语句定义延时参数。

```
module dff_path(
    input  d,
    input  clk,
    output reg  q);
specify
    specparam t_rise = 2 : 2.5 : 3;
    specparam t_fall = 2 : 2.6 : 3;
    specparam t_turnoff = 1.5 : 1.8 : 2.0;
    (clk => q) = (t_rise, t_fall, t_turnoff);
endspecify
always@(posedge clk)
    q <= d;
endmodule
```

可给任意路径指定一个、两个、3 个（甚至 6 个或 12 个）延时参数，如果指定了 3 个延时参数，则分别是 t_rise（上升延时）、t_fall（下降延时）、t_turnoff（关断延时）。

示例如下。

```
specparam tPLH1 = 12, tPHL1 = 22, tPz1 = 34;
specparam tPLH2 = 12:14:30, tPHL2 = 16:22:40, tPz2 = 22:30:34;
(C => Q) = (tPLH1, tPHL1, tPz1);
(C => Q) = (tPLH2, tPHL2, tPz2);
```

如果只指定一个延时参数，则上升延时、下降延时、关断延时均为该参数的值；如果指定两个延时参数，则分别是上升延时和下降延时。

每一种延时又可以指定为 3 个值。

```
min : typ : max        //最小值 ： 典型值 ： 最大值
```

下面是用 specify 块指定模块路径延时的另一个示例。

```
specify
    specparam tRise_clk_q = 45:150:270, tFall_clk_q=60:200:350;
    specparam tRise_Control = 35:40:45, tFall_control=40:50:65;
    //模块路径延时定义
    (clk => q) = (tRise_clk_q, tFall_clk_q);
    (clr, pre *> q) = (tRise_control, tFall_control);
endspecify
```

9.3.2 模块路径

在 specify 块中描述的路径，称为模块路径（module path），模块路径将信号源（source）与信号目标（destination）配对，信号源可以是单向（input 端口）或双向（inout 端口）的；信号目标也可以是单向（output 端口）或双向（inout 端口）的，模块路径可以连接向量和标量的任意组合。

模块路径可以被描述为简单路径、边沿敏感路径或状态相关路径。

1. 简单路径

简单路径（simple path）可用并行连接（parallel connection）或者全连接（full connection）来声明。

并行连接的声明方式如下。

```
source => destination;
```

每条路径语句都有一个源和一个目标，每一位都对应相连，如果是向量必须位数相同。示例如下。

```
(A => Q) = 10;
(B => Q) = (12);
```

全连接的声明方式为：source *> destination;。

位对位连接，如果源和目标是向量，则不必位数相同，类似于交叉相连。

图 9.9 说明了两个 4 位向量之间的并行连接与全连接的区别。

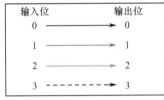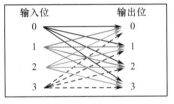

（a）并行连接　　　　　　　　　（b）全连接

图 9.9　两个 4 位向量之间的并行连接与全连接

简单路径延时的第一个示例如下。

```
(a, b *> q, qn) = 1;
    //等价于(a => q) = 1; (b => q) = 1; (a => qn) = 1; (b => qn) = 1;
```

第二个示例如下。

```
(a, b, c *> q1, q2) = 10;
```

上面的语句等价于下面 6 条模块路径延时语句：

```
(a *> q1) = 10;
(b *> q1) = 10;
(c *> q1) = 10;
(a *> q2) = 10;
(b *> q2) = 10;
(c *> q2) = 10;
```

2. 边沿敏感路径

边沿敏感路径（edge sensitive path）指源点使用边沿触发的路径，并使用 posedge/negedge 关键字作为触发条件，如果没有指明，则指任何变化都会触发终点的变化。

一个示例如下。

```
(posedge clock => (out +: in)) = (10, 8);
```

```
//在 clock 的上升沿，从 clock 到 out 的模块路径，其上升延时是 10，下降延时是 8
//数据路径从 in 到 out，即 out = in
```

另一个示例如下。

```
(negedge clock[0] => ( out -: in )) = (10, 8);
    //在 clock[0]的下降沿，从 clock[0]到 out 的模块路径，其上升延时是 10，下降延时是 8
    //从 in 到 out 的数据路径是取反传输，即 out = ~in
```

下面的示例是不包含 posedge/negedge 关键字的边沿敏感路径定义。

```
(clock => ( out : in )) = (10, 8);
    //clock 的任何变化，从 clock 到 out 的模块路径，其上升延时是 10，下降延时是 8
```

3. 状态相关路径

状态相关路径（state-dependented path）指源点指定条件状态的路径，用 if 语句（不带 else）指定，只有当指定的条件为真时，才为该路径指定延时。

下面的示例使用与状态相关的路径来描述 XOR 门的时序，其中前两条与状态相关的路径描述了当 XOR 门（x1）对输入取反时的输出上升延时和下降延时，后两条与状态相关的路径描述了当 XOR 门对输入缓冲时的上升延时和下降延时。

```
module XORgate(a, b, out);
input a, b;
output out;
xor x1 (out, a, b);
    specify
    specparam noninvrise = 1, noninvfall = 2;
    specparam invertrise = 3, invertfall = 4;
    if (a) (b => out) = (invertrise, invertfall);
    if (b) (a => out) = (invertrise, invertfall);
    if (~a)(b => out) = (noninvrise, noninvfall);
    if (~b)(a => out) = (noninvrise, noninvfall);
    endspecify
endmodule
```

9.3.3 路径延时和分布延时混合

如果一个模块中既有路径延时，又有分布延时，则应使用每个路径的两个延时中较大的那个。

比如，在图 9.10 中，从 D 到 Q 的模块路径延时是 22，但是该模块路径上的分布延时加起来是 30（10+20），故应取分布延时的值。也就是说，由 D 上的事件引发的 Q 上的事件将在 D 上的事件发生后延时 30 个时间单位。

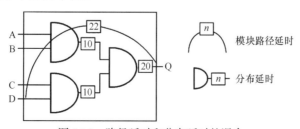

图 9.10 路径延时和分布延时的混合

注意：	分布延时将延时分散在每个门单元上，但描述模块引脚到引脚的延时的能力较差，当设计规模大时，延时定义变得复杂。路径延时可指定引脚到引脚的延时，对于大规模电路更容易实现。多数单元库中的延时信息以路径延时方式给出。

9.4　时序检查

时序检查的目的是确定信号是否满足时序约束，时序检查只能在 specify 块中定义。故 specify、endspecify 块语句的作用体现在两个方面：

- 定义模块路径延时；
- 用于时序检查。

Verilog HDL 提供了一些系统任务（包括$setup、$hold、$width 和$period 等）用于时序检查，这些系统任务只能在 specify 块中调用，利用这些系统任务对设计进行时序检查，查看是否存在违反时序约束的地方，并加以修改。时序检查是数字设计时不可或缺的过程。

9.4.1　$setup 和$hold

系统任务$setup 用来检查设计中时序元件的建立时间约束条件；$hold 用来检查设计中时序元件的保持时间约束条件。

建立时间和保持时间如图 9.11 所示，在时序元件（如边沿触发器）中，建立时间是数据必须在有效时钟边沿之前准备好的最小时间；保持时间是数据在有效时钟边沿之后保持不变的最小时间。

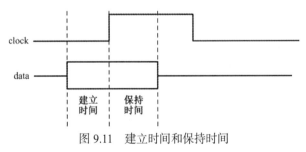

图 9.11　建立时间和保持时间

$setup 的使用方式如下。

```
$setup(data_event, ref_event, setup_limit);
```

参数如下。

- data_event：被检查的信号。
- ref_event：用于检查的参考信号，一般为时钟信号的跳变沿。
- setup_limit：设置的最小建立时间。

如果 T（ref_event - data_event）< setup_limit，则会报告存在违反时序约束。一个示例如下。

```
specify
    $setup(data, posedge clock, 3);
    //以 clock 作为参考信号，data 是被检查的信号
    //如果 T（posedge_clock - data） < 3，则报告存在违反时序约束
endspecify
```

另一个示例如下。

```
module DFF(Q, CLK, DAT);
input CLK;
input [7:0] DAT;
output [7:0] Q;
always @(posedge CLK)
    Q = DAT;
    specify
    $setup(DAT, posedge CLK, 10);
    endspecify
endmodule
```

$hold 的使用方式如下。

```
$hold(ref_event, data_event, hold_limit);
```

参数如下。

- data_event：被检查的信号。
- ref_event：用于检查的参考信号，一般为时钟信号的跳变沿。
- hold_limit：设置的最小保持时间。

如果 T（data_event - ref_event）< hold_limit，则会报告存在违反时序约束。示例如下。

```
specify
    $hold(posedge clock, data, 5);
    //以 clock 作为参考信号，data 是被检查的信号
    //如果 T（data - posedge_clock） < 5，则报告存在违反时序约束
endspecify
```

注意： $setup 和$hold 输入信号的位置是不同的。

Verilog 还提供了同时检查建立时间约束条件和保持时间约束条件的系统任务$setuphold，其使用方式如下。

```
$setuphold(ref_event, data_event, setup_limit, hold_limit);
```

9.4.2 $width 和$period

系统任务$width 和$period 分别用于对脉冲宽度和脉冲周期进行时序检查，如图 9.12 所示。

$width 的用法如下。

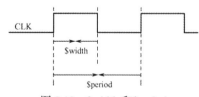

图 9.12 $width 和$period

```
$width(ref_event, time_limit);
```

- ref_event：边沿触发事件。
- time_limit：脉冲的最小宽度。

$width 检查边沿触发事件 ref_event 到下一个反向跳变沿之间的时间，以判断脉冲宽度是否满足最小宽度要求，如果两个反向跳变沿之间的时间短于 time_limit，则报告存在违反时序约束。

$period 的用法如下。

```
$period(ref_event, time_limit);
```

$period 检查边沿触发事件 ref_event 到下一个同向跳变沿之间的时间，实现对时钟周期的检查，如果两个同向跳边沿之间的时间短于 time_limit，则报告存在违反时序约束。

检查信号 clk 宽度和周期的 specify 块描述如下。

```
specify
    $width(posedge clk, 6);
    //以 clk 信号的正跳变作为 ref_event，若它与下一个反向（负跳变）跳变沿间的时间短于 6，则报告存在违反时序约束
    $period(posedge clk, 20);
    //以 clk 信号的正跳变作为 ref_event，若它与下一个正跳变沿间的时间短于 20，则报告存在违反时序约束
endspecify
```

9.5 SDF 文件

延时反标注是指设计者根据单元库工艺、门级连线表、版图中的电容、电阻等信息，借助数字设计工具将延时信息标注到门级连线表中的过程。利用延时反标注后的连线表，可以进行精确的时序仿真，使仿真更接近实际工作的电路。

1. SDF 文件

SDF 文件包含仿真用到的所有延时和时序约束的参数，包含路径延时（path delay）、特定参数值（specparam value）、时序检查约束（timing check constraint）、互连延时（interconnect delay）等仿真时序值，还包含一些和仿真不相关的说明信息。

SDF 文件的时序值通常来自延时计算工具，延时计算工具充分使用连接值、工艺库和布线值等计算出各种时序值。SDF 文件用关键字 DELAYFILE 声明，并包含 DESIGN、DATE 等关键字信息。延时和时序约束参数均在 CELL 内说明。SDF 文件就是由文件声明信息和很多个不同的 CELL 组成的。

2. SDF 文件的反标注

反标注 SDF 文件就是把 SDF 文件中的时序值标注到设计中，这样就可以使用真实的时序值对设计进行仿真。反标注 SDF 文件的过程，就是更新 specify 块中相对应信息的过程，如果 SDF 文件没有包含某些信息，则参考 specify 块中的相应信息。SDF 文件的时序信息在 CELL 内部描述，包含指定路径延时、互连线延时、时序检查约束和参数值等信息。

Verilog HDL 提供了系统函数$sdf_annotate 调用 SDF 文件完成延时反标注。

$sdf_annotate 的使用方式如下。

```
$sdf_annotate('sdf_file'[, module_instance][,'config_file']
   [,'log_file'][,'mtm_spec'][,'scale_factors'][,'scale_type']);
```

其中，sdf_file 必须指定，其余参数可选。

- sdf_file：SDF 文件名称，包含路径信息。
- module_instance：例化的设计模块名称，一般为 Test Bench 中所例化的数字设计模块名称，注意和 SDF 文件内容中的声明保持层次上的一致。
- config_file：配置文件名称。
- log_file：编译时关于 SDF 的日志，方便查阅。
- mtm_spec：指定使用的延时类型，参数值有 Maximum、Minimum、Typical，分别表示使用 SDF 文件中标注的最大值、最小值、典型值。
- scale_factors：缩放因子。
- scale_type：缩放类型。

注意： 实际中，SDF 文件多由设计者借助 EDA 工具（例如 PrimeTime）生成，由于数字设计的门级连线表一般规模很大，因此需要借助 EDA 工具。

练习

1. 什么是仿真？仿真一般分为哪几种？
2. 什么是 Test Bench？Test Bench 有哪几个组成部分？
3. 时序检查和时序仿真两个概念有何区别？
4. 写出产生占空比为 1/4 的时钟信号的测试程序。
5. 编写一个时钟波形产生器程序，产生正脉冲宽度为 15ns、负脉冲宽度为 10ns 的时钟波形，分别用 always 语句和 initial 语句完成本设计。
6. 设计写一个模 10 计数器程序（含异步复位端），编写 Test Bench 测试程序并对其进行仿真。
7. 设计奇偶检测电路，输入码字位宽为 3，编写 Test Bench 测试程序并对奇偶检测电路进行仿真。
8. 如果不用 initial 语句，能否描述生成时钟信号？
9. 设计一个 4 位的比较器，并对其进行测试。
10. 编写一个测试程序，对 D 触发器的逻辑功能进行测试。
11. 设计乘累加器（Multiply ACcumulator，MAC），用 ModelSim 进行仿真。乘累加器实现相乘和累加的功能，图 9.13 所示为其框图。

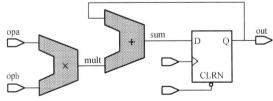

图 9.13　乘累加器的框图

第 10 章　Verilog 设计进阶

本章首先介绍可综合的设计，以加法器、乘法器、存储器等常用数字部件的设计为例，给出不同的实现方案，并用属性语句控制其特性；然后讨论设计的优化，包括资源耗用的优化和功耗的优化等。

10.1　面向综合的设计

可综合是指设计代码能转化为电路连线表（netlist）结构。在用 FPGA 器件实现的设计中，综合就是将 Verilog HDL 描述的行为级或功能级电路模型转化为 RTL 功能块或门级电路连线表的过程。图 10.1 所示为综合过程。

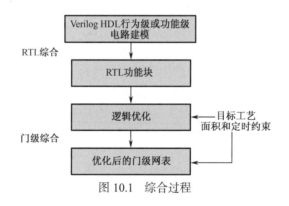

图 10.1　综合过程

RTL 综合后得到由功能模块（如触发器、加法器、数据选择器等）构成的电路结构，逻辑优化以用户设定的面积和定时约束（constraint）为目标优化电路连线表，针对目标工艺产生优化后的电路门级连线表。Verilog HDL 中没有专门的触发器和寄存器元件，因此，不同的综合器提供不同的机制来实现触发器和寄存器，不同的综合器有自己独特的电路建模方式。Verilog HDL 的基本元素和硬件电路的基本元件之间存在对应关系，综合器使用某种映射机制或构造机制将 Verilog HDL 元素转变为具体的硬件电路元件。

在面向综合的设计中，建议注意如下几点。

- 尽可能采用同步方式设计电路。

- 一个 always 过程中只允许描述对应于一个时钟信号的同步时序逻辑。多个 always 过程之间可通过信号线进行通信和协调。为了实现多个过程协调运行，可设置一些握手信号，在过程中检测这些握手信号的状态，以决定是否进行操作。
- 组合逻辑实现的电路和时序逻辑实现的电路应尽量分配到不同的 always 过程中。
- 可混合采用行为级建模、数据流建模和结构建模等方式来实现设计。
- 不使用循环次数不确定的循环语句，如 forever、while 等。
- 延时信息在综合器综合时会被忽略。
- 在可综合的设计中，尽量不在变量声明时对变量进行赋初值操作（变量声明时赋初值的效果与综合器的性能相关），赋初值操作尽量用复位信号完成，也建议寄存器变量都使用复位端，以保证系统上电或系统紊乱时，可通过复位操作让其恢复初始状态。
- 所有的内部寄存器都应该能够被复位，在使用 FPGA 实现设计时，应尽量使用器件的全局复位端作为系统总的复位，因为该引脚的驱力能力最强，到所有逻辑单元的延时也基本相同。同理，应尽量使用器件的全局时钟端作为系统外部时钟输入端。
- 运算电路中应慎重使用乘（*）、除（/）、求模（%）等操作符，这些操作符综合后生成的电路，其结构、资源耗用和时序往往不易控制，可尽量使用优化后的 IP 核和成熟的电路模块来实现此类操作；但在 parameter 类型的常量定义中可以使用此类运算操作符，并不会消耗过多的硬件资源。
- 实现除数是常数的除法操作可以用乘一定点常数的方法来代替。
- 尽量避免使用锁存器（latch），锁存器是电平触发的存储单元，其缺点是对毛刺敏感，使能信号有效时，输出状态可能随输入状态多次变化，出现空翻，会影响后一级电路；锁存器不能异步复位，上电后处于不确定状态。
- 在 Verilog HDL 模块中，任务通常被综合成组合逻辑的形式；函数在调用时通常也被综合为一个独立的组合电路模块。

每种综合器都定义了自己的 Verilog HDL 可综合子集。表 10.1 列举了多数综合器支持的 Verilog HDL 结构，并说明了某些结构和语句的使用限制。

10

表 10.1　多数综合器支持的 Verilog HDL 结构

Verilog HDL 结构	是否可综合
module、macromodule	是
数据类型：wire、reg、integer、parameter	是
端口类型：input、output、inout	是
操作符：+、-、*、%、&、~&、|、~|、^、^~、==、!=、&&、||、!、~、>>、<<、?:、{}	大部分可综合；全等操作符（===、!==）不支持；多数工具对除（/）和求模（%）有限制，如对除（/）操作符，只有当除数是常数且是 2 的指数时才支持
基本门元件：and、nand、nor、or、xor、xnor、buf、not、bufif1、bufif0、notif1、notif0、pullup、pulldown	全部可综合，但某些综合器对取值为 x 和 z 有所限制

续表

Verilog HDL 结构	可综合性说明
连续赋值：assign	是
过程赋值：阻塞过程赋值（=），非阻塞过程赋值（<=）	支持，但对同一 reg 型变量只能采用阻塞过程赋值和非阻塞过程赋值中的一种赋值
条件语句：if-else、case、casez、endcase	是
for 语句	是
always 过程语句，begin-end 块语句	是
initial	是
function、endfunction	是
task、endtask	一般支持，少数综合器不支持
编译指令：'include、'define、'ifdef、'else、'endif	是
primitive、endprimitive	是

有些 Verilog HDL 结构在综合器中会被忽略，如延时信息。表 10.2 对综合器会忽略的 Verilog HDL 结构进行了总结。

表 10.2　综合器会忽略的 Verilog HDL 结构

Verilog HDL 结构	可综合性说明
延时控制、scalared、vectored、specify	这些结构在综合时会被忽略
small、large、medium	这些结构在综合时会被忽略
weak1、weak0、highz0、highz1、pull0、pull1	这些结构在综合时会被忽略
time	有些综合工具将其视为整数（integer）
wait	有些综合工具有限制地支持

综合器不支持的 Verilog 语句如下。

- 在 assign 连续赋值中，等式左边含有变量的位选择。
- 全等操作符 ===、!==。
- cmos、nmos、rcmos、rnmos、pmos、rpmos。
- deassign、defparam、event、force、release。
- fork- join、forever、while、repeat、casex。

10.2　加法器设计

加法是最基本的算术运算，在多数情况下，乘法、除法、减法等运算，最终都可以分解为加法运算来实现。实现加法运算的常用方法包括行波进位加法器、超前进位加法器、并行加法器、流水线加法器等。

10.2.1　行波进位加法器

图 10.2 所示的加法器由多个 1 位加法器级联构成，其进位输出像波浪一样，依次从低位到高位传递，因此得名行波进位加法器，或称为级联加法器。

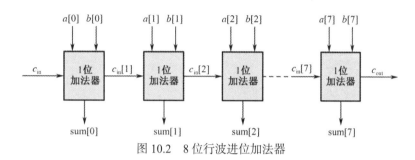

图 10.2　8 位行波进位加法器

代码清单 10.1 展示了 8 位行波进位加法器的代码，通过例化 8 个全加器级联实现。

代码清单 10.1　8 位行波进位加法器的代码

```
module add_rca_jl(
    input[7:0] a,b, input cin,
    output[7:0] sum, output cout);
full_add u0(a[0],b[0],cin,sum[0],cin1);      //级联描述
full_add u1(a[1],b[1],cin1,sum[1],cin2);     //full_add源代码参见代码清单5.9
full_add u2(a[2],b[2],cin2,sum[2],cin3);
full_add u3(a[3],b[3],cin3,sum[3],cin4);
full_add u4(a[4],b[4],cin4,sum[4],cin5);
full_add u5(a[5],b[5],cin5,sum[5],cin6);
full_add u6(a[6],b[6],cin6,sum[6],cin7);
full_add u7(a[7],b[7],cin7,sum[7],cout);
endmodule
```

可采用 generate 简化上面的例化语句，用 generate for 循环实现元件的例化，如代码清单 10.2 所示。

代码清单 10.2　采用 generate for 循环实现元件的例化

```
module add_rca_gene  #(parameter SIZE=8)
   (input[SIZE-1:0] a,b,
    input cin,
    output[SIZE-1:0] sum,
    output cout);
wire[SIZE:0] c;
assign c[0]=cin;
generate
genvar i;
    for(i=0;i<SIZE;i=i+1)
    begin : add        //命名块
```

10

```
        full_add fi(a[i],b[i],c[i],sum[i],c[i+1]);
        //full_add源代码参见代码清单5.9
        end
endgenerate
assign cout=c[SIZE];
endmodule
```

行波进位加法器的结构简单，但 n 位级联加法运算的延时是 1 位全加器的 n 倍，延时主要是由进位信号级联造成的，因此影响了加法器的运算速度。

10.2.2　超前进位加法器

行波进位加法器的延时主要是由进位的延时造成的，因此，要加快加法器的运算速度，就必须减小进位延迟，超前进位链能有效减小进位的延迟，由此产生了超前进位加法器。超前进位的推导在很多图书和资料中都能找到，这里只以 4 位超前进位链的推导为例介绍超前进位的概念。

首先，1 位全加器的本位值和进位输出可表示如下。

sum $= a \oplus b \oplus c_{in}$

$c_{out} = (ab)+(ac_{in})+(bc_{in}) = ab+(a+b)c_{in}$

从上面的式子可以看出，如果 a 和 b 都为 1，则进位输出为 1；如果 a 和 b 有一个为 1，则进位输出等于 c_{in}。令 $G = ab$，$P = a+b$，则有 $c_{out} = ab+(a+b)c_{in} = G+Pc_{in}$。

由此可以用 G 和 P 写出 4 位超前进位链如下。（设定 4 位被加数和加数为 A 和 B，进位输入为 C_{in}，进位输出为 C_{out}，进位产生 $G_i = A_iB_i$，进位传输 $P_i = A_i+B_i$。）

$C_0 = C_{in}$

$C_1 = G_0+P_0C_0 = G_0+P_0 \, C_{in}$

$C_2 = G_1+P_1C_1 = G_1+P_1(G_0+P_0 \, C_{in}) = G_1+P_1G_0+P_1P_0 \, C_{in}$

$C_3 = G_2+P_2C_2 = G_2+P_2(G_1+P_1C_1) = G_2+P_2G_1+P_2P_1G_0+P_2P_1P_0 \, C_{in}$

$C_4 = G_3+P_3C_3 = G_3+P_3(G_2+P_2C_2) = G_3+P_3G_2+P_3P_2G_1+P_3P_2P_1G_0+P_3P_2P_1P_0 \, C_{in}$

$C_{out} = C_4$

超前进位 C_4 产生的原理如图 10.3 所示。无论加法器的位数有多宽，计算进位 C_i 的延时固定为 3 级门延时，各个进位彼此独立产生，去掉了进位级联传播，因此，缩短了进位产生的延时。

同样可推出下面的式子：

sum $= A \oplus B \oplus C_{in} = (AB) \oplus (A+B) \oplus C_{in} = G \oplus P \oplus C_{in}$

代码清单 10.3 展示了超前进位 8 位加法器的 Verilog HDL 描述。

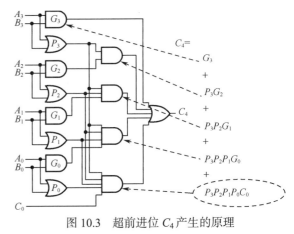

图 10.3　超前进位 C_4 产生的原理

代码清单 10.3 超前进位 8 位加法器的 Verilog HDL 描述

```
module add8_ahead(
    input[7:0] a,b,  input cin,
    output[7:0] sum,  output cout);
wire[7:0] G, P, C;
assign G[0]=a[0]&b[0],              //产生第0位本位值和进位值
        P[0]=a[0]|b[0],
        C[0]=cin,
        sum[0]=G[0]^P[0]^C[0];
assign G[1]=a[1]&b[1],              //产生第1位本位值和进位值
        P[1]=a[1]|b[1],
        C[1]=G[0]|(P[0]&C[0]),
        sum[1]=G[1]^P[1]^C[1];
assign G[2]=a[2]&b[2],              //产生第2位本位值和进位值
        P[2]=a[2]|b[2],
        C[2]=G[1]|(P[1]&C[1]),
        sum[2]=G[2]^P[2]^C[2];
assign G[3]=a[3]&b[3],              //产生第3位本位值和进位值
        P[3]=a[3]|b[3],
        C[3]=G[2]|(P[2]&C[2]),
        sum[3]=G[3]^P[3]^C[3];
assign G[4]=a[4]&b[4],              //产生第4位本位值和进位值
        P[4]=a[4]|b[4],
        C[4]=G[3]|(P[3]&C[3]),
        sum[4]=G[4]^P[4]^C[4];
assign G[5]=a[5]&b[5],              //产生第5位本位值和进位值
        P[5]=a[5]|b[5],
        C[5]=G[4]|(P[4]&C[4]),
        sum[5]=G[5]^P[5]^C[5];
assign G[6]=a[6]&b[6],              //产生第6位本位值和进位值
        P[6]=a[6]|b[6],
        C[6]=G[5]|(P[5]&C[5]),
        sum[6]=G[6]^P[6]^C[6];
assign G[7]=a[7]&b[7],              //产生第7位本位值和进位值
        P[7]=a[7]|b[7],
        C[7]=G[6]|(P[6]&C[6]),
        sum[7]=G[7]^P[7]^C[7];
assign cout=C[7];                   //产生最高位进位输出
endmodule
```

同样可以采用 generate for 循环的结合简化代码清单 10.3，如代码清单 10.4 所示，在 generate 语句中，用一个 for 循环产生第 i 位本位值，用另一个 for 循环产生第 i 位进位值。

代码清单 10.4 采用 generate for 循环简化代码清单 10.3

```
module add_ahead_gen #(parameter SIZE=8)
    (input[SIZE-1:0] a,b,
    input cin,
    output[SIZE-1:0] sum,
    output cout);
wire[SIZE-1:0] G,P,C;
assign C[0]=cin;
assign cout=C[SIZE-1];
//------------------------------------
generate
genvar i;
    for(i=0;i<SIZE;i=i+1)
    begin : adder_sum            //begin-end 块命名
    assign G[i]=a[i]& b[i];
```

```
    assign P[i]=a[i]|b[i];
    assign sum[i]=G[i]^P[i]^C[i];          //产生第 i 位本位值
    end
    for(i=1;i<SIZE;i=i+1)
    begin : adder_carry                    //begin-end 块命名
    assign C[i]=G[i-1]|(P[i-1]&C[i-1]);    //产生第 i 位进位值
    end
endgenerate
endmodule
```

注意:　　　　上例中有两个 for 循环，每个 for 循环的 begin-end 块都需要命名，否则综合器会报错。

代码清单 10.4 的 RTL 综合原理图如图 10.4 所示。

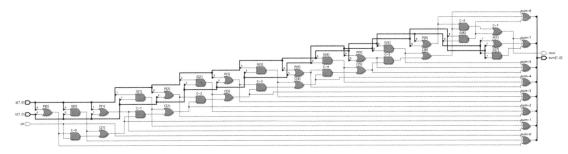

图 10.4　8 位超前进位加法器 RTL 综合原理图

为测试 8 位超前进位加法器，编写测试代码，如代码清单 10.5 所示。

代码清单 10.5　8 位超前进位加法器的测试代码

```
`timescale 1 ns/ 1 ps
module add_ahead_gen_vt();
parameter DELY=80;
reg [7:0] a, b;
reg cin;
wire cout;
wire [7:0]  sum;
add_ahead_gen i1(.a(a),.b(b),.cin(cin),.cout(cout),.sum(sum));
initial
begin
    a=8'd10;   b=8'd9;   cin=1'b0;
    #DELY     cin=1'b1;
    #DELY     b=8'd19;
    #DELY     a=8'd200;
    #DELY     b=8'd60;
    #DELY     cin=1'b0;
    #DELY     b=8'd45;
    #DELY     a=8'd30;
    #DELY     $stop;
    $display("Running testbench");
end
endmodule
```

代码清单 10.5 的门级测试波形如图 10.5 所示，可看到大约延时 7～8ns 得到计算结果。

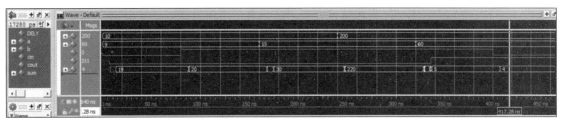

图 10.5　8 位超前进位加法器的门级测试波形

10.3　乘法器设计

乘法器频繁应用在数字信号处理和数字通信的各种算法中，往往影响着整个系统的运行速度。乘法器可以用乘法操作符、布斯乘法器和查找表实现。

10.3.1　用乘法操作符实现

借助于 Verilog HDL 的乘法操作符，很容易实现乘法器，代码清单 10.6 展示了一个有符号 8 位乘法器的示例，此乘法操作可由 EDA 综合软件自动转化为电路连线表结构实现。

代码清单 10.6　有符号 8 位乘法器

```
module signed_mult #(parameter MSB=8)
  (input clk,
   input signed[MSB-1:0] a,b,
   output reg signed[2*MSB-1:0] out  /*synthesis multstyle="logic" */
   );                               //用属性语句指定乘法器物理实现方式
reg signed[MSB-1:0] a_reg,b_reg;
wire signed[2*MSB-1:0] mult_out;
assign mult_out = a_reg * b_reg;        //乘法操作符
always @(posedge clk)  begin
   a_reg <= a; b_reg <= b;
   out <= mult_out;  end
endmodule
```

上例中乘积结果 out 采用属性语句定义其物理实现方式为 "logic"，即采用逻辑单元来实现。现在的 FPGA 器件一般都集成有嵌入式乘法器（embedded multiplier），用其实现乘法器更为专业，如果用属性语句定义采用嵌入式乘法器实现乘法操作的话，可用下面的语句：

```
/* synthesis multstyle="dsp" */
```

注意:　　建议采用 FPGA 器件中集成的嵌入式乘法器来实现乘法操作，性能更优。此外，用 attribute 属性来指定乘法器实现的方式，其优先级要高于在综合软件中设置乘法器实现方式。

10.3.2　用布斯乘法器实现

布斯（Booth）算法是一种实现带符号数乘法运算的常用方法，它采用相加和相减实现补码乘法，对于无符号数和有符号数，可以统一运算。

对布斯算法这里不做推导，仅给出其实现的步骤。

（1）乘数的最低位补 0（初始时需要增加一个辅助位 0）。

（2）从乘数最低两位开始循环判断，如果它们是 00 或 11，则不进行加减运算，只要算术右移 1 位；如果它们是 01，则与被乘数进行加法运算；如果它们是 10，则与被乘数进行减法运算，相加和相减的结果均算术右移 1 位。

（3）如此循环，一直运算到乘数最高两位，得到最终的补码乘积结果。

下面以 2×(−3)为例来说明布斯算法运算过程。

(2)$_{补码}$=0010，(−3)$_{补码}$=1101，被乘数、乘数均用 4 位补码表示，乘积结果用 8 位补码表示。用布斯算法实现 2×(−3)的过程如表 10.3 所示，设置 3 个寄存器 MA、MB 和 MR，分别用于存放被乘数、乘数和乘积的高 4 位，一个辅助位用 P 表示。

（1）设置 3 个寄存器 MA、MB 和 MR（分别用于存放被乘数、乘数和乘积的高 4 位）的初始值分别为 0010、1101 和 0000，辅助位 P 置 0。

（2）MB 的最低位为 1，辅助位 P 为 0，故{MB，P}两个判断位为 10，将 MR−MA 的结果 1110 存入 MR；再将{MR，MB，P}的值算术右移（>>>）一位，结果为 1111 0110 1。

注意：　　　当对有符号数算术右移时，左侧移出的空位全部用符号位填充。

（3）{MB，P}的最低两位为 01，故将 MR+MA 的结果为 0001 存入 MR；再将{MR，MB，P}的值算术右移一位，结果为 0000 1011 0。

（4）{MB，P}的最低两位为 10，故将 MR−MA 的结果为 1110 存入 MR；再将{MR，MB，P}的值算术右移一位，结果为 1111 0101 1。

（5）{MB，P}的最低两位为 11，所以不作加、减操作，只将{MR，MB，P}的值算术右移一位，{MR，MB}的值为 1111 1010，即为运算结果（−6 的补码）。

表 10.3　布斯乘法实现 2×(−3)的运算过程

步骤编号	操作	MR, MB, P
（1）	初始值	0000 1101 0
（2）	10：MR−MA（0010）	1110 1101 0
	右移 1 位	1111 0110 1
（3）	01：MR+MA（0010）	0001 0110 1
	右移 1 位	0000 1011 0

续表

步骤编号	操作	MR, MB, P
(4)	10: MR−MA (0010)	1110 1011 0
	右移 1 位	1111 0101 1
(5)	11: 无操作	1111 0101 1
	右移 1 位	1111 1010 1

算法的实现过程可以用图 10.6 所示的流程图表示。3 个寄存器 MA、MB 和 MR 分别存储被乘数、乘数和乘积，对 MB 低位补 0 后，循环判断，根据判断值进行加、减和移位运算。需注意的是，两个 n 位数相乘，乘积应该为 $2n$ 位（高 n 位存储在 MR 中，乘积低 n 位通过移位移入 MB）。此外，进行加减运算时需进行相应的符号位扩展。

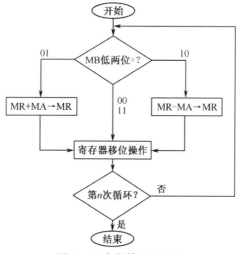

图 10.6 布斯算法流程图

用 Verilog 实现上述布斯乘法器，如代码清单 10.7 所示。

代码清单 10.7 布斯乘法器的 Verilog 实现

```
`timescale 1ns/1ns
module booth_mult
  #(parameter WIDTH = 8)
   (input  clr, clk,
    input  start,                         //开始运算控制信号
    input signed[WIDTH-1:0] ma,mb,        //被乘数、乘数
    output reg signed[2*WIDTH-1:0] result, //乘积
    output reg  done);
parameter    IDLE  = 2'b00,
             ADD   = 2'b01,
             SHIFT = 2'b11,
```

10

```
                    OUTPUT = 2'b10;
reg[1:0]  state, next_state;                        //状态寄存器
reg[WIDTH-1:0]  i;                                  //迭代次数计数器
reg[WIDTH-1:0]  mr;
reg  p;                                             //辅助判断位
reg[2*WIDTH:0]  preg;
always @(posedge clk, negedge clr) begin
    if (!clr) state = IDLE;
    else state <= next_state;   end
always @(*) begin                                   //状态机
    case (state)
    IDLE  : if(start) next_state = ADD;
            else  next_state = IDLE;
    ADD   : next_state = SHIFT;
    SHIFT : if(i==WIDTH) next_state = OUTPUT;
            else  next_state = ADD;
    OUTPUT: next_state = IDLE;
    endcase
end
always @(posedge clk, negedge clr)  begin
    if(!clr) begin  {mr,i,done,result,preg,p} <= 0;  end
    else begin
    case(state)
    IDLE : begin
    mr <= 0;  p <= 1'b0;   preg<={mr,mb,p};
    i <= 0;  done <= 1'b0;  end
    ADD : begin
    case(preg[1:0])
    2'b01 : preg<={preg[2*WIDTH:WIDTH+1]+ ma,preg[WIDTH:0]}; //加上被乘数 ma
    2'b10 : preg<={preg[2*WIDTH:WIDTH+1]- ma,preg[WIDTH:0]}; //减去被乘数 ma
    2'b00,2'b11 :  ;                                 //无操作
    endcase
    i <= i + 1;  end
    SHIFT :
    preg <= {preg[2*WIDTH],preg[2*WIDTH:1]};             //右移 1 位
    //上句也可以写为 preg <= $signed(preg) >>> 1;
    OUTPUT : begin
      result <= preg[2*WIDTH:1];
      done <= 1'b1;  end
    endcase
end  end
endmodule
```

布斯乘法器的 Test Bench 测试代码见代码清单 10.8。

代码清单 10.8 布斯乘法器的 Test Bench 测试代码

```
'timescale 1ns/1ns
module booth_mult_tb;
reg clk;
reg clr, start;
parameter WIDTH = 8;
reg signed[WIDTH-1:0] opa,opb;
wire  done;
wire signed[2*WIDTH-1:0] result;
//------------------------------------
```

```
booth_mult #(.WIDTH(WIDTH))
    i1(.clk(clk), .clr(clr), .start(start), .mb(opb),
        .ma(opa), .done(done), .result(result));
//------------------------------------
always #10 clk = ~clk;
integer i;
initial begin
    clk = 1;  start = 0;  clr = 1;
    #20 clr = 0;
    #20 clr = 1; opa=0;  opb=0;
    #20 opa=2;  opb=-3; start = 1;
    #40 start = 0;
    #360 $display("opa = %d opb = %d proudct =%d",opa,opb,result);
    #20 start = 1;
    opa=$random % 128;          //每次产生-127~127的一个随机数
    opb=$random % 128;          //每次产生-127~127的一个随机数
    #40 start = 0;
    #360 $display("opa = %d opb = %d proudct =%d",opa,opb,result);
    #20 start = 1;
    opa=$random % 59;           //每次产生-58~58的一个随机数
    opb=$random % 128;          //每次产生-127~127的一个随机数
    #40 start = 0;
    #360 $display("opa = %d opb = %d proudct =%d",opa,opb,result);
    #20 start = 1;
    opa=$random % 128;          //每次产生-127~127的一个随机数
    opb=$random % 128;          //每次产生-127~127的一个随机数
    #40 start = 0;
    #360 $display("opa = %d opb = %d proudct =%d",opa,opb,result);
    #40 $stop;
end
endmodule
```

代码清单 10.8 的测试输出波形如图 10.7 所示,可看出功能正确。

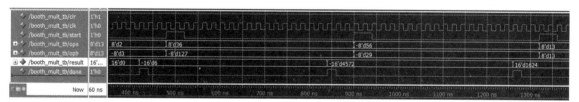

图 10.7 布斯乘法器的测试输出波形

TCL 窗口的输出如下,可见实现了预想的带符号数的乘法运算。

```
# opa =     2 opb =    -3  proudct =     -6
# opa =    36 opb =  -127  proudct = -4572
# opa =   -56 opb =   -29  proudct =  1624
# opa =    13 opb =    13  proudct =    169
```

10.3.3 查找表乘法器

查找表乘法器将乘积结果直接存放在存储器中,将操作数(乘数和被乘数)作为地址访问存储器,得到的数值就是乘法运算的结果。查找表乘法器的运算速度只局限于所用存储器的存取速度。但查找表的规模随着操作数位数的增加而迅速增大，如要实现 4×4 乘法运算，要求存储器的地址位宽为 8 位，字长为 8 位；要实现 8×8 乘法运算，就要求存储器的地址位宽为 16 位，字长为 16 位，即存储器大小为 1Mbit。

1. 用常数数组存储乘法运算结果

代码清单 10.9 采用查找表实现 4×4 乘法运算，定义了大小为 8×256 的数组（存储器），将 4×4 乘法运算的结果存在 mult_lut.txt 文件中，在系统初始化时用系统任务$readmemh 将其读入存储器 result_lut 中，然后用查表方式得到乘法操作的结果（乘数、被乘数作为存储器地址），并用两个数码管显示结果。

代码清单 10.9　采用查找表实现 4×4 乘法运算

```verilog
'timescale 1ns/1ns
module mult_lut(
    input[3:0]      op_a,                   //被乘数
    input[3:0]      op_b,                   //乘数
    output[6:0]     hex1,                   //用两个数码管显示结果
    output[6:0]     hex0);
wire [7:0]  result;                         //乘法运算结果
reg[7:0] result_lut[0:255]  /*synthesis ramstyle ="M4K" */;
                                            //定义存储器

initial
begin
    $readmemh("mult_lut.txt",result_lut);
    /* 将 mult_lut.txt 中的数据装载到存储器 result_lut 中,
    默认起始地址从 0 开始, 到存储器的结束地址结束    */
end
assign result = result_lut[({op_b, op_a})];     //查表得到结果
//-----------数码管译码显示模块例化------------
hex4_7 i1(.hex(result[7:4]),
            .g_to_a(hex1));                 //数码管显示高位
hex4_7 i2(.hex(result[3:0]),
            .g_to_a(hex0));                 //数码管显示低位
endmodule
```

乘法运算的结果采用两个数码管显示，图 10.8 所示为 7 段数码管显示译码的示意图，输入为 0~F（共 16 个数字），通过数码管的 a~g（共 7 个 LED）译码显示，DE10-Lite 目标板上的 7 段数码管属于共阳极连接，若为电压 0，则该段点亮。

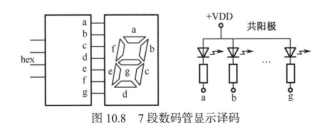

图 10.8　7 段数码管显示译码

代码清单 10.10 展示了 7 段数码管显示译码电路的源代码，也可以将其封装为函数以供调用。

代码清单 10.10　7 段数码管显示译码电路的源代码

```verilog
module hex4_7(
    input wire[3:0] hex,                //输入的十六进制数
    output reg[6:0] g_to_a);            //数码管 7 段
always@(*)
begin
    case(hex)
    4'd0:g_to_a <= 7'b100_0000;         //0
    4'd1:g_to_a <= 7'b111_1001;         //1
    4'd2:g_to_a <= 7'b010_0100;         //2
    4'd3:g_to_a <= 7'b011_0000;         //3
    4'd4:g_to_a <= 7'b001_1001;         //4
    4'd5:g_to_a <= 7'b001_0010;         //5
    4'd6:g_to_a <= 7'b000_0010;         //6
    4'd7:g_to_a <= 7'b111_1000;         //7
    4'd8:g_to_a <= 7'b000_0000;         //8
    4'd9:g_to_a <= 7'b001_0000;         //9
    4'ha:g_to_a <= 7'b000_1000;         //a
    4'hb:g_to_a <= 7'b000_0011;         //b
    4'hc:g_to_a <= 7'b100_0110;         //c
    4'hd:g_to_a <= 7'b010_0001;         //d
    4'he:g_to_a <= 7'b000_0110;         //e
    4'hf:g_to_a <= 7'b000_1110;         //f
    default:g_to_a <= 7'bx;
    endcase
end
endmodule
```

4×4 乘法运算的结果存在 mult_lut.txt 文件中，该文件的内容如图 10.9 所示，在系统初始化时用系统任务$readmemh 将该文件中内容读入存储器 result_lut 中，以便查表。

#	val	#	val	#	val	#	val	#	val	#	val	#	val	#	val
1	00	33	00	65	00	97	00	129	00	161	00	193	00	225	00
2	00	34	02	66	04	98	06	130	08	162	0A	194	0C	226	0E
3	00	35	04	67	08	99	0C	131	10	163	14	195	18	227	1C
4	00	36	06	68	0C	100	12	132	18	164	1E	196	24	228	2A
5	00	37	08	69	10	101	18	133	20	165	28	197	30	229	38
6	00	38	0A	70	14	102	1E	134	28	166	32	198	3C	230	46
7	00	39	0C	71	18	103	24	135	30	167	3C	199	48	231	54
8	00	40	0E	72	1C	104	2A	136	38	168	46	200	54	232	62
9	00	41	10	73	20	105	30	137	40	169	50	201	60	233	70
10	00	42	12	74	24	106	36	138	48	170	5A	202	6C	234	7E
11	00	43	14	75	28	107	3C	139	50	171	64	203	78	235	8C
12	00	44	16	76	2C	108	42	140	58	172	6E	204	84	236	9A
13	00	45	18	77	30	109	48	141	60	173	78	205	90	237	A8
14	00	46	1A	78	34	110	4E	142	68	174	82	206	9C	238	B6
15	00	47	1C	79	38	111	54	143	70	175	8C	207	A8	239	C4
16	00	48	1E	80	3C	112	5A	144	78	176	96	208	B4	240	D2
17	00	49	00	81	00	113	00	145	00	177	00	209	00	241	00
18	01	50	03	82	05	114	07	146	09	178	0B	210	0D	242	0F
19	02	51	06	83	0A	115	0E	147	12	179	16	211	1A	243	1E
20	03	52	09	84	0F	116	15	148	1B	180	21	212	27	244	2D
21	04	53	0C	85	14	117	1C	149	24	181	2C	213	34	245	3C
22	05	54	0F	86	19	118	23	150	2D	182	37	214	41	246	4B
23	06	55	12	87	1E	119	2A	151	36	183	42	215	4E	247	5A
24	07	56	15	88	23	120	31	152	3F	184	4D	216	5B	248	69
25	08	57	18	89	28	121	38	153	48	185	58	217	68	249	78
26	09	58	1B	90	2D	122	3F	154	51	186	63	218	75	250	87
27	0A	59	1E	91	32	123	46	155	5A	187	6E	219	82	251	96
28	0B	60	21	92	37	124	4D	156	63	188	79	220	8F	252	A5
29	0C	61	24	93	3C	125	54	157	6C	189	84	221	9C	253	B4
30	0D	62	27	94	41	126	5B	158	75	190	8F	222	A9	254	C3
31	0E	63	2A	95	46	127	62	159	7E	191	9A	223	B6	255	D2
32	0F	64	2D	96	4B	128	69	160	87	192	A5	224	C3	256	E1

图 10.9　mult_lut.txt 文件内容

在 DE10-Lite 目标板上下载和验证代码清单 10.9，目标器件为 10M50DAF484C7G，引脚分

配和锁定如下。

```
set_location_assignment PIN_C12 -to op_a[3]
set_location_assignment PIN_D12 -to op_a[2]
set_location_assignment PIN_C11 -to op_a[1]
set_location_assignment PIN_C10 -to op_a[0]
set_location_assignment PIN_A14 -to op_b[3]
set_location_assignment PIN_A13 -to op_b[2]
set_location_assignment PIN_B12 -to op_b[1]
set_location_assignment PIN_A12 -to op_b[0]
set_location_assignment PIN_C18 -to hex1[0]
set_location_assignment PIN_D18 -to hex1[1]
set_location_assignment PIN_E18 -to hex1[2]
set_location_assignment PIN_B16 -to hex1[3]
set_location_assignment PIN_A17 -to hex1[4]
set_location_assignment PIN_A18 -to hex1[5]
set_location_assignment PIN_B17 -to hex1[6]
set_location_assignment PIN_C14 -to hex0[0]
set_location_assignment PIN_E15 -to hex0[1]
set_location_assignment PIN_C15 -to hex0[2]
set_location_assignment PIN_C16 -to hex0[3]
set_location_assignment PIN_E16 -to hex0[4]
set_location_assignment PIN_D17 -to hex0[5]
set_location_assignment PIN_C17 -to hex0[6]
```

编译成功后，生成配置文件.sof，连接目标板电源线和 JTAG（Joint Test Action Group，联合测试工作组）线，下载配置文件.sof 至 FPGA 目标板，由 SW7～SW0 拨动开关输入乘数、被乘数，结果由两个数码管（十六进制数）显示，查看实际效果。

2. 用.mif 文件存储乘法运算结果

还可以把乘法运算结果以.mif 初始化文件的形式存储。

代码清单 10.11 中自定义了大小为 8×256 的数组，等同于存储器，乘数、被乘数构成的二进制数作为存储器地址，采用查表实现乘法操作。

代码清单 10.11　4×4 乘法运算结果用.mif 文件存储，并指定给存储器

```
module mult_rom(
    input    clk,
    input [3:0]  op_a,                          //被乘数
    input [3:0]  op_b,                          //乘数
    output [6:0] hex1,                          //用两个数码管显示结果
    output [6:0] hex0);
reg[7:0]  result;                              //乘法运算结果
reg[7:0] result_rom[0:255] /*synthesis ram_init_file="mult_rom.mif"*/;
    //定义 rom 数组，并指定.mif 文件
always @(posedge clk)
    result <= result_rom[({op_b, op_a})];      //查表得到乘法运算结果
hex4_7 i1(.hex(result[7:4]),
          .g_to_a(hex1));                      //数码管显示
hex4_7 i2(.hex(result[3:0]),
          .g_to_a(hex0));                      //数码管显示
endmodule
```

代码清单 10.11 的 RTL 综合视图如图 10.10 所示。

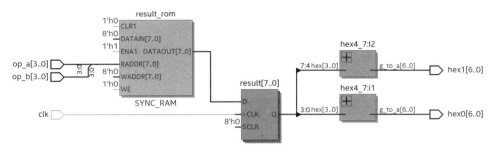

图 10.10　RTL 综合视图

mult_rom.mif 文件的生成用运行 MATLAB 程序的方式实现，可用代码清单 10.12 给出的程序生成本例的 mult_rom.mif 文件。

代码清单 10.12　生成 mult_rom.mif 文件的 MATLAB 程序

```
fid=fopen('D:\mult_rom.mif','w');
fprintf(fid,'WIDTH=8;\n');
fprintf(fid,'DEPTH=256;\n\n');
fprintf(fid,'ADDRESS_RADIX=UNS;\n');
fprintf(fid,'DATA_RADIX=UNS;\n\n');
fprintf(fid,'CONTENT BEGIN\n');
for i=0:15  for j=0:15
fprintf(fid,'%d : %d;\n',i*16+j,i*j);
end
end
fprintf(fid,'END;\n');
fclose(fid);
```

在 MATLAB 环境下运行上面的程序，可在 D 盘根目录下生成 mult_rom.mif 文件。

用纯文本编辑软件（如 Notepad++）打开生成的 mult_rom.mif 文件，能看到该文件的内容如下。

```
WIDTH=8;
DEPTH=256;
ADDRESS_RADIX=UNS;
DATA_RADIX=UNS;
CONTENT BEGIN
[0..16]: 0;
17 : 1;
18 : 2;
19 : 3;
20 : 4;
...
250 : 150;
251 : 165;
252 : 180;
253 : 195;
254 : 210;
255 : 225;
END;
```

为本例完成目标器件指定、引脚分配和锁定，并在目标板上下载验证。

10.4　有符号数的运算

本节对有符号数、无符号数之间的运算（包括加法、乘法、移位、绝对值、数值转换等）进行进一步的讨论。

10.4.1　有符号数的加法运算

两个操作数在进行加法运算时，只有两个操作数都定义为有符号数，结果才是有符号数。如下几种情况，均按照无符号数处理，其结果也是无符号数：

- 操作数均为无符号数，或者操作数中有无符号数；
- 操作数（包括有符号数和无符号数）使用了位选和段选；
- 操作数使用了并置操作符。

要实现有符号数运算，要么在定义 wire 或 reg 型变量时加上 signed 关键字，将其定义为有符号数；要么使用$signed 系统函数将无符号数转换为有符号数再进行运算。

代码清单 10.13 展示了一个 4 位有符号数与 4 位无符号数加法运算的示例。

代码清单 10.13　4 位有符号数与 4 位无符号数加法运算示例

```
module add_sign_unsign(
    input signed[3:0] a,          //有符号数
    input[3:0] b,                 //无符号数
    output signed[4:0] sum);
wire signed[4:0] signed_b;
assign signed_b = b;              //无符号数 b 转换为有符号数
assign sum = a + signed_b;       //结果为有符号数
endmodule
```

signed_b 要比的 b 位宽多一位，用来扩展符号位 0，将无符号数转换为有符号数。

也可以采用如代码清单 10.14 这样的方法，用$signed({1'b0,b})将无符号数 b 转换为有符号数。

代码清单 10.14　4 位有符号数与 4 位无符号数加法运算

```
module add_sign_unsign(
    input signed[3:0] a,          //有符号数
    input[3:0] b,                 //无符号数
    output signed[4:0] sum);
assign sum = a + $signed({1'b0,b});   //无符号数 b 转换为有符号数
endmodule
```

编写测试代码对上面两例进行仿真，如代码清单 10.15 所示。

代码清单 10.15　4 位有符号数与 4 位无符号数加法运算的测试代码

```
'timescale 1ns/1ps
module add_sign_unsign_tb();
parameter DELY=20;
reg signed[3:0] a;
reg[3:0]  b;
wire[4:0]  sum;
add_sign_unsign  i1(.a(a), .b(b), .sum(sum));
initial
```

```
begin
    a=-4'sd5; b=4'd5;
    #DELY    a=4'sd7;
    #DELY    b=4'd1;
    #DELY    a=4'sd12;
    #DELY    a=-4'sd12;
    #DELY    a=4'sd9;
    #DELY    $stop;
    $display("Running testbench");
end
endmodule
```

代码清单 10.13 和代码清单 10.14 的测试波形均如图 10.11 所示。

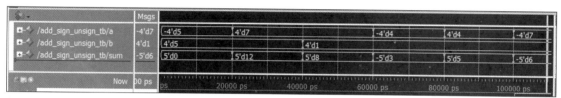

图 10.11　4 位有符号数与 4 位无符号数加法运算的测试波形

如果将代码清单 10.14 中的"assign sum = a + $signed({1'b0,b});"语句写为下面的形式，会在某些情况下出错。

```
assign sum=a+$signed(b);
    //如果 b 只有 1 位，当 b=1 时，将其拓展为 4'b1111，本来是 +1，却变成了 -1
```

如果将代码清单 10.14 中的"assign sum = a + $signed({1'b0,b});"语句写为"sum=a+b;"，也会出错。

```
assign sum=a+b;            //会转换成无符号数计算，sum 也是无符号数
```

10.4.2　有符号数的乘法运算

同样，在乘法运算中，如果操作数中既有有符号数，也有无符号数，那么可以将无符号数转换为有符号数再进行运算。

代码清单 10.16 给出的是一个 3 位有符号数与 3 位无符号数乘法运算的示例。

代码清单 10.16　3 位有符号数与 3 位无符号数乘法运算

```
module mult_signed_unsigned(
    input signed[2:0] a,          //有符号数
    input[2:0] b,                 //无符号数
    output signed[5:0] result);
assign result = a* $signed({1'b0,b});
endmodule
```

代码清单 10.17 是代码清单 10.16 的测试代码。

代码清单 10.17 3 位有符号数与 3 位无符号数乘法运算的测试代码

```
'timescale 1ns/1ps
module mult_signed_unsigned_tb();
parameter DELY=20;
reg signed[2:0] a;
reg[2:0] b;
wire[5:0]  result;
mult_signed_unsigned i1(.a(a),.b(b),.result(result));
initial
begin
    a=3'sb101; b=3'b010;
    #DELY      b=3'b110;
    #DELY      a=3'sb011;
    #DELY      a=3'sb111;
    #DELY      b=3'b111;
    #DELY      $stop;
end
endmodule
```

代码清单 10.17 的测试波形如图 10.12 所示。

图 10.12 3 位有符号数与 3 位无符号数乘法运算的测试波形

注意： 代码清单 10.16 中的 "assign result = a*$signed({1'b0,b});" 也不能写为下面的形式，会出错。

```
result = a*b;                 //整个变成无符号数乘法运算
result = a*$signed(b);        //当 b 的最高位为 1 时结果会出错
```

10.4.3 绝对值运算

代码清单 10.18 和代码清单 10.19 展示了一个有符号数的绝对值运算与测试的示例，dbin 是宽度为 W 的二进制补码格式的有符号数，正数的绝对值与其补码相同，负数的绝对值为其补码取反加 1。

代码清单 10.18 有符号数的绝对值运算

```
module abs_signed
   #(parameter W=8)
   (input signed[W-1:0]  dbin,       //有符号数
    output [W-1:0] dbin_abs);
assign dbin_abs = dbin[W-1] ? (~dbin+ 1'b1) : dbin;
endmodule
```

代码清单 10.19 有符号数的绝对值运算的测试代码

```
'timescale 1ns/1ps
module abs_signed_tb();
parameter W=8;
parameter DELY=20;
reg signed[W-1:0] dbin;
reg[2:0] b;
wire[W-1:0] dbin_abs;
abs_signed  #(.W(8)) i1(.dbin(dbin),.dbin_abs(dbin_abs));
initial
    begin
    dbin=8'sb11111010;
    #DELY    dbin=8'sb00000010;
    #DELY    dbin=8'sb10100110;
    #DELY    dbin=8'sb11111111;
    #DELY    dbin=8'sb00000000;
    #DELY    $stop;
    end
initial $monitor($time,,,"dbin=%b dbin_abs=%b",dbin,dbin_abs);
endmodule
```

用 ModelSim 运行代码清单 10.19，TCL 窗口输出如下。

```
0   dbin=11111010   dbin_abs=00000110
20  dbin=00000010   dbin_abs=00000010
40  dbin=10100110   dbin_abs=01011010
60  dbin=11111111   dbin_abs=00000001
80  dbin=00000000   dbin_abs=00000000
```

注意： 以第一行输出为例，-6 的 8 位补码为 8'sb11111010，取反加 1 后的值为 8'b00000110，即-6 的绝对值是 6，可见输出结果正确。

10.5 ROM

存储器是数字设计中的常用部件。典型的存储器是 ROM（Read-Only Memory，只读存储器）和 RAM。

ROM 有多种类型，图 10.13 所示为其中常用的两种。

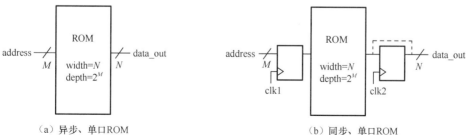

（a）异步、单口ROM

（b）同步、单口ROM
（地址寄存，数据输出可寄存或不寄存，
时钟：单时钟，clk1=clk2；双时钟，clk1≠clk2）

图 10.13 常用的两种类型的 ROM

10.5.1 用数组例化存储器

代码清单 10.20 中定义了大小为 10×20 的数组，并将数据以常数的形式存储在数组中，以此方式实现 ROM 模块；从 ROM 中读出数据时，数据未寄存，地址寄存，故实现的是图 10.13（b）所示的 ROM 类型。

为便于下载验证，将从 ROM 中读出的数据用 LED 显示，故产生 10Hz 时钟信号，用于控制数据读取的速度，以适应 LED 显示。

代码清单 10.20　用常数数组实现数据存储，读出的数据用 LED 显示

```
module lut_led
   (input  clk50m,
    output[9:0]  data);
reg [4:0]  address;
reg[9:0] myrom[19:0]  /* synthesis romstyle = "M4K" */;
initial begin
    myrom[0]= 10'b0000000001;
    myrom[1]=10'b0000000011;
    myrom[2]=10'b0000000111;
    myrom[3]=10'b0000001111;
    myrom[4]=10'b0000011111;
    myrom[5]=10'b0000111111;
    myrom[6]=10'b0001111111;
    myrom[7]=10'b0011111111;
    myrom[8]=10'b0111111111;
    myrom[9]=10'b1111111111;
    myrom[10]=10'b0111111111;
    myrom[11]=10'b0011111111;
    myrom[12]=10'b0001111111;
    myrom[13]=10'b0000111111;
    myrom[14]=10'b0000011111;
    myrom[15]=10'b0000001111;
    myrom[16]=10'b0000000111;
    myrom[17]=10'b0000000011;
    myrom[18]=10'b0000000001;
    myrom[19]=10'b0000000000;
end
assign data = myrom[address];      //从 ROM 中读出数据，未寄存
always @(posedge clk10hz)          //地址寄存
    begin
    if(address == 19)  address <= 0;
    else  address <= address + 1;
    end
wire  clk10hz;
clk_div #(10) i1(                  //clk_div 模块例化，产生 10Hz 时钟信号
    .clk(clk50m),
    .clr(1'b1),
    .clk_out(clk10hz));
endmodule
```

语句/* synthesis romstyle ="M4K"*/是属性语句，用于控制 ROM 和 RAM 的物理实现方式，在 Quartus Prime 软件中用关键词 romstyle 和 ramstyle 定义，在 Vivado 软件中用 rom_style 和 ram_style 定义；如果指定为"block"，则综合器使用 FPGA 中的存储器块物理实现 ROM 和 RAM；如果指定为"distributed"，则是让综合器使用 FPGA 逻辑单元中的查找表（Look Up Table，LUT）实现 ROM 和 RAM。

语句/* synthesis romstyle ="M4K"*/也可以写为下面的形式。

```
(* romstyle ="M4K"*)
```

代码清单 10.20 中的 clk_div 分频模块的源代码如代码清单 10.21 所示，此分频模块将需要产生的频率用参数 parameter 进行定义，可在例化模块时修改此参数，而产生此频率所需要的分频比由参数 NUM（默认由 50MHz 系统时钟信号分频得到）得出，NUM 参数不需要跨模块传递，故用 localparam 语句进行定义。

代码清单 10.21　clk_div 分频模块的源代码

```
module clk_div(
    input clk,
    input clr,
    output  reg clk_out);
parameter FREQ=1000;                        //所需频率
localparam NUM='d50_000_000/(2*FREQ);       //得出分频比
reg[29:0] count;
always @(posedge clk,negedge clr)
begin
    if(~clr)  begin clk_out <= 0;count<=0; end
    else if(count==NUM-1)
    begin count <= 0;clk_out <= ~clk_out;end
    else begin count<=count+1;end
end
endmodule
```

完成目标器件指定、引脚分配和锁定，并在 DE10-Lite 目标板上下载验证，引脚分配和锁定如下。

```
set_location_assignment PIN_P11 -to clk50m
set_location_assignment PIN_B11 -to data[9]
set_location_assignment PIN_A11 -to data[8]
set_location_assignment PIN_D14 -to data[7]
set_location_assignment PIN_E14 -to data[6]
set_location_assignment PIN_C13 -to data[5]
set_location_assignment PIN_D13 -to data[4]
set_location_assignment PIN_B10 -to data[3]
set_location_assignment PIN_A10 -to data[2]
set_location_assignment PIN_A9  -to data[1]
set_location_assignment PIN_A8  -to data[0]
```

下载配置文件.sof 至 FPGA 目标板，观察 10 个 LED 的显示效果，以验证 ROM 数据读取是否正确。

10.5.2　通过例化 lpm_rom 实现存储器

实现存储器更常见的方法是用 Quartus Prime 软件自带的 IP 核 LPM_ROM 来实现，在代码清单 10.22 中通过例化 lpm_rom 模块，同样实现了大小为 10×20 的 ROM，数据以.mif 文件的形式指定给 ROM；在从 ROM 中读出数据时，数据未寄存，地址寄存，故实现的也是图 10.13（b）所示的 ROM 类型。

为便于下载验证，将从 ROM 中读出的数据也用 LED 显示，故产生 10Hz 时钟信号，用于控制数据读取的速度，以适应 LED 显示。

代码清单 10.22　例化 lpm_rom 模块实现存储器，读出的数据用 LED 显示

```
module rom_led(
    input  clk50m,
    output[9:0] data);
reg[4:0]  address;
//----------------例化 lpm_rom 模块----------------------
lpm_rom #(
    .lpm_widthad(5),                    //设置地址宽度为 5 位
    .lpm_width(10),                     //设置数据宽度为 10 位
    .lpm_outdata("UNREGISTERED"),       //输出数据未寄存
    .lpm_address_control("REGISTERED"), //地址寄存
    .lpm_file("rom_led.mif"))           //指定.mif 文件
 u1(.inclock(clk10hz),
    .address(address),
    .q(data));
wire  clk10hz;
clk_div #(10)                           //产生 10Hz 时钟信号
 u2(.clk(clk50m),
    .clr(1'b1),
    .clk_out(clk10hz));
always @(posedge clk10hz)               //依次循环读取 lpm_rom 中的数据
begin
    if(address == 5'b10011)  address <= {5{1'b0}};
    else  address <= address + 1'b1;
end
endmodule
```

上面代码中的 rom_led.mif 文件内容如代码清单 10.23 所示。

代码清单 10.23　rom_led.mif 文件内容

```
WIDTH=10;
DEPTH=20;
ADDRESS_RADIX=DEC;
DATA_RADIX=BIN;

CONTENT BEGIN
0 :  0000000001;
1 :  0000000011;
2 :  0000000111;
3 :  0000001111;
4 :  0000011111;
```

```
 5 :  0000111111;
 6 :  0001111111;
 7 :  0011111111;
 8 :  0111111111;
 9 :  1111111111;
10 :  0111111111;
11 :  0011111111;
12 :  0001111111;
13 :  0000111111;
14 :  0000011111;
15 :  0000001111;
16 :  0000000111;
17 :  0000000011;
18 :  0000000001;
19 :  0000000000;
END;
```

在 DE10-Lite 目标板上下载并验证本例，观察 10 个 LED 的显示效果，以验证 ROM 数据读取是否正确。本例的显示效果与代码清单 10.20 的显示效果完全一致。

10.6 RAM

RAM 可分为单口 RAM（Single-Port RAM）和双口 RAM（Dual-Port RAM），两者的区别如下。

- 单口 RAM 只有一组数据线和地址线，读/写操作不能同时进行。
- 双口 RAM 有两组地址线和数据线，读/写操作可同时进行。

双口 RAM 又可分为简单双口 RAM 和真双口 RAM。

- 简单双口 RAM（Simple Dual-Port RAM），有两组地址线和数据线，一组只能读取，一组只能写入，写入和读取的时钟可以不同。
- 真双口 RAM（True Dual-Port RAM），有两组地址线和数据线，两组都可以进行读/写，彼此互不干扰。

FIFO 缓存器也属于双口 RAM，但 FIFO 缓存器无须对地址进行控制，是非常方便的。图 10.14 展示了单口 RAM 和简单双口 RAM 的区别。

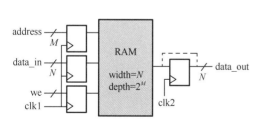

（a）同步、单口RAM

输入数据寄存，输出数据可寄存或不寄存
时钟：单时钟，clk1=clk2；双时钟：clk1≠clk2

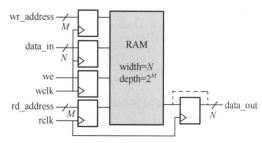

（b）同步、简单双口RAM

输入数据寄存，输出数据可寄存或不寄存
时钟：单时钟，wclk=rclk；双时钟：wclk≠rclk

图 10.14 单口 RAM 和简单双口 RAM 的区别

10.6.1 单口 RAM

用 Verilog HDL 实现一个深度为 16、位宽为 8 的单口 RAM，见代码清单 10.24。

代码清单 10.24 单口 RAM 模块

```verilog
module spram
  #(parameter  ADDR_WIDTH  = 4,
    parameter  DATA_WIDTH  = 8,
    parameter  DEPTH = 16)
   (input  clk,
    input  wr_en,                        //写使能
    input  rd_en,                        //读使能
    input  [ADDR_WIDTH-1:0] addr,
    input  [DATA_WIDTH-1:0] din,
    output reg[DATA_WIDTH-1:0] dout);
reg[DATA_WIDTH-1:0] mem [DEPTH-1:0];
    integer i;
initial begin
    for(i=0; i< DEPTH;i=i+1)
    begin  mem[i] = 8'h00; end
end
always@(posedge clk) begin
    if(rd_en)  begin  dout <= mem[addr]; end
    else  begin
      if(wr_en)  begin  mem[addr] <= din; end
end  end
endmodule
```

编写单口 RAM 的 Test Bench 测试代码，对单口 RAM 模块实现初始化、写入、读取等操作，见代码清单 10.25。

代码清单 10.25 单口 RAM 的 Test Bench 测试代码

```verilog
'timescale 1ns/1ns
module spram_tb( );
parameter   ADDR_WIDTH  = 4;
parameter   DATA_WIDTH  = 8;
parameter   DEPTH = 10;
parameter DELY = 10;                     //定义参数
reg [ADDR_WIDTH-1 : 0] addr;
reg [DATA_WIDTH-1 : 0] din;
reg clk;
reg wr_en, rd_en;
wire [DATA_WIDTH-1 : 0] dout;
initial begin clk = 0;
    forever  #DELY clk = ~clk; end        //产生时钟信号
//----------------------------------------
integer i;
initial begin
    {wr_en, rd_en, addr, din} <= 0;
    # DELY  @(negedge clk)                //写入 RAM
    {wr_en, rd_en} <= 2'b10;
    for (i = 0; i< DEPTH; i=i+1) begin
```

```
        @(negedge clk) begin
        addr = i;
        din = $random;
        end   end
        @(negedge clk)                          //读取 RAM
        {wr_en, rd_en} <= 2'b01;
        for (i = 0; i < DEPTH; i=i+1) begin
        @(posedge clk)  addr = i;   end
        @(negedge clk)
        rd_en = 1'b0;
        #(DELY*20) $stop;
    end
    spram #(.ADDR_WIDTH(4),                      //例化 spram 模块
        .DATA_WIDTH(8),
        .DEPTH(10))
    u1(.clk(clk),
        .rd_en(rd_en),
        .wr_en(wr_en),
        .addr(addr),
        .din(din),
        .dout(dout));
endmodule
```

代码清单 10.25 的测试波形如图 10.15 所示。

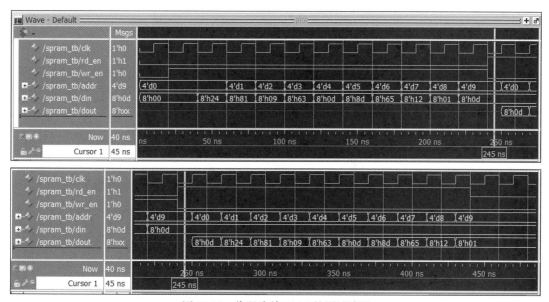

图 10.15　代码清单 10.25 的测试波形

10.6.2　异步 FIFO 缓存器

1. FIFO 缓存器

FIFO 缓存器是一种按照先进先出原则存储数据的缓存器，它与普通存储器的区别在于

FIFO 缓存器不需要外部读写地址线，只能顺序写入数据、顺序读出数据，其数据地址由内部读写指针自动加 1 完成，不能读写某个指定的地址。一般用于在不同时钟、不同数据宽度的数据之间进行交换，以达到数据匹配的目的。

　　FIFO 缓存器的数据读写是靠满/空标志来协调的，当向 FIFO 缓存器写数据时，如果 FIFO 缓存器已满，则 FIFO 缓存器应给出一个满标志信号，以阻止继续对 FIFO 缓存器写数据，避免引起数据溢出；当从 FIFO 缓存器读数据时，如果 FIFO 缓存器中存储的数据已读空，则 FIFO 缓存器应给出一个空标志信号，以阻止继续从 FIFO 读数据，避免引发错误。

　　FIFO 缓存器分同步 FIFO 缓存器和异步 FIFO 缓存器，同步 FIFO 缓存器指读和写用同一时钟；异步 FIFO 缓存器指读和写独立，分别用不同的时钟。

　　FIFO 缓存器常用端口及参数如下。

- FIFO 缓存器宽度：FIFO 缓存器一次读/写操作的数据位数。
- FIFO 缓存器深度：FIFO 缓存器存储数据的个数。
- 满标志：FIFO 缓存器已满或将满时，FIFO 缓存器应给出满标志信号，以避免继续对 FIFO 写数据而造成溢出（overflow）。
- 空标志：FIFO 缓存器已空或者将空时，FIFO 缓存器应给出空标志信号，以避免继续从 FIFO 读数据而造成无效数据的读出。
- 读时钟、写时钟；读使能、写使能。
- 写地址指针：总是指向下一个将要被写入的数据单元，复位时，指向 0 地址单元。
- 读地址指针：总是指向当前要被读出的数据单元。复位时，指向 0 地址单元。

　　图 10.16 所示为 FIFO 缓存器的实现结构，用两个指针（写指针和读指针）来跟踪 FIFO 缓存器的顶部和底部。写指针指向下一个要写入数据的位置，指向 FIFO 缓存器的顶部；读指针指向下一个要读取的数据，指向 FIFO 缓存器的底部。当读指针与写指针相同时，可判断 FIFO 缓存器被读空；当写指针超过读指针一圈时，可判断 FIFO 缓存器被写满。

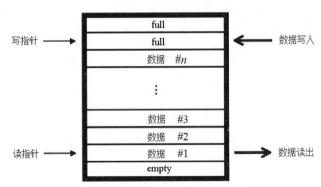

图 10.16　FIFO 缓存器的实现结构

2. 异步 FIFO 缓存器的设计

　　代码清单 10.26 描述了宽度为 8、深度为 16 的异步 FIFO 缓存器，地址指针采用格雷码表示。

代码清单 10.26 异步 FIFO 缓存器的源代码

```verilog
//----------------异步 FIFO 缓存器----------------------
module fifo_asy  #(
    parameter WIDTH = 'd8,              //FIFO 缓存器宽度
    parameter DEPTH = 'd16)             //FIFO 缓存器深度
   (input   wr_clk,                     //写时钟
    input   wr_clr,                     //写复位,低电平有效
    input   wr_en,                      //写使能, 高电平有效
    input[WIDTH-1:0]  data_in,          //写入的数据
    input   rd_clr,                     //读复位,低电平有效
    input   rd_clk,                     //读时钟
    input   rd_en,                      //读使能, 高电平有效
    output reg[WIDTH-1:0] data_out,     //数据输出
    output  empty,                      //空标志, 高电平表示当前 FIFO 缓存器已被写满
    output  full);                      //满标志, 高电平表示当前 FIFO 缓存器已被读空
//----------------用二维数组实现 RAM----------------
reg[WIDTH-1 : 0] fifo_buf[DEPTH - 1 : 0];
reg [$clog2(DEPTH) : 0]  wr_pt;         //写地址指针, 二进制
reg [$clog2(DEPTH) : 0]  rd_pt;         //读地址指针, 二进制
wire[$clog2(DEPTH) : 0] wr_pt_g;        //写地址指针, 格雷码
wire[$clog2(DEPTH) : 0] rd_pt_g;        //读地址指针, 格雷码
//-------------地址指针从二进制转换成格雷码-------------
assign wr_pt_g = wr_pt ^ (wr_pt >> 1);
assign rd_pt_g = rd_pt ^ (rd_pt >> 1);
reg[$clog2(DEPTH):0] rd_pt_d1;          //读指针同步 1 拍
reg[$clog2(DEPTH):0] rd_pt_d2;          //读指针同步 2 拍
reg[$clog2(DEPTH):0] wr_pt_d1;          //写指针同步 1 拍
reg[$clog2(DEPTH):0] wr_pt_d2;          //写指针同步 2 拍
wire[$clog2(DEPTH)-1:0] wr_pt_t;        //写 RAM 的地址
wire[$clog2(DEPTH)-1:0] rd_pt_t;        //读 RAM 的地址
assign wr_pt_t = wr_pt[$clog2(DEPTH)-1 : 0];   //读写 RAM 地址赋值
    //写 RAM 地址等于写指针的低 DATA_DEPTH 位(去除最高位)
assign rd_pt_t = rd_pt[$clog2(DEPTH)-1 : 0];
    //读 RAM 地址等于读指针的低 DATA_DEPTH 位(去除最高位)
//----------------写操作,更新写地址----------------
always @(posedge wr_clk,negedge wr_clr) begin
    if (!wr_clr)  wr_pt <= 0;
    else if(!full && wr_en) begin       //写使能有效且非满
        wr_pt <= wr_pt + 1'd1;
        fifo_buf[wr_pt_t] <= data_in; end
end
//----------------读操作,更新读地址----------------
always @(posedge rd_clk, negedge rd_clr) begin
    if(!rd_clr)  rd_pt <= 'd0;
    else if(rd_en && !empty) begin      //读使能有效且非空
        data_out <= fifo_buf[rd_pt_t];
        rd_pt <= rd_pt + 1'd1;   end
```

```
end
//------将读指针的格雷码同步到写时钟域，判断是否写满-------
always @(posedge wr_clk,negedge wr_clr) begin
    if(!wr_clr) begin
        rd_pt_d1 <= 0; rd_pt_d2 <= 0; end
    else begin
        rd_pt_d1 <= rd_pt_g;           //寄存 1 拍
        rd_pt_d2 <= rd_pt_d1; end       //寄存 2 拍
end
//------将写指针的格雷码同步到读时钟域，判断是否读空-------
always @ (posedge rd_clk,negedge rd_clr) begin
    if (!rd_clr) begin
        wr_pt_d1 <= 0; wr_pt_d2 <= 0;  end
    else begin
        wr_pt_d1 <= wr_pt_g;           //寄存 1 拍
        wr_pt_d2 <= wr_pt_d1; end       //寄存 2 拍
end
assign full=(wr_pt_g=={~(rd_pt_d2[$clog2(DEPTH) : $clog2(DEPTH)-1]),
        rd_pt_d2[$clog2(DEPTH)-2:0]})? 1'b1:1'b0;
    //同步后的读指针格雷码高两位取反，再拼接余下的位
    //若高位相反且其他位相等，写指针超过读指针一圈，FIFO 缓存器被写满
assign empty = (wr_pt_d2 == rd_pt_g) ? 1'b1 : 1'b0;
    //当读指针与写指针相同，FIFO 被读空
endmodule
```

3. 异步 FIFO 缓存器的测试

编写异步 FIFO 缓存器的 Test Bench 代码，对其进行测试，见代码清单 10.27。

代码清单 10.27   异步 FIFO 缓存器 Test Bench 代码

```
module fifo_asy_tb();
parameter  WIDTH = 8;          //FIFO 缓存器宽度
parameter  DEPTH = 8;          //FIFO 缓存器深度
reg  wr_clk;                    //写时钟
reg  wr_clr;                    //写复位,低电平有效
reg  wr_en   ;                  //写使能, 高电平有效
reg[WIDTH-1:0] data_in;         //写入的数据
reg  rd_clk;                    //读时钟
reg  rd_clr;                    //读复位,低电平有效
reg  rd_en;                     //读使能, 高电平有效
wire[WIDTH-1:0] data_out;       //读出的数据
wire  empty;                    //空标志, 高电平表示当前 FIFO 缓存器已被写满
wire  full;                     //满标志, 高电平表示当前 FIFO 缓存器已被读空
//------------例化 fifo 模块----------------
fifo_asy
    #(.WIDTH(WIDTH),            //FIFO 缓存器宽度
     .DEPTH(DEPTH))            //FIFO 缓存器深度
   u1(.wr_clk(wr_clk),
     .wr_clr(wr_clr),
     .wr_en(wr_en),
```

```
    .data_in(data_in),
    .rd_clk(rd_clk),
    .rd_clr(rd_clr),
    .rd_en(rd_en),
    .data_out(data_out),
    .empty(empty),
    .full(full));
//------------时钟信号------------------
always #10 rd_clk = ~rd_clk;    //读时钟周期20ns
always #20 wr_clk = ~wr_clk;    //写时钟周期40ns
//-----------初始化测试数据--------------
initial begin
    {rd_clk,wr_clk,wr_clr,rd_clr,wr_en,rd_en} <= 0;
    data_in <= 'dx;
    #30  wr_clr <= 1'b1; rd_clr <= 1'b1;
    repeat(8) begin                //重复8次写操作，让FIFO缓存器写满
    @(negedge wr_clk) begin wr_en <= 1'b1;
       data_in <= {$random} % 60;    //产生0~59的正的随机数
    end  end
    @(negedge wr_clk) wr_en <= 1'b0;
    repeat(8) begin                //重复8次读操作，让FIFO缓存器读空
    @(negedge rd_clk) rd_en <= 1'd1;  end    //读使能有效
    @(negedge rd_clk) rd_en <= 1'd0;
    @(negedge rd_clk) rd_en <= 1'b1;  //持续对FIFO缓存器读
    repeat(80) begin                //同时持续对FIFO缓存器写，写入随机数
    @(negedge wr_clk) begin  wr_en <= 1'b1;
    data_in <= {$random} % 100; //产生0~99的正的随机数
    end  end
end
endmodule
```

图 10.17 所示为代码清单 10.27 的测试波形，波形分 3 段：首先向 FIFO 缓存器写入 8 个随机数，产生写满信号；然后读出 8 次，直至读空；最后持续同时进行读写。

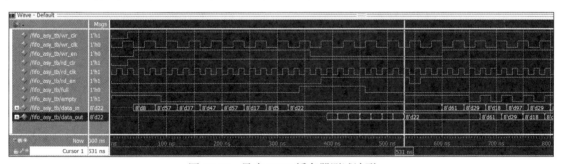

图 10.17　异步 FIFO 缓存器测试波形

10.7　流水线设计

流水线（pipeline）设计用于提高所设计系统的运行速度。为保障数据的快速传输，必须让系统运行在尽可能高的频率上。但是，如果某些复杂逻辑功能的完成需要较长的延时，就会使

系统难以运行在高的频率上。在这种情况下，可使用流水线技术，即在长延时的逻辑功能块中插入触发器，使复杂的逻辑操作分步完成，减小每个部分的延时，从而使系统的运行频率得以提高。流水线设计的代价是增加了寄存器逻辑，增加了芯片资源的耗用。

流水线操作可用图 10.18 来说明。在图中，假定某个复杂逻辑功能的实现需要较长的延时，我们可将其分解为几个（如 3 个）步骤来实现，每一步的延时变为原来的三分之一左右，在各步骤之间加入寄存器，以暂存中间结果，这样可使整个系统的最高工作频率得到成倍的提高。

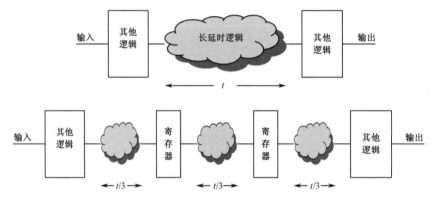

图 10.18   流水线操作

采用流水线技术能有效提高系统的工作频率，尤其是对于 FPGA 器件而言，FPGA 器件的逻辑单元中有大量 4 和 5 变量的查找表与触发器。因此，在 FPGA 设计中采用流水线技术可以有效提高系统的速度。

下面以 8 位全加器的设计为例，对比流水线设计和非流水线设计。

1. 采用非流水线方式实现

代码清单 10.28 展示了非流水线方式实现的 8 位全加器，其输入、输出端都带有寄存器。

代码清单 10.28   非流水线方式实现的 8 位全加器

```
module adder8(
    input[7:0] ina,inb,  input cin,clk,
    output[7:0] sum, output cout);
reg[7:0] tempa,tempb,sum; reg cout,tempc;
always @(posedge clk)
    begin  tempa=ina;tempb=inb;tempc=cin; end    //输入数据锁存
always @(posedge clk)
    begin  {cout,sum}=tempa+tempb+tempc; end
endmodule
```

图 10.19 展示了代码清单 10.28 综合后的 RTL 视图。可以看出，全加器的输入、输出端都带有寄存器。

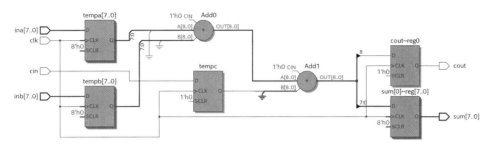

图 10.19　非流水线方式实现的 8 位全加器的 RTL 视图

2. 采用 2 级流水线方式实现

图 10.20 展示了 2 级流水线 8 位加法器的实现框图。从图中可以看出，该加法器采用了 2 级寄存、2 级加法，每一个加法器实现 4 位数据和一个进位的相加。代码清单 10.29 是该 2 级流水线 8 位加法器的 Verilog HDL 源代码。

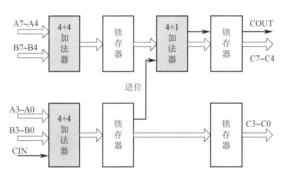

图 10.20　2 级流水线 8 位加法器实现框图

代码清单 10.29　2 级流水线 8 位加法器

```
module adder_pipe2(
    input[7:0] ina,inb, input cin,clk,
    output reg[7:0] sum,
    output reg cout);
reg[3:0] tempa,tempb,firsts; reg firstc;
always @(posedge clk)
begin  {firstc,firsts}=ina[3:0]+inb[3:0]+cin;
tempa=ina[7:4];  tempb=inb[7:4]; end
always @(posedge clk)
begin  {cout,sum[7:4]}=tempa+tempb+firstc;
sum[3:0]=firsts; end
endmodule
```

3. 采用 4 级流水线方式实现

图 10.21 展示了用 4 级流水线实现的 8 位加法器的框图。从图中可以看出，该加法器采用 5 级寄存、4 级加法，每一个加法器实现 2 位数据和一个进位的相加，整个加法器只受 2 位全加器工作速度的限制，平均完成一个加法运算只需 1 个时钟周期的时间。代码清单 10.30 是该 4

级流水 8 位全加器的 Verilog HDL 源代码。

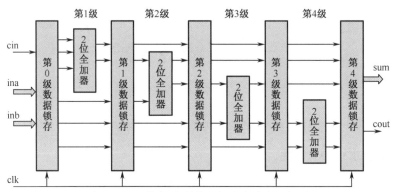

图 10.21   8 位加法器的 4 级流水线实现框图

代码清单 10.30   4 级流水方式实现的 8 位全加器

```
module adder_pipe4(
    input[7:0] ina,inb,  input cin,clk,
    output reg[7:0] sum,
    output reg cout);
reg[7:0] tempa,tempb;
reg tempci,firstco,secondco,thirdco;
reg[1:0] firsts,thirda,thirdb;
reg[3:0] seconda,secondb,seconds;
reg[5:0] firsta,firstb,thirds;
//--------------------------------------------
always @(posedge clk)
  begin tempa=ina;tempb=inb;tempci=cin;  end      //输入数据缓存
always @(posedge clk)  begin
  {firstco,firsts}=tempa[1:0]+tempb[1:0]+tempci;   //第 1 级加（低 2 位相加）
  firsta=tempa[7:2];firstb=tempb[7:2];end          //未参加计算的数据缓存
always @(posedge clk)  begin
  {secondco,seconds}={firsta[1:0]+firstb[1:0]+firstco,firsts};
    //第 2 级加（第 2、3 位相加）
  seconda=firsta[5:2];secondb=firstb[5:2];end      //数据缓存
always @(posedge clk)  begin
  {thirdco,thirds}={seconda[1:0]+secondb[1:0]+secondco,seconds};
    //第 3 级加（第 4、5 位相加）
  thirda=seconda[3:2];thirdb=secondb[3:2];end      //数据缓存
always @(posedge clk)
  begin  {cout,sum}={thirda[1:0]+thirdb[1:0]+thirdco,thirds};end
    //第 4 级加（高 2 位相加）
endmodule
```

将上述几个设计综合到 FPGA 器件（如 EP4CE115F29C7）中，比较其最大工作频率。具体步骤为：用 Quartus Prime 对源程序进行编译，编译通过后，从菜单栏中选择 Tools→Timing Analyzer，在出现的 Timing Analyzer 窗口左边的 Tasks 栏中找到 Report Fmax Summary 并双击，可以看到，非流水线设计（见代码清单 10.28）允许的最大工作频率为 417.71MHz，而 4 级流水线设计（见代码清单 10.30）允许的最大工作频率为 547.05MHz，如图 10.22 所示。显然，流水线设计允许的最大工作频率高于非流水线设计允许的最大工作频率，因此，流水线设计有效地提高了系统的最高运行频率。

（a）流水线设计允许的最大工作频率　　　　　（b）非流水线设计允许的最大工作频率

图 10.22　最大允许工作频率的比较

10.8　资源共享

尽量减少系统耗用的器件资源也是我们进行电路设计时追求的目标。在这方面，资源共享（resource sharing）是常用的方法之一，尤其是将一些耗用资源较多的模块进行共享，能有效降低整个系统耗用的资源。

代码清单 10.31 是一个比较资源耗用的示例。假如要实现这样的功能：当 sel=0 时，sum=a+b；当 sel=1 时，sum=c+d；a、b、c、d 的宽度可变，在本例中定义为 4 位，有两种实现方案。

代码清单 10.31　比较资源耗用的示例

```
//方案1：用两个加法器和1个MUX实现
module    res1   #(parameter    SIZE=4)
          (input    sel,
            input[SIZE-1:0]    a,b,c,d,
            output   reg[SIZE:0]   sum);
always   @*
begin
if(sel)    sum=a+b;
else         sum=c+d;
end
endmodule
//方案2：用两个MUX和1个加法器实现
module    res2   #(parameter    SIZE=4)
          (input    sel,
            input[SIZE-1:0]    a,b,c,d,
            output   reg[SIZE:0]   sum);
reg[SIZE-1:0]    atmp,btmp;
always   @*
begin    if(sel)
begin    atmp=a;btmp=b;end
else    begin    atmp=c;btmp=d;end
sum=atmp+btmp;          end
endmodule
```

方案 1 和方案 2 的逻辑电路分别如图 10.23 与图 10.24 所示。

将上面两个程序分别综合到 FPGA 器件中（综合时应关闭综合软件的"Auto Resource Sharing"选项）。编译后查看编译报告，比较器件资源的消耗情况可发现，方案 1 需要耗用更多的逻辑单元资源，这是因为方案 1 需要两个加法器，方案 2 通过增加 1 个 MUX 共享了加法器，而加法器耗用的资源比 MUX 耗用的资源多，因此，方案 2 更节省资源。所以，在电路设计中，应尽量将硬件代价高的模块资源共享，以降低整个系统的成本。

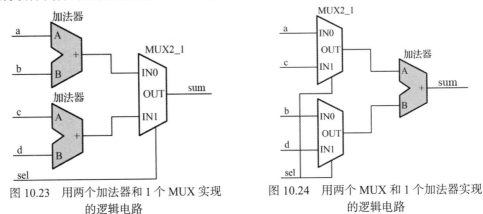

图 10.23　用两个加法器和 1 个 MUX 实现
的逻辑电路

图 10.24　用两个 MUX 和 1 个加法器实现
的逻辑电路

可在表达式中用括号来控制综合的结果，以实现资源的共享和复用，如代码清单 10.32 所示。

代码清单 10.32　设计复用示例

```
//方案 1
module   add1
    (input[3:0]   a,b,c,
     output   reg[4:0]   s1,s2);
always   @*
begin
    s1=a+b;   s2=c+a+b;
end
endmodule
//方案 2
module   add2
    (input[3:0]   a,b,c,
     output   reg[4:0]   s1,s2);
always   @*
begin
s1=a+b;   s2=c+(a+b);   end
    //用括号控制复用
endmodule
```

上面两个方案实现的功能完全相同，但用综合器综合的结果却不同，耗用的资源也不同，方案 1 与方案 2 的 RTL 综合结果如图 10.25 所示。可以看出，方案 1 用了 3 个 5 位加法器实现，而方案 2 只用了两个 5 位加法器实现，显然方案 2 更优，这是因为方案 2 中重用了已计算过的值 s1，因此节省了资源。在存在乘法器、除法器的场景中，上述方法会更明显地节省资源。

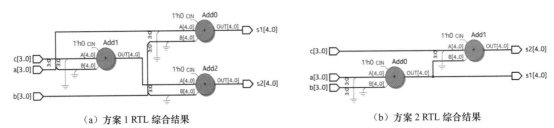

（a）方案 1 RTL 综合结果　　　　　　　　　（b）方案 2 RTL 综合结果

图 10.25　方案 1 与方案 2 的 RTL 综合结果

在节省资源的设计中应注意以下几点。

● 尽量共享复杂的运算单元，可以采用函数和任务来定义这些共享的数据处理模块。

● 可用加括号的方式控制综合的结果，以实现资源共享，重用已计算的结果。

● 设计模块的数据宽度应尽量小，以满足设计要求为准。

练习

1. 分别用结构描述和行为描述方式实现 JK 触发器，并进行综合。

2. 描述图 10.26 所示的 8 位并行/串行转换电路。当 load 信号为 1 时，将并行输入的 8 位数据 $d7\sim d0$ 同步存储进入 8 位寄存器；当 load 信号为 0 时，将 8 位寄存器的数据从 dout 端口同步串行（在 clk 的上升沿）输出，输出结束后，dout 端保持低电平直至下一次输出。

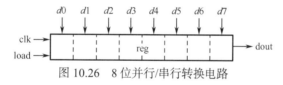

图 10.26　8 位并行/串行转换电路

3. 设计一个 16 位移位相加乘法器。设计思路是：乘法通过逐项移位相加来实现，根据乘数的每一位是否为"1"进行计算，若为"1"则将被乘数移位相加。

4. 编写除法器程序，实现两个 4 位无符号二进制数的除法操作。

5. 编写一个 8 路彩灯控制程序，要求彩灯有以下 3 种演示形式。

（a）8 路彩灯同时亮灭。

（b）从左至右逐路亮（每次只有 1 路亮）。

（c）8 路彩灯每次有 4 路灯亮，4 路灯灭，且亮灭相间，交替亮灭。

6. 用 Verilog HDL 设计数字跑表，计时精度为 10ms（百分秒），最长计时为 59 分 59.99 秒，跑表具有复位、暂停、百分秒计时等功能；当启动/暂停键为低电平时开始计时，为高电平时暂停计时，变为低电平后在原来的数值基础上继续计数。

7. 流水线设计技术为什么能提高数字系统的工作频率？

8. 设计一个加法器，实现 sum=$a0+a1+a2+a3$，$a0$、$a1$、$a2$、$a3$ 的宽度都是 8 位。如果用下面两种方法实现，说明哪种方法更好一些。

（a）sum=$((a0+a1)+a2)+a3$。

（b）sum=$(a0+a1)+(a2+a3)$。

9. 用流水线技术对第 8 题中的 sum=$((a0+a1)+a2)+a3$ 的实现方式进行优化，对比最高工作频率。

第11章 Verilog 有限状态机设计

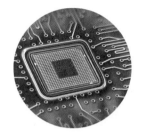

有限状态机（Finite State Machine，FSM）是电路设计中的经典方法，尤其是在需要串行控制和高速 A/D、D/A 器件的场合，状态机是解决问题的有效手段，具有速度快、结构简单、可靠性高等优点。

有限状态机非常适合用 FPGA 器件实现，用 Verilog HDL 的 case 语句能很好地描述基于状态机的设计，再通过 EDA 工具软件的综合，一般可以生成性能极优的状态机电路，从而使其在运行速度、可靠性和占用资源等方面优于 CPU 实现的方案。

11.1 引言

有限状态机是按照设定好的顺序实现状态转移并产生相应输出的特定机制，是组合逻辑和寄存器逻辑的一种特殊组合：寄存器用于存储状态 [包括现态（Current State，CS）和次态（Next State，NS）]，组合逻辑用于状态译码并产生输出逻辑（Output Logic，OL）。

根据输出信号产生方法的不同，状态机可分为摩尔（Moore）型和米利（Mealy）型。摩尔型状态机的输出只与当前状态有关，如图 11.1 所示；米利型状态机的输出不仅与当前状态相关，还与当前输入直接相关，如图 11.2 所示。米利型状态机的输出是在输入变化后立即变化的，不依赖时钟信号的同步，摩尔型状态机的输入发生变化时还需要等待时钟的到来，状态发生变化后才导致输出的变化，因此要比米利型状态机多等待 1 个时钟周期。

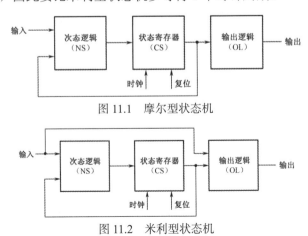

图 11.1 摩尔型状态机

图 11.2 米利型状态机

实用的状态机一般设计为同步时序方式,它在时钟信号的触发下完成各个状态之间的转移,并产生相应的输出。状态机有 3 种表示方法:状态图(state diagram)、状态表(state table)和流程图,这 3 种表示方法是等价的,相互之间可以转换。

注意: 　　状态机特别适用于需要复杂的控制时序的场合,以及需要单步执行的场合(如控制高速 A/D 和 D/A 芯片、控制液晶屏等)。

11.2 有限状态机的 Verilog 描述

有限状态机包含 3 个要素:
- 当前状态,即现态。
- 下一个状态,即次态。
- 输出逻辑。

相应地,用 Verilog HDL 描述有限状态机时,有如下几种方式。
- 三段式描述:现态、次态、输出逻辑各用一个 always 过程描述。
- 两段式描述:用一个 always 过程描述现态和次态时序逻辑,另一个 always 过程描述输出逻辑。
- 单段式描述:将状态机的现态、次态和输出逻辑用同一个 always 块描述。

对于两段式描述,相当于一个过程是由时钟信号触发的时序过程(一般用 case 语句检查状态机的当前状态,然后用 if 语句决定下一个状态);另一个过程是组合过程,在组合过程中根据当前状态给输出信号赋值。对于摩尔型状态机,其输出只与当前状态有关,因此只需用 case 语句描述;对于米利型状态机,其输出与当前状态和当前输入都有关,故可以用 case、if 语句组合进行描述。两段式描述方式结构清晰,并且把时序逻辑和组合逻辑分开描述,便于修改。

在单段氏描述方式中,将有限状态机的现态、次态和输出逻辑放在同一个过程中描述,这样做的好处是相当于用时钟信号来同步输出信号,可以解决输出逻辑信号出现毛刺的问题,适用于将输出信号作为控制逻辑的场合,有效避免了输出信号带有毛刺从而产生错误的控制逻辑的问题。

11.2.1 三段式状态机描述

三段式状态机描述使用 3 个 always 块。
- 一个 always 块描述状态转移,采用同步时序逻辑。
- 一个 always 块判断状态转移条件,描述状态转移规律,采用组合逻辑。
- 一个 always 块描述状态输出,采用同步时序逻辑。

以"101"序列检测器的设计为例,介绍状态图的几种描述方式。图 11.3 所示为"101"序列检测器状态图,共有 4 个状态,即 S0、S1、S2 和 S3,代码清单 11.1 采用三段式对其进行描述。

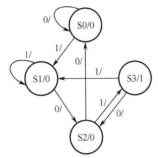

图 11.3 "101" 序列检测器状态图

代码清单 11.1 "101" 序列检测器的三段式描述（CS、NS、OL 各用一个过程描述）

```
module fsm1_seq101(
    input clk,clr,x,
    output reg z);
reg[1:0] state,next_state;
    //状态编码，采用格雷编码方式
parameter S0=2'b00,S1=2'b01,S2=2'b11,S3=2'b10;
always @(posedge clk, posedge clr)          //此过程定义现态
begin if(clr) state<=S0;                     //异步复位，S0 为起始状态
    else state<=next_state;   end
always @(state, x)                           //此过程定义次态
begin
case (state)
    S0:begin if(x) next_state<=S1; else next_state<=S0; end
    S1:begin if(x) next_state<=S1; else next_state<=S2; end
    S2:begin if(x) next_state<=S3; else next_state<=S0; end
    S3:begin if(x) next_state<=S1; else next_state<=S2; end
    default: next_state<=S0;
    endcase
end
always @*                                    //此过程产生输出逻辑
begin  case(state)
    S3: z=1'b1;
    default:z=1'b0;
endcase
end
endmodule
```

用综合器综合后，"101" 序列检测器状态机视图如图 11.4 所示。

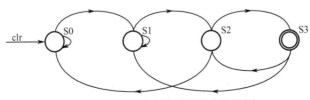

图 11.4 "101" 序列检测器状态机视图

11.2.2 两段式状态机描述

代码清单 11.2 采用两个 always 过程对"101"序列检测器进行描述。

代码清单 11.2 "101"序列检测器（CS+NS、OL 双过程描述）

```
module fsm2_seq101(
    input clk,clr,x,
    output reg z);
reg[1:0] state;
    //状态编码，采用格雷码编码方式
parameter S0=2'b00,S1=2'b01,S2=2'b11,S3=2'b10;
always @(posedge clk, posedge clr)        //此过程定义起始状态
begin  if(clr) state<=S0;                  //异步复位，S0 为起始状态
    else case(state)
    S0:begin if(x) state<=S1; else state<=S0; end
    S1:begin if(x) state<=S1; else state<=S2; end
    S2:begin if(x) state<=S3; else state<=S0; end
    S3:begin if(x) state<=S1; else state<=S2; end
    default:state<=S0;
    endcase
end
always @(state)                            //产生输出逻辑
begin  case (state)
    S3: z=1'b1;
    default:z=1'b0;
endcase
end
endmodule
```

11.2.3 单段式状态机描述

将有限状态机的现态、次态和输出逻辑放在一个过程中进行描述（单过程描述、单段式描述），如代码清单 11.3 所示。

代码清单 11.3 "101"序列检测器（CS+NS+OL 单过程描述）

```
module fsm4_seq101(
    input clk,clr,x,
    output reg z);
reg[1:0] state;
    //状态编码，采用格雷码编码方式
parameter S0=2'b00,S1=2'b01,S2=2'b11,S3=2'b10;
always @(posedge clk, posedge clr)
begin  if(clr) state<=S0;
    else case(state)
    S0:begin if(x) begin state<=S1; z=1'b0;end
        else begin state<=S0; z=1'b0;end  end
    S1:begin if(x) begin state<=S1; z=1'b0;end
        else begin state<=S2; z=1'b0;end  end
    S2:begin if(x) begin state<=S3; z=1'b0;end
        else begin state<=S0; z=1'b0;end  end
    S3:begin if(x) begin state<=S1; z=1'b1;end
        else begin state<=S2; z=1'b1;end  end
    default:begin state<=S0; z=1'b0;end    /*default 语句*/
endcase end
endmodule
```

代码清单 11.3 的 RTL 综合视图如图 11.5 所示，可看出，输出逻辑 z 也通过 D 触发器输出，这样做的好处是：相当于用时钟信号来同步输出信号，能解决输出逻辑出现毛刺的问题，适合

在将输出信号作为控制逻辑的场合使用，有效避免产生错误控制动作的情况。

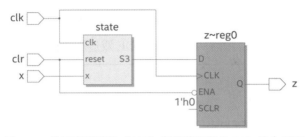

图 11.5　单过程描述的"101"序列检测器的 RTL 综合视图

代码清单 11.4 是"101"序列检测器的 Test Bench 代码。

代码清单 11.4　"101"序列检测器的 Test Bench 代码

```
`timescale 1ns / 1ns
module seq_detec_tb;
parameter PERIOD = 20;
reg clk, clr, x;
wire z;
fsm4_seq101 i1(.clk(clk), .clr(clr), .x(x), .z(z));
        //待测模块 fsm4_seq101 源代码见代码清单 11.3
//-------------------------------------------
reg[7:0] buffer;
integer i;
task seq_gen(input[7:0] seq);            //将输入序列封装为任务
    buffer = seq;
    for(i = 7; i >= 0; i = i-1) begin
    @(negedge clk)
    x = buffer[i];
    end
endtask
//-------------------------------------------
initial begin
    clk = 0;  clr = 0;
    @(negedge clk)
    clr = 1;
    seq_gen(8'b10101101);                //任务例化
    seq_gen(8'b01011101);                //任务例化
end
always begin                             //生成时钟信号
    #(PERIOD/2) clk = ~clk;
end
endmodule
```

在 ModelSim 中运行代码清单 11.4，得到图 11.6 所示的仿真波形，验证其功能正确。

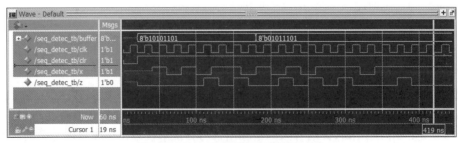

图 11.6　"101"序列检测器仿真波形

11.3　状态编码

11.3.1　常用的状态编码方式

在状态机设计中，有一个重要的工作是状态的编码，常用的状态编码方式有顺序编码、格雷编码、Johnson 编码和独热编码等。

1.　顺序编码

顺序编码采用顺序的二进制数编码每个状态。例如，如果有 4 个状态分别为 state0、state1、state2 和 state3，其二进制编码各状态所对应的码字分别为 00、01、10 和 11。顺序编码的缺点是在从一个状态转换到相邻状态时，可能有多位同时发生变化，瞬变次数多，容易产生毛刺，从而引发逻辑错误。

2.　格雷编码

如果将 state0、state1、state2 和 state3 这 4 个状态编码分别表示为 00、01、11 和 10，即格雷编码方式。格雷编码节省逻辑单元，而且在状态的顺序转换中（state0→state1→state2→state3→state0→……），相邻状态每次只有一个比特位产生变化，这样既减少了瞬变的次数，也减少了产生毛刺、产生一些暂态的可能性。

3.　Johnson 编码

Johnson 计数器是一种移位计数器，采用的是把输出的最高位取反，反馈送到最低位触发器的输入端。Johnson 编码每相邻两个码字间也是只有 1 位是不同的。如果有 6 个状态 state0～state5，用 Johnson 编码则分别为 000、001、011、111、110 和 100。

4.　独热编码

独热编码采用 n 位（或 n 个触发器）来编码具有 n 个状态的状态机。例如，对于 state0、state1、state2 和 state3 这 4 个状态，可用码字 1000、0100、0010 和 0001 来代表。如果有 A、B、C、D、E 和 F 共 6 个状态需要编码，用顺序编码只需 3 位即可，但用热码编码则需 6 位，分别为 000001、000010、000100、001000、010000 和 100000。

表 11.1 是对 16 个状态分别用上述 4 种编码方式编码的对比。可以看出，对 16 个状态编码，顺序编码和格雷编码均需要 4 位，Johnson 编码需要 8 位，独热编码则需要 16 位。

表 11.1　4 种编码方式编码的对比

状态	顺序编码	格雷编码	Johnson 编码	独热编码
state0	0000	0000	00000000	0000000000000001
state1	0001	0001	00000001	0000000000000010

续表

状态	顺序编码	格雷编码	Johnson 编码	独热编码
state2	0010	0011	00000011	0000000000000100
state3	0011	0010	00000111	0000000000001000
state4	0100	0110	00001111	0000000000010000
state5	0101	0111	00011111	0000000000100000
state6	0110	0101	00111111	0000000001000000
state7	0111	0100	01111111	0000000010000000
state8	1000	1100	11111111	0000000100000000
state9	1001	1101	11111110	0000001000000000
state10	1010	1111	11111100	0000010000000000
state11	1011	1110	11111000	0000100000000000
state12	1100	1010	11110000	0001000000000000
state13	1101	1011	11100000	0010000000000000
state14	1110	1001	11000000	0100000000000000
state15	1111	1000	10000000	1000000000000000

注意：　　　采用独热编码，虽然多使用了触发器，但可以有效节省和简化译码电路。对于 FPGA 器件来说，采用独热编码可有效提高电路的速度和可靠性，也有利于提高器件资源的利用率，因此，在 FPGA 设计中可考虑采用该编码方式。

11.3.2　状态编码的定义

在 Verilog HDL 中，可用来定义状态编码的语句有 parameter、'define 和 localparam。

例如，要为 ST1、ST2、ST3 和 ST4 这 4 个状态分别分配码字 00、01、11 和 10，可采用下面的几种方式。

用 parameter 参数定义状态编码。

```
parameter ST1=2'b00,ST2=2'b01,
          ST3=2'b11,ST4=2'b10;
    …
case(state)
    ST1:  …;                 //调用
    ST2:  …;
    …
```

用'define 语句定义状态编码。

```
'define ST1  2'b00           //不要加分号";"
'define ST2  2'b01
'define ST3  2'b11
'define ST4  2'b10
    …
  case(state)
   'ST1:  …;                 //调用,不要漏掉符号"'"
   'ST2:  …;
    …
```

用 localparam 定义状态编码。

localparam 用于定义局部参数，localparam 定义的参数作用的范围仅限于本模块内，不可用于参数传递。由于状态编码一般只作用于本模块，不需要被上层模块重新定义，因此 localparam 语句很适合用于状态机参数的定义。用 localparam 语句定义参数的格式如下。

```
localparam   ST1=2'b00,ST2=2'b01,
             ST3=2'b11,ST4=2'b10;
     …
case(state)
    ST1:    …;                  //调用
    ST2:    …;
    …
```

'define、parameter 和 localparam 都可以用于定义参数和常量，三者的用法及作用范围不同。

'define 作用的范围可以是整个工程，能够跨模块，直至遇到'undef 时失效，所以用'define 定义参数和常量时，一般将定义语句放在模块外。

parameter 作用于本模块，可通过参数传递改变下层模块的参数值。

localparam 是局部参数，不能用于参数传递，常用于状态机参数的定义。

一般使用 case、casez 和 casex 语句来描述状态之间的转换，用 case 语句表述比用 if-else 语句更清晰明了了。代码清单 11.5 采用独热编码方式对代码清单 11.2 的"101"序列检测器进行改写，对 S0~S3 这 4 个状态进行独热编码，并采用'define 语句定义。

代码清单 11.5　"101"序列检测器（独热编码）

```
'define S0   4'b0001              //一般把'define定义语句放在模块外
'define S1   4'b0010              //独热编码
'define S2   4'b0100
'define S3   4'b1000
module fsm_seq101_onehot(
    input clk,clr,x,
    output reg z);
reg[3:0] state,next_state;
always @(posedge clk or posedge clr)
begin if(clr) state<='S0;         //异步复位，S0 为起始状态
    else state<=next_state;
end
always @*
begin
case (state)
    'S0:begin if(x) next_state<='S1; else next_state<='S0; end
    'S1:begin if(x) next_state<='S1; else next_state<='S2; end
    'S2:begin if(x) next_state<='S3; else next_state<='S0; end
    'S3:begin if(x) next_state<='S1; else next_state<='S2; end
    default: next_state<='S0;
endcase end
always @*
begin  case(state)
    'S3:    z=1'b1;
    default:  z=1'b0;
endcase end
endmodule
```

代码清单 11.6 是一个"1111"序列检测器（若输入序列中有 4 个或 4 个以上连续的 1 出现，输出为 1，否则输出为 0）的例子，采用 localparam 语句进行状态定义，并用单段式描述方式。图 11.7 所示为该序列检测器的状态机视图。

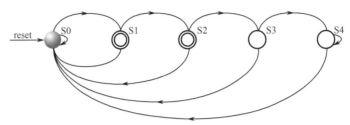

图 11.7　"1111"序列检测器的状态机视图

代码清单 11.6　"1111"序列检测器（单段式描述 CS+NS+OL）

```
module seq_detect(
    input x,clk,reset,
    output reg z);
localparam S0='d0,S1='d1,S2='d2,S3='d3,S4='d4;
    //用localparam进行状态定义
reg[4:0] state;
always @(posedge clk)
begin if(!reset) begin  state<=S0;z<=0;  end
    else casex(state)
    S0:begin if(x==0)  begin state<=S0; z<=0; end
        else  begin  state<=S1;  z<=0;  end end
    S1:begin if(x==0)  begin state<=S0; z<=0; end
        else  begin  state<=S2; z<=0; end end
    S2:begin if(x==0)  begin state<=S0; z<=0; end
        else  begin  state<=S3; z<=0; end end
    S3:begin if(x==0)  begin  state<=S0; z<=0; end
        else  begin  state<=S4; z<=1; end end
    S4:begin if(x==0)  begin state<=S0; z<=0; end
        else  begin  state<=S4; z<=1; end end
    default: state<=S0;          //默认状态
    endcase
end
endmodule
```

代码清单 11.6 的 RTL 综合视图如图 11.8 所示，可以看到，输出逻辑 z 也由寄存逻辑输出。

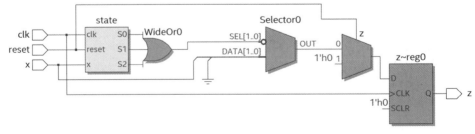

图 11.8　"1111"检测器 RTL 综合视图

"1111"序列检测器的 Test Bench 测试代码如代码清单 11.7 所示。

代码清单 11.7 "1111"序列检测器的 Test Bench 测试代码

```
'timescale 1ns / 100 ps
module seq_1111_tb;
parameter PERIOD = 20;
reg clk, clr, din=0;
wire z;
seq_detect i1(.clk(clk), .reset(clr), .x(din), .z(z));
reg[19:0] buffer;
integer i;
//------------------------------------
initial buffer = 20'b1110_1111_1011_1110_1101;
    //将测试数据进行初始化
always@(posedge clk)
    begin {din,buffer}={buffer,din}; end
    //输入信号 din
initial begin
    clk = 0;  clr = 0;
    @(posedge clk);
    @(posedge clk)  clr = 1;  end
always begin
    #(PERIOD/2) clk = ~clk;  end
endmodule
```

代码清单 11.7 在 ModelSim 中用 run 500ns 命令进行仿真，得到图 11.9 所示的仿真波形。

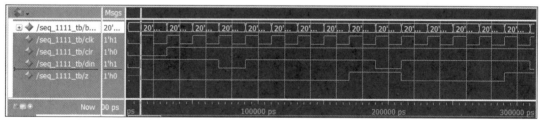

图 11.9 "1111"序列检测器仿真波形

11.3.3 用属性指定状态编码方式

可采用属性来指定状态编码方式。属性的格式没有统一的标准，在各个综合工具中是不同的。例如，Quartus Prime 中使用 fsm_encoding 语句实现状态机的编码方式，属性放置于状态寄存器的前面，属性中可设置的值有 Auto、One-Hot、Minimal Bits、Gray、Johnson、User-Encoded、Sequential。

- "Auto"——默认值，在该值下工具一般会根据状态的数量选择编码方式，状态数少于 5 个时选择顺序编码方式；状态数为 5～50 个时，选择一位热码编码方式；状态数超过 50 个时，选择格雷编码方式。
- "One-Hot"——一位热码。
- "Sequential"——顺序编码。
- "Gray"——格雷编码。
- "Johnson"——约翰逊编码。

- "Minimal Bits"——最少比特编码方式。
- "User-Encoded"——用户自定义方式，用户可在代码中用参数定义状态机的编码方式。

还可以采用属性语句将编码方式指定为安全（"safe"）编码方式，存在多余或无效状态的编码方式都是非安全的，状态机有"跑飞"和进入无效死循环的可能，尤其是一位热码编码方式，有大量的无效状态。采用属性语句将编码方式指定为安全（"safe"）编码方式后，综合器会增加额外的处理电路，防止状态机进入无效死循环，或进入无效死循环会自动退出。

例如，对于代码清单 11.6 的"1111"序列检测器，如果用属性语句指定编码方式为一位热码编码方式，其模块定义部分可以采用下面的写法。

```
module seq_detect(
    input x,clk,reset,
    output reg z);
localparam S0='d0,S1='d1,S2='d2,S3='d3,S4='d4;
    //用 localparam 语句进行状态定义
(* syn_encoding = "safe,one-hot" *) reg[4:0] state;
    //以 safe、one-hot 方式进行状态编码
```

在状态机设计中，需要注意多余状态的处理，尤其是采用一位热码编码方式时，会有大量多余状态（或称为无效状态、非法状态）的出现，多余状态可这样处理。

- 在 case 语句中，用 default 分支决定进入无效状态所采取的措施。
- 编写必要的 Verilog 源代码，以明确定义进入无效状态所采取的行为。

注意，并非所有综合软件都能按照 default 语句指示，综合出有效避免无效死循环的电路，所以此方法的有效性视所用综合软件的性能而定。

11.4　用有限状态机设计除法器

Verilog HDL 中虽有除法运算符，但其可综合性受到诸多限制，本节采用状态机实现除法器设计。

代码清单 11.8 采用模拟手算除法的方法实现除法操作，其运算过程如下。

假如被除数 a、除数 b 均为位宽为 W 位的无符号整数，则其商和余数的位宽不会超过 W 位。

步骤 1：当输入使能信号（en）为 1 时，将被除数 a 高位补 W 个 0，位宽变为 $2W$（a_tmp）；除数 b 低位补 W 个 0，位宽也变为 $2W$（b_tmp）；初始化迭代次数 i=0，到步骤 2。

步骤 2：如迭代次数 i<W，将 a_tmp 左移一位（末尾补 0），i <= i + 1，到步骤 3；否则，结束迭代运算，到步骤 4。

步骤 3：比较 a_tmp 与 b_tmp，如 a_tmp>b_tmp 成立，则 a_tmp=a_tmp-b_tmp+1，回到步骤 2 继续迭代；如 a_tmp>b_tmp 不成立，则不做减法回到步骤 2。

步骤 4：将输出使能信号（done）置 1，商为 a_tmp 的低 W 位，余数为 a_tmp 的高 W 位。

下面通过 13÷＝6，余 1，为例来理解上面的步骤，其运算的过程如图 11.10 所示。

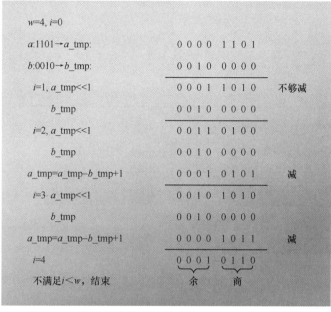

图 11.10 除法操作实现过程（以 13÷2=6，余 1 为例）

代码清单 11.8 用有限状态机实现除法器

```
module divider_fsm
  #(parameter WIDTH = 8)
   (input       clk, rstn,
    input       en,                                //输入使能，当为 1 时，开始计算
    input [WIDTH-1:0]  a,                          //被除数
    input [WIDTH-1:0]  b,                          //除数
    output reg[WIDTH-1:0]  qout,                   //商
    output reg[WIDTH-1:0]  remain,                 //余数
    output   done);                                //输出使能，当为 1 时，可取走结果
reg [WIDTH*2-1:0]  a_tmp, b_tmp;
reg [5:0]  i;
localparam  ST =4'b0001,    SUB =4'b0010,
            SHIFT=4'b0100,  DO =4'b1000;
reg [3:0]  state;
always @(posedge clk, negedge rstn) begin
   if(!rstn)  begin i <= 0;
   a_tmp <= 0; b_tmp <=0;  state <= ST;  end
   else begin
   case(state)
   ST : begin
   if(en)  begin
      a_tmp <= {{WIDTH{1'b0}},a};                  //高位补 0
      b_tmp <= {b,{WIDTH{1'b0}}};                  //低位补 0
      state <= SHIFT;   end
      else  state <= ST; end
   SHIFT : begin
      if(i < WIDTH)  begin
      i <= i + 1;
      a_tmp <= {a_tmp[WIDTH * 2-2 : 0], 1'b0};     //左移 1 位
      state <= SUB; end
      else  state <= DO; end
   SUB : begin
      if(a_tmp >= b_tmp)  begin
      a_tmp <= a_tmp - b_tmp + 1'b1;  state <= SHIFT; end
```

```
        else  state <= SHIFT;  end
    DO :  begin
        state <= ST;  i <= 0;
        qout <= a_tmp[WIDTH - 1:0];                    //商
        remain <= a_tmp[WIDTH * 2 - 1:WIDTH]; end      //余数
    endcase
end  end
assign  done = (state == DO) ?  1'b1 :  1'b0;
endmodule
```

编写其 Test Bench 测试代码如代码清单 11.9 所示。

代码清单 11.9　有限状态机除法器的 Test Bench 测试代码

```
'timescale 1ns/1ns
module divider_fsm_tb();
parameter WIDTH = 16;
reg  clk, rstn, en;
wire  done;  //ready,
reg[WIDTH-1:0]  a, b;
wire[WIDTH-1:0] qout, remain;
always #10 clk = ~clk;
integer i;
initial begin
    rstn = 0; clk = 1; en = 0;
    #30 rstn = 1;
    repeat(2) @(posedge clk);
    en <= 1;
    a <= $urandom()% 2000;
    b  <= $urandom()% 200;
    wait(done == 1);  en <= 0;
    repeat(3) @(posedge clk);
    en <= 1;
    a <= {$random()}% 1000;
    b  <= {$random()}% 100;
    wait(done == 1);  en <= 0;
    repeat(3) @(posedge clk);
    a <= {$random()}% 500;
    b  <= {$random()}% 500;
    wait(done == 1);  en <= 0;  end
divider_fsm #(.WIDTH(WIDTH))
 u1(.clk(clk), .rstn(rstn), .en(en),
    .a(a), .b(b), .qout(qout), .remain(remain), .done(done));
initial begin
    $fsdbDumpvars();
    $fsdbDumpMDA();
    $dumpvars();
    #3200 $stop; end
endmodule
```

代码清单 11.9 的测试输出波形如图 11.11 所示，可看出除法功能正确。

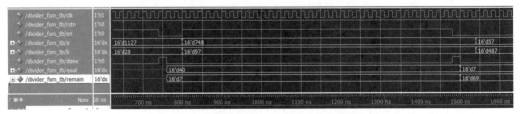

图 11.11　代码清单 11.9 的测试输出波形

11.5　用有限状态机控制流水灯

采用有限状态机设计流水灯控制器，控制 10 个 LED 实现如下演示花形。

（1）从两边往中间逐个亮，然后全灭。

（2）从中间往两边逐个亮，然后全灭。

（3）循环执行上述过程。

1. 流水灯控制器

采用有限状态机描述流水灯控制器，如代码清单 11.10 所示，采用两段式描述：一个过程描述状态转移；另一个过程产生输出逻辑。

代码清单 11.10　用状态机控制 10 路 LED 灯实现花形演示

```
'timescale 1 ns/1 ps
module ripple_led(
    input clk50m,                          //50 MHz 时钟信号
    input clr,                             //复位信号
    output reg[9:0] led);
reg[3:0] state;
wire clk10hz;
parameter S0='d0,S1='d1,S2='d2,S3='d3,S4='d4,S5='d5,S6='d6,
S7='d7,S8='d8,S9='d9,S10='d10,S11='d11;
//-------------------------------------
clk_div  #(10) u1(                        //产生 10 Hz 时钟信号
    .clk(clk50m),                         //clk_div 源代码见代码清单 10.21
    .clr(clr),
    .clk_out(clk10hz));
always @(posedge clk10hz,negedge clr)    //状态转移
begin if(!clr) state<=S0;
    else  case(state)
    S0: state<=S1;        S1: state<=S2;
    S2: state<=S3;        S3: state<=S4;
    S4: state<=S5;        S5: state<=S6;
    S6: state<=S7;        S7: state<=S8;
    S8: state<=S9;        S9: state<=S10;
    S10: state<=S11;      S11: state<=S0;
    default: state<=S0;
    endcase
end
always @(state)  begin                    //产生输出逻辑
    case(state)
    S0:led<=10'b0000000000;               //全灭
    S1:led<=10'b1000000001;               //从两边往中间逐个亮
    S2:led<=10'b1100000011;
    S3:led<=10'b1110000111;
    S4:led<=10'b1111001111;
    S5:led<=10'b1111111111;               //全亮
    S6:led<=10'b0000000000;               //全灭
    S7:led<=10'b0000110000;               //从中间往两边逐个亮
    S8:led<=10'b0001111000;
```

```
          S9:led<=10'b0011111100;
          S10:led<=10'b0111111110;
          S11:led<=10'b1111111111;
          default:led<=10'b0000000000;
          endcase;  end
endmodule
```

2. 引脚分配与锁定

用 Quartus Prime 自带的编辑器或者第三方文本编辑器（如 Notepad++）打开.qsf 文件，编辑该文件以进行引脚分配。打开本例的 led.qsf 文件，可看到文件中包含器件信息、源文件、顶层实体、引脚约束等信息，可在其中添加和修改引脚锁定信息和引脚电压等。编辑完成的 led.qsf 文件中有关器件和引脚锁定的内容如下：

```
set_global_assignment -name FAMILY "MAX 10"
set_global_assignment -name DEVICE 10M50DAF484C7G
set_location_assignment PIN_P11 -to clk50m
set_location_assignment PIN_C10 -to clr
set_location_assignment PIN_B11 -to led[9]
set_location_assignment PIN_A11 -to led[8]
set_location_assignment PIN_D14 -to led[7]
set_location_assignment PIN_E14 -to led[6]
set_location_assignment PIN_C13 -to led[5]
set_location_assignment PIN_D13 -to led[4]
set_location_assignment PIN_B10 -to led[3]
set_location_assignment PIN_A10 -to led[2]
set_location_assignment PIN_A9 -to led[1]
set_location_assignment PIN_A8 -to led[0]
```

在引脚锁定后，用 Quartus Prime 软件重新编译 led.gsf 文件，然后在 DE10-Lite 目标板上下载，观察 10 个 LED（LEDR9～LEDR0）的实际演示效果。采用有限状态机控制流水灯，结构清晰，修改方便，可在本例设计的基础上实现更多演示花形。

11.6　用状态机控制字符液晶显示器

常用的字符液晶显示器是 LCD1602，它可以显示 16×2 个 5×8 大小的点阵字符。字符液晶显示器属于慢设备，平时常用单片机对其进行控制和读/写。用 FPGA 驱动 LCD1602，最好的方法是采用状态机，通过同步状态机模拟单步执行驱动 LCD1602，可很好地实现对 LCD1602 的读/写，也体现了用状态机逻辑可很好地模拟和实现单步执行。

1. 字符液晶显示器 LCD1602 及其端口

市面上的 LCD1602 基本上是兼容的，区别仅在于是否带有背光，其驱动芯片都是 HD44780 及其兼容芯片，在驱动芯片的字符发生只读存储器（Character Generator ROM，CGROM）中固化了 192 个常用字符的字模。

LCD1602 的接口基本一致，为 16 引脚的单排插针外接端口，其引脚排列一般如图 11.12 所示，引脚功能见表 11.2。

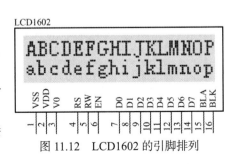

图 11.12　LCD1602 的引脚排列

表 11.2　LCD1602 的引脚功能

引脚号	引脚名称	引脚功能
1	VSS	电源地
2	VDD	电源正极
3	V0	背光偏压，液晶对比度调整端
4	RS	数据/指令选择端，0 表示选择指令，1 表示选择数据
5	RW	读/写选择端，0 表示选择写，1 表示选择读
6	EN	使能信号
7～14	D0～D7	8 位双向数据线
15	BLA	背光阳极
16	BLK	背光阴极

LCD1602 控制线主要分 4 类。

- RS：数据/指令选择端，当 RS=0 时，选择指令；当 RS=1 时，选择数据。
- RW：读/写选择端，当 RW=0 时，写指令/数据；当 RW=1 时，读状态/数据。
- EN：使能端，下降沿使指令/数据生效。
- D0～D7：8 位双向数据线。

2. LCD1602 的数据读/写时序

LCD1602 的数据读/写时序如图 11.13 所示。其读/写时序由使能信号 EN 控制。对读/写操作的识别是通过判断 RW 信号上的电平状态实现的。当 RW 为 0 时，向显示数据存储器写数据，数据在使能信号 EN 的上升沿被写入；当 RW 为 1 时，将 LCD1602 的数据读出。RS 信号用于识别数据总线 D0～D7 上的数据表示指令还表示数据。

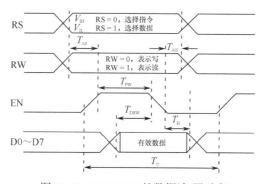

图 11.13　LCD1602 的数据读/写时序

3. LCD1602 的指令集

LCD1602 的读/写操作、屏幕和光标的设置都是通过指令来实现的，共支持 11 条控制指令，要了解这些指令可查阅相关资料。需要注意的是，LCD1602 属于慢显示设备，因此，在执行每条指令之前，一定要保证模块的忙标志为低电平（表示不忙），否则此指令失效。显示字符时要先输入显示字符地址，也就是告诉模块在哪里显示字符，表 11.3 所示为 LCD1602 的内部显示地址。

表 11.3   LCD1602 的内部显示地址

显示位置	1	2	3	4	5	6	7	8	9	10	11	12	13	14	15	16
第 1 行	80	81	82	83	84	85	86	87	88	89	8A	8B	8C	8D	8E	8F
第 2 行	C0	C1	C2	C3	C4	C5	C6	C7	C8	C9	CA	CB	CC	CD	CE	CF

4. LCD1602 的字符集

LCD1602 内部的 CGROM 中固化了 192 个常用字符的字模，其中，阿拉伯数字、大小写英文字母和常用符号的代码如表 11.4 所示（十六进制表示）。例如，大写的英文字母 A 的代码是 41H，把地址 41H 中的点阵字符图形显示出来，就能看到字母 A。

表 11.4   CGROM 中字符与代码的对应关系

低位	高位						
	0	2	3	4	5	6	7
0	CGRAM	—	0	@	P	\	p
1	—	!	1	A	Q	a	q
2	—	"	2	B	R	b	r
3	—	#	3	C	S	c	s
4	—	$	4	D	T	d	t
5	—	%	5	E	U	e	u
6	—	&	6	F	V	f	v
7	—	'	7	G	W	g	w
8	—	(	8	H	X	h	x
9	—	)	9	I	Y	i	y
a	—	*	:	J	Z	j	z
b	—	+	;	K	[	k	{
c	—	,	<	L	¥	l	|
d	—	=	M	]	m	}	
e	—	.	>	N	^	n	→
f	—	/	?	O	_	o	←

5. LCD1602 的初始化

LCD1602 开始显示前需进行必要的初始化设置，包括设置显示模式、显示地址等，初始化指令及其功能如表 11.5 所示。

表 11.5　LCD1602 的初始化指令及其功能

初始化过程	初始化指令	功能
1	8'h38、8'h30	设置显示模式：16×2 显示，5×8 点阵，8 位数据接口
2	8'h0c	开启显示，光标不显示（如要显示光标可改为 8'h0e）
3	8'h06	光标设置：光标右移，字符不移
4	8'h01	清屏，将以前的显示内容清除
行地址	1 行：'h80 2 行：'hc0	第 1 行地址 第 2 行地址

6. 用状态机驱动 LCD1602 实现字符的显示

用 FPGA 驱动 LCD1602，其实就是用同步状态机模拟单步执行驱动 LCD1602，其过程是先初始化 LCD1602，然后写入地址，最后写入显示数据。

LCD1602 的初始化过程主要由以下 4 条写指令配置。

- 工作方式设置（MODE_SET）：8'h38 或 8'h30，两者的区别在于 2 行显示还是 1 行显示。
- 显示开/关及光标设置（CURSOR_SET）：8'h0c。
- 进入模式设置（ENTRY_SET）：8'h06。
- 清屏设置（CLEAR_SET）：8'h01。

因为使用写指令，所以 RS=0；写完指令后，EN 下降沿使能。

初始化完成后，需写入地址，第一行初始地址是 8'h80；第二行初始地址是 8'hc0。写入地址时 RS=0，写完地址后，EN 下降沿使能。

写入地址后，开始写入显示数据。需注意地址指针每写入一个数据后会自动加 1。写入数据时 RS=1，写完数据后，EN 下降沿使能。

动态显示中数据要刷新，由于采用了同步状态机模拟 LCD1602 的控制时序，因此，在显示完最后的数据后，状态要跳回写入地址状态，便于进行动态刷新。

用状态机驱动 LCD1602 实现字符显示的程序见代码清单 11.11。此外，由于 LCD1602 是慢显示器件，所以应合理设置其工作时钟频率。本例采用的是计数延时使能驱动，代码中通过计数器定时得出 lcd_clk_en 信号驱动，其间隔为 500us，延时长一些会更可靠。

代码清单 11.11　控制 LCD1602，实现字符的显示

```
module lcd1602
  (input clk50m,                    //50MHz 时钟
   input reset,                     //系统复位
   output bla,                      //背光阳极
   output blk,                      //背光阴极
   output reg lcd_rs,
   output lcd_rw,
   output reg lcd_en,
   output reg [7:0] lcd_data);
parameter MODE_SET = 8'h30,         //用于字符液晶初始化的参数
   //工作方式设置:DB4=1,8 位数据接口;DB3=0, 1 行显示;DB2=0, 5×8 点阵显示
          CURSOR_SET = 8'h0c,
```

```
            //显示开关设置:DB2=1,开启显示;DB1=0,光标不显示;DB0=0,光标不闪烁
               ENTRY_SET = 8'h06,
            //进入模式设置:DB1=1,写入新数据后光标右移;DB0=0,显示不移动
               CLEAR_SET = 8'h01;              //清屏设置
//---------产生 1Hz 秒表时钟信号----------------
wire clk_1hz;
clk_div  #(1)  u1(                    //产生1Hz 秒表时钟信号
  .clk(clk50m),                       //clk_div 源代码见代码清单10.21
  .clr(1),
  .clk_out(clk_1hz));
//---------秒表计时, 每 10min 重新循环----------------
reg[7:0] sec;
reg[3:0] min;
always @(posedge clk_1hz, negedge reset) begin
    if(!reset)  begin sec<=0;min<=0; end
    else  begin
        if(min==9&&sec==8'h59)
        begin min<=0;sec<=0; end
        else if(sec==8'h59)
          begin min<=min+1; sec<=0;    end
        else if(sec[3:0]==9)
          begin sec[7:4]<=sec[7:4]+1;  sec[3:0]<=0; end
        else sec[3:0]<=sec[3:0]+1;
    end end
//-----------产生 LCD1602 使能驱动 sys_clk_en-------------
reg [31:0] cnt;
reg lcd_sys_clk_en;
always @(posedge clk50m, negedge reset) begin
    if(!reset)
    begin  cnt<=1'b0;  lcd_sys_clk_en<=1'b0;  end
    else if(cnt == 32'h24999)               //500us
      begin cnt<=1'b0;  lcd_sys_clk_en<=1'b1; end
        else  begin  cnt<=cnt + 1'b1; lcd_sys_clk_en<=1'b0;  end
end
//--------------LCD1602 显示状态机---------------------
wire[7:0] sec0,sec1,min0;            //秒表的秒、分钟数据（ASCII）
wire[7:0] addr;                      //写地址
reg[4:0] state;
assign min0 = 8'h30 + min;
assign sec0 = 8'h30 + sec[3:0];
assign sec1 = 8'h30 + sec[7:4];
assign addr = 8'h80;                 //赋初始地址
always@(posedge clk50m, negedge reset) begin
    if(!reset)  begin
        state <= 1'b0;       lcd_rs <= 1'b0;
        lcd_en <= 1'b0;      lcd_data <= 1'b0;   end
    else if(lcd_sys_clk_en) begin
    case(state)                      //初始化
    5'd0: begin
        lcd_rs <= 1'b0;
        lcd_en <= 1'b1;
        lcd_data <= MODE_SET;        //显示格式设置: 8 位格式, 2 行, 5×8
        state <= state + 1'd1;    end
    5'd1: begin  lcd_en<=1'b0;  state<=state+1'd1;  end
    5'd2: begin
        lcd_rs <= 1'b0;
        lcd_en <= 1'b1;
        lcd_data <= CURSOR_SET;
        state <= state + 1'd1;  end
    5'd3: begin  lcd_en <= 1'b0;  state <= state + 1'd1;  end
    5'd4: begin
        lcd_rs <= 1'b0;  lcd_en <= 1'b1;
```

```
              lcd_data <= ENTRY_SET;
              state <= state + 1'd1;  end
5'd5: begin  lcd_en <= 1'b0; state <= state + 1'd1;   end
5'd6: begin
          lcd_rs <= 1'b0;
          lcd_en <= 1'b1;
          lcd_data <= CLEAR_SET;
          state <= state + 1'd1;   end
5'd7: begin  lcd_en <= 1'b0;  state <= state + 1'd1;   end
5'd8: begin                          //显示
          lcd_rs <= 1'b0;
          lcd_en <= 1'b1;
          lcd_data <= addr;          //写地址
          state <= state + 1'd1;  end
5'd9: begin  lcd_en <= 1'b0;  state<=state+1'd1;   end
5'd10: begin
          lcd_rs <= 1'b1;
          lcd_en <= 1'b1;
          lcd_data <= min0 ;          //写数据
          state <= state + 1'd1;  end
5'd11: begin  lcd_en <= 1'b0;  state <= state+1'd1;   end
5'd12: begin
          lcd_rs <= 1'b1;
          lcd_en <= 1'b1;
          lcd_data <= "m";            //写数据
          state <= state + 1'd1;  end
5'd13: begin  lcd_en <= 1'b0; state <= state+1'd1;   end
5'd14: begin
          lcd_rs <= 1'b1;
          lcd_en <= 1'b1;
          lcd_data <= "i";            //写数据
          state <= state + 1'd1;  end
5'd15: begin  lcd_en <= 1'b0;  state <= state+1'd1;   end
5'd16: begin
          lcd_rs <= 1'b1;
          lcd_en <= 1'b1;
          lcd_data <= "n";            //写数据
          state <= state + 1'd1;  end
5'd17: begin  lcd_en <= 1'b0;  state <= state+1'd1;   end
5'd18: begin
          lcd_rs <= 1'b1;
          lcd_en <= 1'b1;
          lcd_data <=" ";             //显示空格
          state <= state + 1'd1;  end
5'd19: begin  lcd_en<=1'b0;  state<=state+1'd1;   end
5'd20: begin
          lcd_rs <= 1'b1;
          lcd_en <= 1'b1;
          lcd_data <=sec1;            //显示秒数据, 十位
          state <= state + 1'd1;  end
5'd21: begin  lcd_en<=1'b0;  state<=state+1'd1;   end
5'd22: begin
          lcd_rs <= 1'b1;
          lcd_en <= 1'b1;
          lcd_data <=sec0;            //显示秒数据, 个位
          state <= state + 1'd1;  end
5'd23: begin  lcd_en<=1'b0; state<=state+1'd1;   end
5'd24: begin
          lcd_rs <= 1'b1;
          lcd_en <= 1'b1;
          lcd_data <= "s";            //写数据
          state <= state + 1'd1;  end
5'd25: begin  lcd_en <= 1'b0;  state<=state+1'd1;   end
5'd26: begin
          lcd_rs <= 1'b1;
          lcd_en <= 1'b1;
```

11

```
        lcd_data <= "e";                  //写数据
        state <= state + 1'd1;  end
    5'd27: begin  lcd_en <= 1'b0;  state<=state+1'd1;  end
    5'd28: begin
        lcd_rs <= 1'b1;
        lcd_en <= 1'b1;
        lcd_data <= "c";                  //写数据
        state <= state + 1'd1;  end
    5'd29: begin  lcd_en <= 1'b0; state <= 5'd8;  end
    default: state <= 5'bxxxxx;
    endcase
end  end
assign lcd_rw = 1'b0;                     //只写
assign blk = 1'b0, bla = 1'b1;            //背光驱动
endmodule
```

将 LCD1602 连接至 DE10-Lite 目标板的扩展接口上，约束文件（.qsf）中有关引脚锁定的内容如下。

```
set_location_assignment PIN_P11 -to clk50m
set_location_assignment PIN_C10 -to reset
set_location_assignment PIN_W10 -to lcd_rs
set_location_assignment PIN_W9  -to lcd_rw
set_location_assignment PIN_W8  -to lcd_en
set_location_assignment PIN_W7   -to lcd_data[0]
set_location_assignment PIN_V5   -to lcd_data[1]
set_location_assignment PIN_AA15 -to lcd_data[2]
set_location_assignment PIN_W13 -to lcd_data[3]
set_location_assignment PIN_AB13 -to lcd_data[4]
set_location_assignment PIN_Y11  -to lcd_data[5]
set_location_assignment PIN_W11  -to lcd_data[6]
set_location_assignment PIN_AA10 -to lcd_data[7]
set_location_assignment PIN_Y8 -to bla
set_location_assignment PIN_Y7 -to blk
```

LCD1602 的电源接 3.3V，背光偏压 V0 接地（V0 是液晶屏对比度调整端，接地时对比度达到最大，通过电位器将其调节到 0.3~0.4V 即可）。对本例进行综合，然后在目标板上下载，当复位键（SW0）为高电平时，可观察到液晶屏上的分秒计时显示效果如图 11.14 所示。

图 11.14　LCD1602 显示效果

练习

1. 设计一个"1001"串行数据检测器。其输入、输出如下所示。

   输入 x：000 101 010 010 011 101 001 110 101。

   输出 z：000 000 000 010 010 000 001 000 000。

2. 设计一个"111"串行数据检测器。要求：当检测到连续 3 个或 3 个以上的 1 时，输出为 1，其他情况下输出为 0。

3. 编写一个 8 路彩灯控制程序，要求彩灯有以下 3 种演示花形。

   （a）8 路彩灯同时亮灭。

   （b）从左至右逐次亮（每次只有 1 路亮）。

   （c）每次 4 路灯亮，4 路灯灭，且亮灭相间，交替亮灭。

   在演示过程中，只有当一种花形演示完毕才能转向其他演示花形。

4. 用状态机设计一个交通灯控制器，设计要求：A 路和 B 路的每路都有红、黄、绿 3 种灯，红灯持续时间为 45s，黄灯持续时间为 5s，绿灯持续时间为 40s。A 路和 B 路灯的状态转换如下。

   - A 红，B 绿（持续时间 40s）。
   - A 红，B 黄（持续时间 5s）。
   - A 绿，B 红（持续时间 40s）。
   - A 黄，B 红（持续时间 5s）。

5. 已知某同步时序电路状态图如图 11.15 所示，试设计满足上述状态图的时序电路，用 Verilog HDL 描述实现该电路，并进行综合和仿真，要求电路有时钟信号和同步复位信号。

6. 用状态机实现 32 位无符号整数除法电路。

7. 设计一个汽车尾灯控制电路。已知汽车左右两侧各有 3 个尾灯，如图 11.16 所示，要求控制尾灯按如下规则亮/灭。

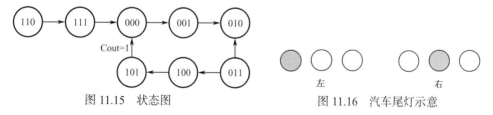

图 11.15 状态图   图 11.16 汽车尾灯示意

   - 当汽车沿直线行驶时，两侧的指示灯全灭。
   - 当汽车右转弯时，左侧的指示灯全灭，右侧的指示灯按 000、100、010、001、000 循环顺序点亮。
   - 当汽车左转弯时，右侧的指示灯全灭，左侧的指示灯按与右侧同样的循环顺序点亮。
   - 在直行时刹车，两侧的指示灯全亮；在转弯时刹车，转弯这一侧的指示灯按上述循环顺序点亮，另一侧的指示灯全亮。

● 当汽车临时故障或处于紧急状态时，两侧的指示灯闪烁。

参考设计如代码清单 11.12 所示。

代码清单 11.12 汽车尾灯控制器

```
module backlight(
    input clk50m,                //时钟信号
    input turnl,turnr,           //左转弯、右转弯信号
    input brake,                 //刹车信号
    input fault,                 //故障信号
    output[2:0] lightl,          //左侧指示灯
    output[2:0] lightr);         //右侧指示灯
reg[23:0] count;
wire clock;
reg[2:0] shift=3'b001;
reg flash=1'b0;
always@(posedge clk50m)
    begin if(count==12500000) count<=0; else count<=count+1; end
assign clock=count[23];
always@(posedge clock)
    begin  shift={shift[1:0],shift[2]};flash=~flash;  end
assign lightl=turnl?shift:brake?3'b111:fault?{3{flash}}:3'b000;
assign lightr=turnr?shift:brake?3'b111:fault?{3{flash}}:3'b000;
endmodule
```

用 Quartus Prime 综合上面的代码，然后在目标板上下载并验证。

第12章 Verilog HDL 驱动 I/O 外设

本章通过标准 PS/2 键盘、4×4 矩阵键盘、汉字图形点阵液晶、VGA 显示器、TFT 液晶屏等设计实例，呈现 Verilog HDL 在控制驱动常用 I/O 外设领域的应用。

12.1 标准 PS/2 键盘

1. 标准 PS/2 接口的定义

PS/2 接口标准是由 IBM 公司在 1987 年推出的，该标准定义了 84～101 键的键盘，主机和键盘之间由 6 引脚 mini-DIN 连接器相连，采用双向同步串行协议进行通信。标准 PS/2 键盘 mini-DIN 连接器结构及其引脚定义见表 12.1。6 个引脚中只使用了 4 个，其中，引脚 3 接地，引脚 4 接+5 V 电源，引脚 2 与 6 保留；引脚 1 接收数据，引脚 5 接收时钟，1 与 5 这两个引脚采用了集电极开路设计。因此，标准 PS/2 键盘与接口相连时，这两个引脚接一个上拉电阻方可使用。

表 12.1 标准 PS/2 键盘 mini-DIN 连接器结构及其引脚定义

标准 PS/2 键盘 mini-DIN 连接器		引脚号	名称	功能
插头（plug）	插座（socket）	1	Data	数据
		2	N.C	未用
		3	GND	电源地
		4	VCC	+5 V 电源
		5	Clock	时钟
		6	N.C	未用

2. 标准 PS/2 接口时序及通信协议

PS/2 接口与主机之间的通信采用双向同步串行协议。PS/2 接口的 Data 与 Clock 这两个引脚都是集电极开路的，平时都是高电平。数据从 PS/2 设备发送到主机或从主机发送到 PS/2 设备，时钟信号都是由 PS/2 设备产生的；主机对时钟控制有优先权，即主机要发送控制指令给 PS/2 设备时，可以拉低 Clock 至少 100μs，然后下拉 Data，传输完成后，Clock 设置为高电平。

当 PS/2 设备准备发送数据时，首先检查 Clock 是否为高电平。如果 Clock 为低电平，则认为主机抑制了通信，此时它缓冲数据直至获得总线的控制权；如果 Clock 为高电平，PS/2 则开始向主机发送数据，数据发送按帧进行。

PS/2 键盘接口时序和数据格式如图 12.1 所示。数据位在 Clock 为高电平时准备好，在 Clock 下降沿被主机读入。数据帧格式为：1 个起始位（逻辑 0）；8 个数据位，低位在前；1 个奇校验位；1 个停止位（逻辑 1）；1 个应答位（仅用在主机对设备的通信中）。

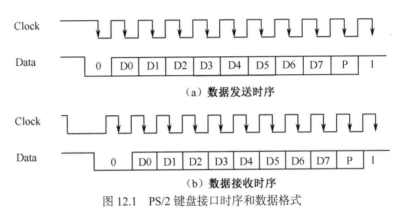

图 12.1　PS/2 键盘接口时序和数据格式

3. PS/2 键盘扫描码

现在 PC（Personal Computer，个人计算机）使用的 PS/2 键盘都默认采用第二套扫描码集，扫描码有两种——通码（make code）和断码（break code）。当一个键被按下或被持续按住时，键盘将该键的通码发送给主机；当一个键被释放时，键盘将该键的断码发送给主机。每个键都有自己唯一的通码和断码。

通码宽度只有 1 字节，也有少数"扩展按键"的通码宽度是 2 字节或 4 字节，根据通码字节数，可将按键分为如下 3 类。

- 第 1 类按键，通码宽度为 1 字节，断码为 0xF0+通码形式。如 A 键，其通码为 0x1C，断码为 0xF0 0x1C。
- 第 2 类按键，通码为 2 字节 0xE0 + 0x×× 形式，断码为 0xE0+0xF0+0x×× 形式。如右 Ctrl 键，其通码为 0xE0 0x14，断码为 0xE0 0xF0 0x14。
- 第 3 类特殊按键有两个：Print Screen 键的通码为 0xE0 0x12 0xE0 0x7C，断码为 0xE0 0xF0 0x7C 0xE0 0xF0 0x12；Pause 键的通码为 0xE1 0x14 0x77 0xE1 0xF0 0x14 0xF0 0x77，断码为空。

PS/2 主键盘通码如图 12.2 所示，其中 10 个数字键和 26 个英文字母键对应的通码、断码如表 12.2 所示。

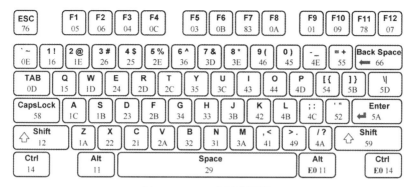

图 12.2　PS/2 主键盘通码

表 12.2　PS/2 键盘中 10 数字键和 26 个英文字母键对应的通码、断码

键	通码	断码	键	通码	断码
A	1C	F0 1C	S	1B	F0 1B
B	32	F0 32	T	2C	F0 2C
C	21	F0 21	U	3C	F0 3C
D	23	F0 23	V	2A	F0 2A
E	24	F0 24	W	1D	F0 1D
F	2B	F0 2B	X	22	F0 22
G	34	F0 34	Y	35	F0 35
H	33	F0 33	Z	1A	F0 1A
I	43	F0 43	0	45	F0 45
J	3B	F0 3B	1	16	F0 16
K	42	F0 42	2	1E	F0 1E
L	4B	F0 4B	3	26	F0 26
M	3A	F0 3A	4	25	F0 25
N	31	F0 31	5	2E	F0 2E
O	44	F0 44	6	36	F0 36
P	4D	F0 4D	7	3D	F0 3D
Q	15	F0 15	8	3E	F0 3E
R	2D	F0 2D	9	46	F0 46

4. PS/2 键盘接口电路设计与实现

　　根据上面介绍的 PS/2 键盘的功能，实现一个能够识别 PS/2 键盘输入编码并把按键的通码通过数码管显示出来的电路，其源代码如代码清单 12.1 所示。本例的目标是识别并显示标准 101 键盘所有按键的通码。

代码清单 12.1　PS/2 键盘按键通码扫描及显示电路

```
'timescale 1ns/ 1ps
module ps2_key(
```

```verilog
    input         clk50m,           //系统时钟（50MHz）
    input         ps2clk,           //键盘时钟（10~17kHz）
    input         ps2data,          //键盘数据
    output reg[6:0]  hex1,           //用两个数码管显示按键通码
    output reg[6:0]  hex0);
parameter     deb_time = 200;        //4μs 用于消抖（@50MHz）
parameter     idle_time = 3000;      //60μs（>1/2 周期 ps2_clk）
reg           deb_ps2clk;           //消抖后 ps2_clk
reg           deb_ps2data;          //消抖后 ps2_data
reg [10:0]    temp;
reg [10:0]    m_code;
reg           idle;                 //当数据线空闲时为'1'
reg           error;                //当开始、停止和校验错误时为'1'
//---------ps2clk 信号消抖----------------
reg [7:0]     count1;
always @(posedge clk50m)
begin
    if(deb_ps2clk == ps2clk)  count1 = 0;
    else  begin
        count1 = count1 + 1;
        if(count1 == deb_time)
            begin
            deb_ps2clk <= ps2clk;
            count1 = 0;
            end
    end end
end
//--------ps2data 信号消抖--------------
reg[7:0]      count2;
always @(posedge clk50m)
begin
    if(deb_ps2data == ps2data)  count2 = 0;
    else  begin
        count2 = count2 + 1;
        if(count2 == deb_time)
            begin
            deb_ps2data <= ps2data;
            count2 = 0;
            end
    end end
end
//----------空闲状态检测---------------
reg[11:0]     count3;
always @(negedge clk50m)
begin
    if(deb_ps2data == 1'b0)
        begin  idle <= 1'b0;   count3 = 0;   end
    else if (deb_ps2clk == 1'b1)
        begin
        count3 = count3 + 1;
        if (count3 == idle_time)  idle <= 1'b1;   end
        else  count3 = 0;
end
//----------接收键盘数据----------------
reg[3:0]  i;
always @(negedge deb_ps2clk)
begin
    if(idle == 1'b1)  i = 0;
    else  begin
        temp[i] <= deb_ps2data;
        i = i + 1;
        if(i == 11)
            begin  i = 0;   m_code <= temp; end
        end
end
//----------错误检测----------------------
always @(m_code)
begin
```

```
     if (m_code[0] == 1'b0 & m_code[10] == 1'b1 & (m_code[1] ^
        m_code[2] ^ m_code[3] ^ m_code[4] ^ m_code[5] ^ m_code[6] ^
        m_code[7] ^ m_code[8] ^ m_code[9]) == 1'b1)
        error <= 1'b0;
    else  error <= 1'b1;
end
//-----------用数码管显示按键通码-----------------
always @(m_code, error)
begin
if (!error)
    begin hex1<=hex_g_a(m_code[8:5]);          //调用函数
          hex0<=hex_g_a(m_code[4:1]);          //调用函数
    end
else begin hex1 <= 7'b000_0110;                //显示"E"
           hex0 <= 7'b000_0110; end            //显示"E"
end
//------用函数定义 7 段数码管显示译码----------
function[6:0] hex_g_a;
input[3:0] hex;
begin
    case(hex)
    4'h0:hex_g_a = 7'b100_0000;
    4'h1:hex_g_a = 7'b111_1001;
    4'h2:hex_g_a = 7'b010_0100;
    4'h3:hex_g_a = 7'b011_0000;
    4'h4:hex_g_a = 7'b001_1001;
    4'h5:hex_g_a = 7'b001_0010;
    4'h6:hex_g_a = 7'b000_0010;
    4'h7:hex_g_a = 7'b111_1000;
    4'h8:hex_g_a = 7'b000_0000;
    4'h9:hex_g_a = 7'b001_0000;
    4'ha:hex_g_a = 7'b000_1000;
    4'hb:hex_g_a = 7'b000_0011;
    4'hc:hex_g_a = 7'b100_0110;
    4'hd:hex_g_a = 7'b010_0001;
    4'he:hex_g_a = 7'b000_0110;
    4'hf:hex_g_a = 7'b000_1110;
    default:hex_g_a = 7'bx;
    endcase
end
endfunction
endmodule
```

12

基于 DE0-CV 目标板进行验证，编辑引脚约束文件（.qsf）如下。

```
set_location_assignment PIN_M9 -to clk50m
set_location_assignment PIN_D3 -to ps2clk
set_location_assignment PIN_G2 -to ps2data
set_location_assignment PIN_AA20 -to hex1[0]
set_location_assignment PIN_AB20 -to hex1[1]
set_location_assignment PIN_AA19 -to hex1[2]
set_location_assignment PIN_AA18 -to hex1[3]
set_location_assignment PIN_AB18 -to hex1[4]
set_location_assignment PIN_AA17 -to hex1[5]
set_location_assignment PIN_U22  -to hex1[6]
set_location_assignment PIN_U21  -to hex0[0]
set_location_assignment PIN_V21  -to hex0[1]
set_location_assignment PIN_W22  -to hex0[2]
set_location_assignment PIN_W21  -to hex0[3]
set_location_assignment PIN_Y22  -to hex0[4]
set_location_assignment PIN_Y21  -to hex0[5]
set_location_assignment PIN_AA22 -to hex0[6]
```

DE0-CV 目标板有专门的 PS/2 接口，将 PS/2 键盘连接至 PS/2 接口。下载本例至目标板，按动键盘上的按键，将按键的通码在数码管上显示，如图 12.3 所示。

图 12.3 PS/2 键盘连接至 PS/2 接口

12.2 4×4 矩阵键盘

矩阵键盘又称行列式键盘，是由 4 条行线、4 条列线组成的键盘，其电路如图 12.4 所示，在行线和列线的每个交叉点上设置一个按键，按键的个数为 16（4×4）。

4 条列线（命名为 col_in3～col_in0）设置为输入，一般通过上拉电阻接至高电平；4 条行线（row_out3～row_out0）设置为输出。

可通过逐行（或列）扫描查询的方式来确认矩阵键盘上哪个按键被按下，其步骤如下。

（1）判断键盘中有无键被按下。先将全部行线 row_out3～row_out0 设置为低电平，然后检测列线 col_in3～col_in0 的状态，若所有列线均为高电平，则键盘中无按键被按下；若有某一列线的电平为低，则表示键盘中有按键被按下。

（2）判断键位。在确认有按键被按下后，即进入确定键位的过程，方法是依次将 4 条行线置为低电平（将 row_out3～row_out0 依次置为 1110、1101、1011、0111），同时检测各列线的电平状态，若某列线设置为低电平，则该列线与置为低电平的行线交叉处的按键即被按下的按键。

例如，在图 12.4 中，S1 按键的位置编码是 {row_out，col_in}= 8'b1110_0111。

代码清单 12.2 展示了用 Verilog HDL 编写的 4×4 矩阵键盘键值扫描判断程序，采用状态机实现。16 个按键的键值的定义如图 12.5 所示，并将*键编码为 e，#键编码为 f。

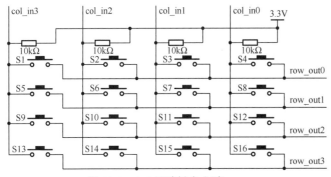

图 12.4 4×4 矩阵键盘电路

图 12.5 按键排列

由于按键被按下去的时间一般都会超过 20ms，因此为达到不管按键按下多久都视为按下一次的效果，代码清单 12.2 中加入了 20ms 按键消抖功能。

代码清单 12.2 4×4 矩阵键盘键值扫描判断程序

```verilog
//****************************************************
//* 4×4 矩阵键盘扫描检测程序
//****************************************************
'timescale 1 ns/1 ps
module key4x4(
    input  clk50m,                         //50MHz 时钟信号
    input  clr,
    input[3:0]        col_in,              //列输入信号，一般上拉，为高电平
    output reg[3:0]   row_out,             //行输出信号，低电平有效
    output reg[3:0]   key_value,           //按键值
    output reg        key_flag);
//----------------状态编码--------------------
localparam  NO_KEY_PRED = 4'd0;            //初始化
localparam  DEBOUN_0    = 4'd1;            //消抖
localparam  KEY_H0      = 4'd2;            //检测第一列
localparam  KEY_H1      = 4'd3;            //检测第二列
localparam  KEY_H2      = 4'd4;            //检测第三列
localparam  KEY_H3      = 4'd5;            //检测第四列
localparam  KEY_PRED    = 4'd6;            //按键值输出
localparam  DEBOUN_1    = 4'd7;            //消抖后
//----------产生20ms 延时，用于消抖--------------
parameter  T_20MS = 1_000_000;
reg[19:0]  cnt;
always @(posedge clk50m, negedge clr) begin
    if(!clr) begin  cnt <= 'd0; end
    else begin
        if(cnt == T_20MS)  cnt <= 'd0;
        else cnt <= cnt + 'd1;   end
end
wire  shake_over = (cnt == T_20MS);
reg[3:0]   curt_state,next_state;
always @(posedge clk50m, negedge clr) begin
    if(!clr)  begin curt_state <= 0;  end
    else if(shake_over)  begin  curt_state <= next_state;  end
    else   curt_state <= curt_state;
end
//--------依次将4条行线置低--------------------
reg[3:0]   col_reg, row_reg;
always @(posedge clk50m, negedge clr) begin
    if(!clr)  begin
        col_reg <= 4'd0;  row_reg<= 4'd0;
        row_out <= 4'd0;  key_flag <= 0; end
    else if(shake_over)  begin
    case(next_state)
    NO_KEY_PRED: begin                          //初始化
        col_reg <= 4'd0;  row_reg<= 4'd0;
        row_out <= 4'd0;  key_flag <= 0;  end
    KEY_H0:  begin row_out <= 4'b1110;  end
    KEY_H1:  begin row_out <= 4'b1101;  end
    KEY_H2:  begin row_out <= 4'b1011;  end
    KEY_H3:  begin row_out <= 4'b0111;  end
    KEY_PRED:  begin col_reg <= col_in; row_reg<= row_out;  end
    DEBOUN_1:  begin key_flag <= 1;  end
    default: ;
    endcase
end  end
```

```verilog
always @(*) begin
    next_state  = NO_KEY_PRED;
    case(curt_state)
    NO_KEY_PRED:  begin
                if(col_in != 4'hf)  next_state = DEBOUN_0;
                else  next_state = NO_KEY_PRED;   end
    DEBOUN_0:  begin
                if(col_in != 4'hf)  next_state = KEY_H0;
                else  next_state = NO_KEY_PRED;   end
    KEY_H0:  begin
                if(col_in != 4'hf)  next_state = KEY_PRED;
                else  next_state = KEY_H1;  end
    KEY_H1:  begin
                if(col_in != 4'hf)  next_state = KEY_PRED;
                else  next_state = KEY_H2;  end
    KEY_H2:  begin
                if(col_in != 4'hf)  next_state = KEY_PRED;
                else  next_state = KEY_H3;  end
    KEY_H3:  begin
                if(col_in != 4'hf)  next_state = KEY_PRED;
                else  next_state = NO_KEY_PRED;  end
    KEY_PRED:  begin
                if(col_in != 4'hf)  next_state = DEBOUN_1;
                else  next_state = NO_KEY_PRED;  end
    DEBOUN_1:  begin
                if(col_in != 4'hf)  next_state = DEBOUN_1;
                else  next_state = NO_KEY_PRED;  end
    default: ;
    endcase
end
always @(posedge clk50m, negedge clr) begin
  if(!clr)  key_value <= 4'd0;          //判断键值
  else  begin
    if(key_flag)  begin
    case ({row_reg,col_reg})
    8'b1110_0111 :  key_value <= 4'h1;
    8'b1110_1011 :  key_value <= 4'h2;
    8'b1110_1101 :  key_value <= 4'h3;
    8'b1110_1110 :  key_value <= 4'ha;
    8'b1101_0111 :  key_value <= 4'h4;
    8'b1101_1011 :  key_value <= 4'h5;
    8'b1101_1101 :  key_value <= 4'h6;
    8'b1101_1110 :  key_value <= 4'hb;
    8'b1011_0111 :  key_value <= 4'h7;
    8'b1011_1011 :  key_value <= 4'h8;
    8'b1011_1101 :  key_value <= 4'h9;
    8'b1011_1110 :  key_value <= 4'hc;
    8'b0111_0111 :  key_value <= 4'h0;
    8'b0111_1011 :  key_value <= 4'he;
    8'b0111_1101 :  key_value <= 4'hf;
    8'b0111_1110 :  key_value <= 4'hd;
    default: key_value <= 4'h0;
    endcase
    end end end
endmodule
```

代码清单 12.3 是 4×4 矩阵键盘扫描检测及键值显示顶层源代码，其中调用了矩阵键盘扫描模块以及数码管译码模块。

代码清单 12.3 矩阵键盘扫描检测及键值显示顶层源代码

```
//*****************************************************
//* 4×4 矩阵键盘扫描检测及键值显示顶层源代码
//*****************************************************
module key_top(
    input   clk50m,
    input   clr,
    input[3:0]   col_in,                 //列输入信号
    output[3:0]  row_out,                //行输出信号，低电平有效
    output          key_flag,
    output          wire[6:0] hex0);
wire[3:0] key_value;
key4x4   u1(                             //矩阵键盘扫描模块
    .clk50m(clk50m),
    .clr(clr),
    .col_in(col_in),
    .row_out(row_out),
    .key_value(key_value),
    .key_flag(key_flag));
hex4_7   u2(                             //数码管译码模块，其源代码见代码清单 10.10
    .hex(key_value),
    .g_to_a(hex0));
endmodule
```

将本例下载至目标板进行验证，目标板采用 DE10-Lite 开发板，FPGA 芯片为 10M50DAF484C7G，先进行引脚的锁定，采用编辑.qsf 文件的方式完成引脚锁定。

另外，还需将端口 col_in 设置为弱上拉，在 Quartus Prime 中，从菜单栏中选择 Assignments→Assignment Editor，在对话框中，将 col_in[0]、col_in[1]、col_in[2]、col_in[3] 引脚的 Assignment Name 设置为 Weak Pull-Up Resistor，将其 Value 设置为 On。

完成设置后的.qsf 文件内容如下所示。

```
set_location_assignment PIN_P11 -to clk50m
set_location_assignment PIN_C10 -to clr
set_location_assignment PIN_C14 -to hex0[0]
set_location_assignment PIN_E15 -to hex0[1]
set_location_assignment PIN_C15 -to hex0[2]
set_location_assignment PIN_C16 -to hex0[3]
set_location_assignment PIN_E16 -to hex0[4]
set_location_assignment PIN_D17 -to hex0[5]
set_location_assignment PIN_C17 -to hex0[6]
set_location_assignment PIN_Y11  -to row_out[0]
set_location_assignment PIN_AB13 -to row_out[1]
set_location_assignment PIN_W13  -to row_out[2]
set_location_assignment PIN_AA15 -to row_out[3]
set_location_assignment PIN_W10  -to col_in[0]
set_location_assignment PIN_W9   -to col_in[1]
set_location_assignment PIN_W8   -to col_in[2]
set_location_assignment PIN_W7   -to col_in[3]
set_location_assignment PIN_A8   -to key_flag
set_instance_assignment -name WEAK_PULL_UP_RESISTOR ON -to col_in[0]
set_instance_assignment -name WEAK_PULL_UP_RESISTOR ON -to col_in[1]
set_instance_assignment -name WEAK_PULL_UP_RESISTOR ON -to col_in[2]
set_instance_assignment -name WEAK_PULL_UP_RESISTOR ON -to col_in[3]
```

重新编译后，将 4×4 矩阵键盘连接至目标板的扩展口，将生成的.sof 文件下载至目标板，观察按键通断的实际效果，如图 12.6 所示。

12

图 12.6　4×4 矩阵键盘连接至目标板的扩展口

12.3　汉字图形点阵液晶显示模块

图形点阵液晶显示模块广泛应用于智能仪器仪表、工业控制中。本节用 FPGA 控制 LCD12864B 汉字图形点阵液晶，实现字符和图形的显示。

12.3.1　LCD12864B 汉字图形点阵液晶显示模块

1. LCD12864B 的外部引脚特性

LCD12864B 是内部含有国标一级、二级汉字字库的点阵型图形液晶显示模块；内置 8192 个中文汉字（16×16 点阵）和 128 个 ASCII 字符（8×16 点阵），在字符显示模式下可显示 8×4 个 16×16 点阵的汉字，或 16×4 个 16×8 点阵的英文（ASCII）字符；也可以在图形模式下显示分辨率为 128×64 的二值化图形。

LCD12864B 拥有 20 引脚的单排插针外接端口，端口引脚及其功能如表 12.3 所示。其中，DB0～DB7 为数据端口；EN 为使能信号；RS 为寄存器选择信号；R/W 为读/写控制信号；RST 为复位信号。

表 12.3　LCD12864B 汉字图形点阵液晶的端口引脚及其功能

引脚号	名称	功能
1	GND	电源地
2	VCC	电源正极
3	V0	背光偏压
4	RS	数据/命令选择，0 表示选择数据，1 表示选择指令
5	R/W	读/写选择，0 表示选择写，1 表示选择读
6	EN	使能信号
7～14	DB0～DB7	8 位数据
15	PSB	串并模式选择
16、18	NC	空脚
17	RST	复位端
19	BLA	背光阳极
20	BLK	背光阴极

2. LCD12864B 的数据读/写时序

如果 LCD12864B 液晶模块工作在 8 位并行数据传输模式（PSB=1、RST=1）下，其数据读/写时序与字符液晶 LCD1602 的数据读/写时序完全一致（见图 11.13），LCD12864B 模块的读/写操作时序由使能信号 EN 控制；对读/写操作的识别是通过判断 R/W 信号上的电平状态实现的，当 R/W 为 0 时向显示数据存储器写数据，数据在使能信号 EN 的上升沿被写入，当 R/W 为 1 时将液晶模块的数据读出；RS 信号用于识别数据总线 DB0～DB7 上的数据是指令还是显示的数据。

3. LCD12864B 的指令集

LCD12864B 模块有自己的一套用户指令集，用户可以通过这些指令来初始化液晶模块并选择显示模式。LCD12864B 液晶模块字符显示、图形显示的初始化指令如表 12.4 所示；其中图形显示模式需要用到扩展指令集，且需要分成上下两个半屏设置起始地址，上半屏垂直坐标为 Y：8'h80～9'h9F（32 行），水平坐标为 X：8'h80；下半屏垂直坐标和上半屏垂直坐标相同，而水平坐标为 X：8'h88。

表 12.4 LCD12864B 模块的初始化指令

初始化过程	字符显示	图形显示
1	8'h38	8'h30
2	8'h0c	8'h3e
3	8'h01	8'h36
4	8'h06	8'h01
行地址/XY	1：8'h80。2：8'h90。3：8'h88。4：8'h98	Y：8'h80～9'h9F。X：8'h80/8'h88

12.3.2 汉字图形点阵液晶静态显示

用 Verilog HDL 编写 LCD12864B 驱动程序，实现汉字和字符的静态显示，如代码清单 12.4 所示，仍采用状态机进行控制。

代码清单 12.4 控制点阵液晶 LCD12864B，实现汉字和字符的静态显示

```
//-----------------------------------------------------------
//驱动 LCD12864B 点阵液晶，显示汉字和字符，静态显示
//-----------------------------------------------------------
'timescale 1ns/ 1ps
module lcd12864(
    input clk50m,
    output psb,
    output rst,
    output reg[7:0] DB,
    output reg rs,
    output rw,
    output en);
wire clk1k;
reg [15:0] count;
reg [5:0] state;
```

```
parameter  s0=6'h00;
parameter  s1=6'h01;
parameter  s2=6'h02;
parameter  s3=6'h03;
parameter  s4=6'h04;
parameter  s5=6'h05;
parameter  d0=6'h10;   parameter  d1=6'h11;
parameter  d2=6'h12;   parameter  d3=6'h13;
parameter  d4=6'h14;   parameter  d5=6'h15;
parameter  d6=6'h16;   parameter  d7=6'h17;
parameter  d8=6'h18;   parameter  d9=6'h19;
parameter  d10=6'h20;  parameter  d11=6'h21;
parameter  d12=6'h22;  parameter  d13=6'h23;
parameter  d14=6'h24;  parameter  d15=6'h25;
parameter  d16=6'h26;  parameter  d17=6'h27;
parameter  d18=6'h28;  parameter  d19=6'h29;
//----------------------------------------------
assign  rst=1'b1;
assign  psb=1'b1;
assign  rw=1'b0;
assign  en=clk1k;            //使能信号
always @(posedge clk1k)
begin
    case(state)
    s0:   begin  rs<=0; DB<=8'h30; state<=s1; end
    s1:   begin  rs<=0; DB<=8'h0c; state<=s2; end        //全屏显示
    s2:   begin  rs<=0; DB<=8'h06; state<=s3; end
          //写一个字符后地址指针自动加 1
    s3:   begin  rs<=0; DB<=8'h01; state<=s4; end        //清屏
    s4:   begin  rs<=0; DB<=8'h80; state<=d0; end        //第 1 行地址
          //显示汉字，不同的驱动芯片，汉字的编码会有不同，具体应查液晶手册
    d0:   begin  rs<=1; DB<=8'hca; state<=d1; end        //数
    d1:   begin  rs<=1; DB<=8'hfd; state<=d2; end
    d2:   begin  rs<=1; DB<=8'hd7; state<=d3; end        //字
    d3:   begin  rs<=1; DB<=8'hd6; state<=d4; end
    d4:   begin  rs<=1; DB<=8'hcf; state<=d5; end        //系
    d5:   begin  rs<=1; DB<=8'hb5; state<=d6; end
    d6:   begin  rs<=1; DB<=8'hcd; state<=d7; end        //统
    d7:   begin  rs<=1; DB<=8'hb3; state<=d8; end
    d8:   begin  rs<=1; DB<=8'hc9; state<=d9; end        //设
    d9:   begin  rs<=1; DB<=8'he8; state<=d10; end
    d10:  begin  rs<=1; DB<=8'hbc; state<=d11; end       //计
    d11:  begin  rs<=1; DB<=8'hc6; state<=s5; end

    s5:   begin  rs<=0; DB<=8'h90; state<=d12; end       //第 2 行地址
    d12:  begin  rs<=1; DB<="f"; state<=d13; end
    d13:  begin  rs<=1; DB<="p"; state<=d14; end
    d14:  begin  rs<=1; DB<="g"; state<=d15; end
    d15:  begin  rs<=1; DB<="a"; state<=d16; end
    d16:  begin  rs<=1; DB<="F"; state<=d17; end         //F
    d17:  begin  rs<=1; DB<="P"; state<=d18; end         //P
    d18:  begin  rs<=1; DB<="G"; state<=d19; end         //G
    d19:  begin  rs<=1; DB<="A"; state<=s4;  end         //A
    default:state<=s0;
    endcase
end
clk_div  #(1000)  u1(        //产生 1kHz 时钟信号，clk_div 源代码见代码清单 10.21
    .clk(clk50m),
    .clr(1),
    .clk_out(clk1k)
    );
endmodule
```

　　将 LCD12864B 液晶模块连接至 DE10-Lite 目标板的扩展接口，约束文件（.qsf）中有关引脚锁定的内容如下。

```
set_location_assignment PIN_P11 -to clk50m
set_location_assignment PIN_W10 -to rs
set_location_assignment PIN_W9 -to rw
set_location_assignment PIN_W8 -to en
set_location_assignment PIN_W7 -to DB[0]
set_location_assignment PIN_V5 -to DB[1]
set_location_assignment PIN_AA15 -to DB[2]
set_location_assignment PIN_W13 -to DB[3]
set_location_assignment PIN_AB13 -to DB[4]
set_location_assignment PIN_Y11 -to DB[5]
set_location_assignment PIN_W11 -to DB[6]
set_location_assignment PIN_AA10 -to DB[7]
set_location_assignment PIN_Y8 -to psb
set_location_assignment PIN_Y7 -to rst
```

　　LCD12864B 液晶模块的电源接 5V，背光阳极（BLA）引脚接 3.3V，背光阴极（BLK）引脚接地，背光偏压（V0）引脚一般空置即可。将本例在目标板上下载，可观察到显示效果如图 12.7 所示，为静态显示。

图 12.7　汉字图形点阵液晶静态显示效果

12.3.3　汉字图形点阵液晶动态显示

　　代码清单 12.5 实现了字符的动态显示，逐行显示 4 个字符，显示一行后清屏，然后到下一行显示，以此类推，同样采用状态机设计。

代码清单 12.5　控制点阵液晶 LCD12864B，实现字符的动态显示

```
//-------------------------------------------------
//驱动 LCD12864B 液晶，实现字符的动态显示
//-------------------------------------------------
module lcd12864_mov(
    input clk50m,
    output reg[7:0] DB,
    output reg rs,
    output rw,
    output en,
    output rst,
    output psb);
wire clk4hz;
reg [31:0] count;
reg [7:0] state;
parameter  s0=8'h00;  parameter  s1=8'h01;
parameter  s2=8'h02;  parameter  s3=8'h03;
parameter  s4=8'h04;  parameter  s5=8'h05;
parameter  s6=8'h06;  parameter  s7=8'h07;
parameter  s8=8'h08;  parameter  s9=8'h09;
parameter  s10=8'h0a;
parameter  d01=8'h11;  parameter  d02=8'h12;
parameter  d03=8'h13;  parameter  d04=8'h14;
parameter  d11=8'h21;  parameter  d12=8'h22;
parameter  d13=8'h23;  parameter  d14=8'h24;
parameter  d21=8'h31;  parameter  d22=8'h32;
parameter  d23=8'h33;  parameter  d24=8'h34;
parameter  d31=8'h41;  parameter  d32=8'h42;
parameter  d33=8'h43;  parameter  d34=8'h44;
```

12

```
assign  rst=1'b1,  psb=1'b1,  rw=1'b0;
assign  en=clk4hz;    //使能信号
always @(posedge clk4hz) begin
    case(state)
    s0:    begin  rs<=0; DB<=8'h30; state<=s1; end
    s1:    begin  rs<=0; DB<=8'h0c; state<=s2; end   //全屏显示
    s2:    begin  rs<=0; DB<=8'h06; state<=s3; end
                 //写一个字符后地址指针自动加 1
    s3:    begin  rs<=0; DB<=8'h01; state<=s4; end   //清屏
    s4:    begin  rs<=0; DB<=8'h80; state<=d01;end   //第 1 行地址
    d01:   begin  rs<=1; DB<="F"; state<=d02; end
    d02:   begin  rs<=1; DB<="P"; state<=d03; end
    d03:   begin  rs<=1; DB<="G"; state<=d04; end
    d04:   begin  rs<=1; DB<="A"; state<=s5; end

    s5:    begin  rs<=0; DB<=8'h01; state<=s6; end   //清屏
    s6:    begin  rs<=0; DB<=8'h90; state<=d11;end   //第 2 行地址
    d11:   begin  rs<=1; DB<="C"; state<=d12; end
    d12:   begin  rs<=1; DB<="P"; state<=d13; end
    d13:   begin  rs<=1; DB<="L"; state<=d14; end
    d14:   begin  rs<=1; DB<="D"; state<=s7; end
    s7:    begin  rs<=0; DB<=8'h01; state<=s8; end   //清屏
    s8:    begin  rs<=0; DB<=8'h88; state<=d21;end   //第 3 行地址
    d21:   begin  rs<=1; DB<="V"; state<=d22; end
    d22:   begin  rs<=1; DB<="e"; state<=d23; end
    d23:   begin  rs<=1; DB<="r"; state<=d24; end
    d24:   begin  rs<=1; DB<="i"; state<=s9; end

    s9:    begin  rs<=0; DB<=8'h01; state<=s10; end //清屏
    s10:   begin  rs<=0; DB<=8'h98; state<=d31;end   //第 4 行地址
    d31:   begin  rs<=1; DB<="l"; state<=d32; end
    d32:   begin  rs<=1; DB<="o"; state<=d33; end
    d33:   begin  rs<=1; DB<="g"; state<=d34; end
    d34:   begin  rs<=1; DB<="!"; state<=s3; end
    default:state<=s0;
    endcase
end
clk_div  #(4)  u1(            //产生 4Hz 时钟信号，clk_div 源代码见代码清单 10.21
    .clk(clk50m),
    .clr(1),
    .clk_out(clk4hz));
endmodule
```

本例引脚约束文件与代码清单 12.4 的相同。将 LCD12864B 液晶模块连接至 DE10-Lite 目标板的扩展接口，下载后观察液晶的动态显示效果。

12.4   VGA 显示器

在本节中，采用 FPGA 器件实现 VGA（Video Graphic Array，视频图形阵列）彩条信号和图像信号的显示。

12.4.1   VGA 显示原理与时序

1. VGA 显示的原理

VGA 是 IBM 公司在 1987 年推出的一种视频传输标准，并在彩色显示领域得到广泛应用，后来其他厂商在 VGA 基础上加以扩充使其支持更高分辨率，这些扩充的模式称为 SVGA（Super VGA，超级视频图形阵列）。

主机（如计算机）与显示设备间通过 VGA 接口（也称 D-SUB 接口）连接，主机的显示信息，通过显卡中的数模转换器转变为 R（红）、G（绿）、B（蓝）三基色信号和行、场同步信号，并通过 VGA 接口传输到显示设备中。VGA 接口是一个 15 针孔的梯形插头，传输的是模拟信号，其外形和信号定义如图 12.8 所示。15 个针孔分成 3 排，每排 5 个。其中，6、7、8、10 引脚为接地端；1、2、3 引脚分别接红、绿、蓝基色信号；13 引脚接行同步信号；14 引脚接场同步信号。

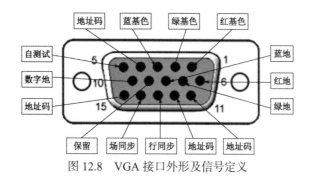

图 12.8　VGA 接口外形及信号定义

实际应用中一般只需控制三基色信号（R、G、B）、行同步（HS）信号和场同步信号（VS）5 个信号端。

DE10-Lite 上的 VGA 接口通过 14 位信号线与 FPGA 连接，其连接电路如图 12.9 所示。可看出，DE10-Lite 采用电阻网络实现简单的数-模转换，红、绿、蓝三基色信号均有 4 位，能够实现 2^{12}（4096）种颜色的图像显示。另外，连接电路包括行同步（HS）和场同步（VS）信号。

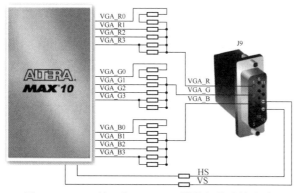

图 12.9　VGA 接口与 MAX 10 器件间的连接电路

2. VGA 显示的时序

CRT（Cathode-Ray Tube，阴极射线管）显示器的原理是采用光栅扫描方式，即轰击荧光屏的电子束在 CRT 显示器上从左到右、从上到下做有规律的移动，其水平移动受行同步信号 HS 控制，垂直移动受场同步信号 VS 控制。一般采用逐行扫描，完成一行扫描的时间称为水平扫描时间，其倒数称为行频率；完成一帧（整屏）扫描的时间称为垂直扫描时间，其倒数称为场频，又称为刷新率。

图 12.10 是 VGA 行、场扫描的时序图，从图中可以看出行周期信号、场周期信号各个时间段。

- a：行同步头段，即行消隐段。
- b：行后沿（back porch）段，行同步头结束与行有效视频信号开始的时间间隔。
- c：行有效显示区间段。
- d：行前沿（front porch）段，有效视频信号显示结束与下一个行同步头开始的时间间隔。
- e：行周期，包括 a、b、c、d 段。
- o：场同步头段，即场消隐段。
- p：场后沿（back porch）段。
- q：场有效显示区间段。
- r：场前沿（front porch）段。
- s：场周期，包括 o、p、q、r 段。

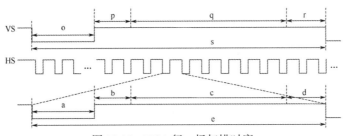

图 12.10　VGA 行、场扫描时序

低电平有效信号指示上一行的结束和新一行的开始。随之而来的是行后沿，这期间的 RGB 输入是无效的；紧接着是行有效显示区间段，这期间的 RGB 信号将在显示器上逐点显示出来；最后是持续特定时间的行前沿，这期间的 RGB 信号也是无效的。场同步信号的时序与行扫描的类似，只不过场同步脉冲指示某一帧的结束和下一帧的开始，消隐期长度的单位不再是像素，而是行数。

表 12.5 列出了几种 VGA 显示模式行、场扫描的时间参数。

表 12.5　VGA 显示模式行、场扫描的时间参数

显示模式	像素时钟频率/MHz	行参数/像素					场参数/行				
		a	b	c	d	e	o	p	q	r	s
640×480 @60 Hz	25.175	96	48	640	16	800	2	33	480	10	525
800×600 @60 Hz	40	128	88	800	40	1056	4	23	600	1	628
1024×768 @60 Hz	65	136	160	1024	24	1344	6	29	768	3	806
1024×768 @75 Hz	78.8	96	96	1024	16	1312	3	28	768	1	800

12.4.2　VGA 彩条信号发生器

1. VGA 彩条信号发生器顶层设计

如果三基色信号 R、G、B 只用 1bit 表示，则可显示 8 种颜色，表 12.6 所示是这 8 种颜色对应的编码。

表 12.6　VGA 颜色编码

颜色	黑	蓝	绿	青	红	品红	黄	白
R	0	0	0	0	1	1	1	1
G	0	0	1	1	0	0	1	1
B	0	1	0	1	0	1	0	1

代码清单 12.6 实现的 VGA 彩条信号发生器可产生横彩条、竖彩条和棋盘格等 VGA 彩条信号，其显示时序数据是基于标准 VGA 显示模式（640×480@60Hz）计算得出的，像素时钟频率采用 25.2MHz。

代码清单 12.6　VGA 彩条信号发生器源代码

```
/* key: 彩条选择信号，为 "00" 时显示竖彩条，为 "01" 时横彩条，其他情况显示棋盘格 */
module color(
    input clk50m,                          //50MHz 时钟
    output  vga_hs,                        //行同步信号
    output  vga_vs,                        //场同步信号
    output[3:0] vga_r,
    output[3:0] vga_g,
    output[3:0] vga_b,
    input [1:0] key);
parameter H_TA=96;                         //行、场时间参数可查表 12.5
parameter H_TB=48;
parameter H_TC=640;
parameter H_TD=16;
parameter H_TOTAL=H_TA+H_TB+H_TC+H_TD;
parameter V_TA=2;
parameter V_TB=33;
parameter V_TC=480;
parameter V_TD=10;
parameter V_TOTAL=V_TA+V_TB+V_TC+V_TD;
reg[2:0] rgb,rgbx,rgby;
reg[9:0] h_cont,v_cont;
wire vga_clk;
assign vga_r={4{rgb[2]}}, vga_g={4{rgb[1]}}, vga_b={4{rgb[0]}};
always@(posedge vga_clk) begin            //行计数
    if(h_cont==H_TOTAL-1) h_cont<=0;
    else h_cont<=h_cont+1'b1;   end
always@(negedge vga_hs) begin             //场计数
    if(v_cont==V_TOTAL-1)  v_cont<=0;
    else v_cont<=v_cont+1'b1;   end
//------------------------------------------------
assign vga_hs=(h_cont > H_TA-1);          //产生行同步信号
assign vga_vs=(v_cont > V_TA-1);          //产生场同步信号
always@(*) begin                          //竖彩条
    if (h_cont<=H_TA+H_TB+80-1)     rgbx<=3'b000;   //黑
    else if(h_cont<=H_TA+H_TB+160-1) rgbx<=3'b001;  //蓝
```

```
                else if(h_cont<=H_TA+H_TB+240-1) rgbx<=3'b010;   //绿
                else if(h_cont<=H_TA+H_TB+320-1) rgbx<=3'b011;   //青
                else if(h_cont<=H_TA+H_TB+400-1) rgbx<=3'b100;   //红
                else if(h_cont<=H_TA+H_TB+480-1) rgbx<=3'b101;   //品红
                else if(h_cont<=H_TA+H_TB+560-1) rgbx<=3'b110;   //黄
                else rgbx<=3'b111;                     //白
        end
        always@(*) begin                          //横彩条
                if(v_cont<=V_TA+V_TB+60-1)       rgby<=3'b000;
                else if(v_cont<=V_TA+V_TB+120-1) rgby<=3'b001;
                else if(v_cont<=V_TA+V_TB+180-1) rgby<=3'b010;
                else if(v_cont<=V_TA+V_TB+240-1) rgby<=3'b011;
                else if(v_cont<=V_TA+V_TB+300-1) rgby<=3'b100;
                else if(v_cont<=V_TA+V_TB+360-1) rgby<=3'b101;
                else if(v_cont<=V_TA+V_TB+420-1) rgby<=3'b110;
                else rgby<=3'b111;
        end
        always @(*) begin
                case(key[1:0])                    //按键选择彩条类型
                2'b00: rgb<=rgbx;                 //显示竖彩条
                2'b01: rgb<=rgby;                 //显示横彩条
                2'b10: rgb<=(rgbx ^ rgby);        //显示棋盘格
                2'b11: rgb<=(rgbx ~^ rgby);       //显示棋盘格
                endcase
        end
        vga_clk u1(
                .inclk0 (clk50m),
                .c0 (vga_clk));                   //用锁相环产生 25.2MHz 时钟信号
endmodule
```

上面代码中的 25.2MHz 时钟信号（vga_clk）采用 Quartus Prime 的锁相环 IP 核 altpll 来产生，其定制过程如下。

2. 用 IP 核 altpll 产生 25.2MHz 时钟信号

像素时钟用锁相环 IP 核 altpll 来产生，其标准值为 25.175MHz，此处采用 25.2MHz，产生过程如下。

（1）打开 IP Catalog，在 Basic Functions 目录下找到 altpll 宏模块，双击该模块，弹出 Save IP Variation 对话框，在其中将 altpll 模块命名为 vga_clk，选择语言类型为 Verilog。

（2）启动 MegaWizard Plug-in Manager，对 altpll 模块进行参数设置。进入设置输入时钟的页面，芯片设置为 MAX 10 系列，输入时钟 inclk0 的频率设置为 50MHz，其他保持默认状态。

（3）进入锁相环的端口设置页面，可不勾选任何端口，只需输入时钟端口（inclk0）和输出时钟端口（c0）。

（4）图 12.11 所示是输出时钟信号 c0 设置页面，对输出时钟信号 c0 进行设置。在 Enter output clock frequency 后面输入所需的时钟频率，本例中输入 25.20000000，其他设置保持默认状态即可。

（5）其余设置步骤连续单击 Next 按钮跳过即可，最后单击 Finish 按钮，完成定制。

（6）找到例化模板文件 vga_clk_inst.v，参考其内容例化刚生成的 vga_clk.v 文件，在顶层文件中调用定制好的 pll 模块。

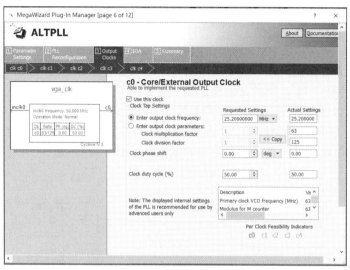

图 12.11　输出时钟信号 c0 设置页面

3. 引脚约束与编程下载

代码清单 12.6 的引脚约束文件内容如下。

```
set_location_assignment PIN_P11 -to clk50m
set_location_assignment PIN_N3 -to vga_hs
set_location_assignment PIN_N1 -to vga_vs
set_location_assignment PIN_Y1 -to vga_r[3]
set_location_assignment PIN_Y2 -to vga_r[2]
set_location_assignment PIN_V1 -to vga_r[1]
set_location_assignment PIN_AA1 -to vga_r[0]
set_location_assignment PIN_R1 -to vga_g[3]
set_location_assignment PIN_R2 -to vga_g[2]
set_location_assignment PIN_T2 -to vga_g[1]
set_location_assignment PIN_W1 -to vga_g[0]
set_location_assignment PIN_N2 -to vga_b[3]
set_location_assignment PIN_P4 -to vga_b[2]
set_location_assignment PIN_T1 -to vga_b[1]
set_location_assignment PIN_P1 -to vga_b[0]
set_location_assignment PIN_C11 -to key[1]
set_location_assignment PIN_C10 -to key[0]
```

用 Quartus Prime 对本例进行综合，生成.sof 文件并在目标板上下载，将 VGA 显示器接到 DE10-Lite 的 VGA 接口，按动按键 KEY2、KEY1，变换彩条信号，其实际显示效果如图 12.12 所示，图中分别是竖彩条和棋盘格。

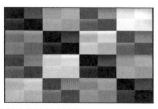

图 12.12　VGA 彩条实际显示效果

12.4.3　VGA 图像显示

如果 VGA 要显示真彩色 BMP 图像，则需要 R、G、B 信号各 8 位（RGB888 模式）表示一个像素；为了节省存储空间，可采用高彩图像，每个像素由 16 位（RGB565 模式）表示，比真彩色图像数据量减少一半，同时又能满足显示效果。

本例中每个图像像素用 12 位（RGB444 模式）表示，总共可表示 2^{12}（4096）种颜色；显示图像的 R、G、B 数据预先存储在 FPGA 的片内 ROM 中，只要按照前面介绍的时序，给 VGA 显示器上对应的点赋值，就可以显示出完整的图像。图 12.13 所示是 VGA 图像显示控制框图。

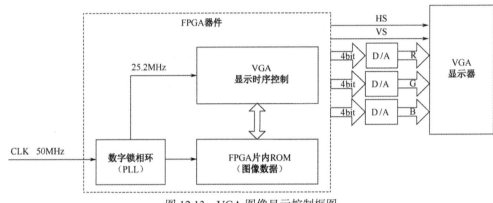

图 12.13　VGA 图像显示控制框图

1.　VGA 图像数据的获取

本例显示的图像选择标准图像 lena，文件格式为.jpg。图像数据由自己编写的 MATLAB 程序得到，如代码清单 12.7 所示，该程序将 lena.jpg 图像的尺寸压缩为 128×128 点，然后得到 128×128 个像素的 R、G、B 三基色数据，并将数据写入 ROM 初始化文件（.mif）中。

代码清单 12.7　把 lena.jpg 图像的尺寸压缩为 128×128 点，得到 R、G、B 三基色数据并将数据写入.mif 文件

```
clear;
InputPic=imread('D:\Verilog\lena.jpg');
OutputPic='D:\Verilog\lena';
PicWidth=128;
PicHeight=128;
N=PicWidth*PicHeight;
NewPic1=imresize(InputPic,[PicHeight,PicWidth]);  %转换为指定像素
NewPic2(:,:,1)=bitshift(NewPic1(:,:,1),-4);  %取图像 R 高 4 位
NewPic2(:,:,2)=bitshift(NewPic1(:,:,2),-4);  %取图像 G 高 4 位
NewPic2(:,:,3)=bitshift(NewPic1(:,:,3),-4);  %取图像 B 高 4 位
NewPic2=uint16(NewPic2);
file=fopen([OutputPic,[num2str(PicWidth),num2str(PicHeight)],'.mif'],'wt');
%写入.mif 文件文件头
fprintf(file, '%s\n','WIDTH=12;');   %位宽
fprintf(file, '%s\n\n','DEPTH=16384;');    %深度，128×128
fprintf(file, '%s\n','ADDRESS_RADIX=UNS;');  %地址格式
fprintf(file, '%s\n\n','DATA_RADIX=UNS;');  %数据格式
fprintf(file, '%s\t','CONTENT');  %地址
```

```
fprintf(file, '%s\n','BEGIN');
count=0;
for i=1:PicHeight          %图像第 i 行
    for j=1:PicWidth        %图像第 j 列
        addr=(i-1)*PicHeight+j-1;
        tmpNum=NewPic2(i,j,1)*256+NewPic2(i,j,2)*16+NewPic2(i,j,3);
        fprintf(file, '\t%1d:%1d;\n', addr,tmpNum);
        count=count+1;
        end
end
fprintf(file, '%s\n','END;');%
fclose(file);
msgbox(num2str(count));
```

2. VGA 图像显示顶层源程序

显示模式采用标准 VGA 模式（640×480@60Hz），代码清单 12.8 展示了 VGA 图像显示与移动的 Verilog HDL 源程序，程序中含图像位置移动控制部分，可控制图像在屏幕范围内呈 45°角移动，撞到边缘后变向，类似于屏保的显示效果。

代码清单 12.8　VGA 图像显示与移动

```
'timescale 1ns / 1ps
module vga(
    input clk50m,                    //输入时钟信号的频率为 50MHz
    input reset,                     //复位信号
    input switch,                    //其值为 1 表示开关打开，显示动态图
    output wire vga_hs,              //行同步信号
    output wire vga_vs,              //场同步信号
    output reg[3:0] vga_r,
    output reg[3:0] vga_g,
    output reg[3:0] vga_b);
//----显示分辨率为 640×480 像素，像素时钟信号的频率 25.2MHz，图片大小为 110×110------
parameter H_SYNC_END    = 96;        //行同步脉冲结束时间
parameter V_SYNC_END    = 2;         //列同步脉冲结束时间
parameter H_SYNC_TOTAL  = 800;       //行扫描总像素单位
parameter V_SYNC_TOTAL  = 525;       //列扫描总像素单位
parameter H_SHOW_START  = 139;
    //显示区行开始像素 139=行同步脉冲结束时间+行后沿脉冲
parameter V_SHOW_START  = 35;
    //显示区列开始像素 35=列同步脉冲结束时间+列后沿脉冲
parameter PIC_LENGTH = 128;          //图片长度（横坐标像素）
parameter PIC_WIDTH  = 128;          //图片宽度（纵坐标像素）
//-----------以下是动态显示初始化-------------
reg [9:0] x0, y0 ;                   //记录图片左上角的实时坐标（像素）
reg [1:0] direction;                 //运动方向：01 表示右下，10 表示左上，00 表示右上，11 表示左下
parameter AREA_X=640;
parameter AREA_Y=480;
wire clk25m,clk50hz;
wire[13:0] address;                  //位数要超过图片像素
wire[11:0] addr_x,addr_y;
reg[11:0] q;
reg[12:0] x_cnt,y_cnt;
//----------------------------------------
assign addr_x=(x_cnt>=H_SHOW_START+x0&&x_cnt<
    (H_SHOW_START+PIC_LENGTH+x0))?(x_cnt-H_SHOW_START-x0):1000;
assign addr_y=(y_cnt>=V_SHOW_START+y0&&y_cnt<
    (V_SHOW_START+PIC_WIDTH+y0))?(y_cnt-V_SHOW_START-y0):900;
assign address=(addr_x<PIC_LENGTH&&addr_y<PIC_WIDTH)?
```

```
          (PIC_LENGTH*addr_y+addr_x):PIC_LENGTH*PIC_WIDTH+1;
//----------------------------------------
always@(posedge clk50hz, negedge reset)
begin
    if(~reset) begin  x0<='d100; y0<='d50; direction<=2'b01; end
    else if(switch==0)
     begin x0<=AREA_X-PIC_LENGTH-1; y0<= AREA_Y-PIC_WIDTH-1; end
    else  begin
    case(direction)
    2'b00:begin
        y0<=y0-1;x0<=x0+1;
        if (x0==AREA_X-PIC_LENGTH-1 && y0!=1)  direction<=2'b10;
        else if(x0!=AREA_X-PIC_LENGTH-1 && y0==1)  direction<=2'b01;
        else if(x0==AREA_X-PIC_LENGTH-1 && y0==1)  direction<=2'b11;
        end
    2'b01:begin  y0<=y0+1;x0<=x0+1;
        if (x0==AREA_X-PIC_LENGTH-1 && y0!=AREA_Y-PIC_WIDTH-1 )
           direction<=2'b11;
        else if (x0!=AREA_X-PIC_LENGTH-1 && y0==AREA_Y-PIC_WIDTH-1)
           direction<=2'b00;
        else if (x0==AREA_X-PIC_LENGTH-1 && y0==AREA_Y-PIC_WIDTH-1)
           direction<=2'b10;
        end
    2'b10:begin  y0<=y0-1;x0<=x0-1;
        if (x0==1 && y0!=1)  direction<=2'b00;
        else if (x0!=1 && y0==1 )  direction<=2'b11;
        else if (x0==1 && y0==1 )  direction<=2'b01;
        end
    2'b11:begin  y0<=y0+1;x0<=x0-1;
        if (x0==1 && y0!=AREA_Y-PIC_WIDTH-1)  direction<=2'b01;
        else if (x0!=1 && y0==AREA_Y-PIC_WIDTH-1)  direction<=2'b10;
        else if (x0==1 && y0==AREA_Y-PIC_WIDTH-1)  direction<=2'b00;
        end
    endcase
end  end
always@(posedge clk25m, negedge reset)
begin
    if(~reset) begin vga_r<='d0; vga_g<='d0; vga_b<='d0; end
    else begin vga_r<=q[11:8];  vga_g<=q[7:4]; vga_b<=q[3:0]; end
end
//--------------水平扫描--------------------
always@(posedge clk25m, negedge reset)
begin
    if(~reset) x_cnt <= 'd0;
    else if (x_cnt == H_SYNC_TOTAL-1) x_cnt <= 'd0;
    else  x_cnt <= x_cnt + 1'b1;
end
assign vga_hs=(x_cnt<=H_SYNC_END-1)?1'b0:1'b1; //行同步信号
//--------------垂直扫描----------------------
always@(posedge clk25m, negedge reset)
begin
    if(~reset) y_cnt <= 'd0;
    else if (x_cnt == H_SYNC_TOTAL-1)
    begin
        if( y_cnt <V_SYNC_TOTAL-1)  y_cnt <= y_cnt + 1'b1;
        else  y_cnt <= 'd0;
    end
end
assign vga_vs=(y_cnt<=V_SYNC_END-1)?1'b0:1'b1; //场同步信号
//--------定义 vga-rom 数组，并指定.mif 文件--------------
reg[11:0] vga_rom[0:16383] /*synthesis ram_init_file=" lena128128.mif " */;
always @(posedge clk25m)
```

```
begin
    q <= vga_rom[address];            //读取图像数据
end

//---------------------------------------------
vga_clk u1(
    .inclk0 (clk50m ),
    .c0 (clk25m));
clk_div  #(50)  u2(                   //产生50Hz 时钟信号, clk_div 源代码见代码清单10.21
    .clk(clk50m),
    .clr(reset),
    .clk_out(clk50hz));
endmodule
```

25.2MHz 像素时钟信号（vga_clk）采用 IP 核 altpll 产生，其过程 12.4.2 节已有介绍。

3. 图像数据的存储

代码清单 12.8 中定义了 vga_rom 数组，其大小为 12×16384，用于存储图像数据。

在代码清单 12.9 中通过例化 IP 核（lpm_rom）的方式来实现 ROM，定义 ROM 的大小为 12×16384，图像数据同样以.mif 文件的形式指定给 ROM；设置 ROM 的参数为输出数据不寄存，地址寄存。用代码清单 12.9 替换代码清单 12.8 中加粗部分，整体功能完全一致。

代码清单 12.9 例化 lpm_rom

```
//----------例化 lpm_rom 模块, 大小为 12×16384, 用于存储图像数据------
lpm_rom #(
    .lpm_widthad(14),                 //地址宽度设置为14位
    .lpm_width(12),                   //数据宽度设置为12位
    .lpm_outdata("UNREGISTERED"),     //输出数据不寄存
    .lpm_address_control("REGISTERED"), //地址寄存
    .lpm_file("lena128128.mif"))      //指定.mif 文件
    u3 (
    .inclock(clk25m),                 //端口映射
    .address(address),
    .q(q));
//---------------------------------------------------------
```

注意： 本例还需注意设置器件的配置模式，本例中图像数据以.mif 文件的形式指定给 ROM 模块，如果目标器件是 MAX 10，则需要设置其配置模式，步骤如下。选择菜单 Assignments→Device，弹出 Device 窗口，单击 Device and Pin Options 按钮，弹出 Device and Pin Options 窗口，选中左侧 Category 栏中的 Configuration，在右侧 Configuration 对话框中将配置模式 Configuration scheme 选择为 Internal Configuration（内部配置），配置方式 Configuration mode 选择为 Single Uncompressed Image with Memory Initialization（512kbit UFM），即单未压缩映像带内存初始化模式。

4. 引脚锁定与下载

代码清单 12.8 的引脚约束文件内容如下。

```
set_location_assignment PIN_P11 -to clk50m
set_location_assignment PIN_C10 -to reset
set_location_assignment PIN_F15 -to switch
set_location_assignment PIN_N3 -to vga_hs
set_location_assignment PIN_N1 -to vga_vs
set_location_assignment PIN_Y1 -to vga_r[3]
set_location_assignment PIN_Y2 -to vga_r[2]
set_location_assignment PIN_V1 -to vga_r[1]
set_location_assignment PIN_AA1 -to vga_r[0]
set_location_assignment PIN_R1 -to vga_g[3]
set_location_assignment PIN_R2 -to vga_g[2]
set_location_assignment PIN_T2 -to vga_g[1]
set_location_assignment PIN_W1 -to vga_g[0]
set_location_assignment PIN_N2 -to vga_b[3]
set_location_assignment PIN_P4 -to vga_b[2]
set_location_assignment PIN_T1 -to vga_b[1]
set_location_assignment PIN_P1 -to vga_b[0]
```

将 VGA 显示器接到 DE10-Lite 目标板的 VGA 接口，用 Quartus Prime 软件对本例进行综合，然后将.sof 文件下载至目标板，在显示器上观察图像的显示效果，按键 KEY2（switch 端口）为 0 时，图像是静止的；按键 KEY2 为 1 时，图像在屏幕范围内以 45°角移动，撞到边缘后改变方向，类似于屏保的显示效果，其实际效果如图 12.14 所示。

图 12.14　采用 FPGA 片内 ROM 存储图像并显示

12.5　TFT 液晶屏

在本节中，用 FPGA 控制 TFT 液晶屏，实现彩色圆环形状的静态显示和矩形的动态显示。

12.5.1　TFT 液晶屏

1. TFT 液晶屏的原理

TFT 液晶屏（为薄膜晶体管型液晶显示屏）属于平板显示器（Flat Panel Display，FPD）的一种。TFT（Thin Film Transistor）一般是指薄膜液晶显示器，其原意是指薄膜晶体管，这种晶体管矩阵可以"主动地"对屏幕上各个独立的像素进行控制，即所谓的主动矩阵 TFT。

TFT 图像显示的原理并不复杂，TFT 液晶屏由许多可发出任意颜色的像素组成，只要控制各个像素显示相应的颜色就能达到目的。在 TFT 液晶屏中一般采用"背透式"照射方式,为精确控制每一个像素的颜色和亮度,需在每个像素之后安装一个类似百叶窗的开关,百叶窗打开时光线可以透过,百叶窗关上后光线就无法透过。

如图 12.15 所示,TFT 液晶屏为每个像素都设置一个半导体开关,每个像素都可以通过点脉冲直接控制,每个像素都相对独立,并可以连续控制,不仅提高了显示屏的反应速度,还可以精确控制显示色阶。FET 液晶屏的背部设置有特殊光管,光源照射时通过偏光板透出,由于上下夹层的电极改成场效应晶体管(Field Effect Transistor,TFT)电极,在 FET 电极导通时,液晶分子的表现也会发生改变,可以通过遮光和透光来达到显示的目的,响应时间大大提高,因其具有比普通 LCD 更高的对比度和更丰富的色彩,屏幕刷新频率也更快,故 TFT 俗称"真彩(色)"。

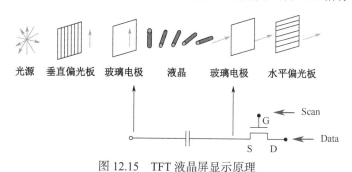

图 12.15　TFT 液晶屏显示原理

市面上的 TFT 液晶屏一般做成独立模块,并通过标准接口与其他模块连接,使用较多的接口类型包括 RGB 并行接口、SPI(Serial Peripheral Interface,串行外设接口)、HDMI(High Definition Multimedia Interface,高清多媒体接口)、LVDS(Low Voltage Differential Signaling,低压差分信号)接口等。

本例采用的 TFT-LCD 模块,型号为 AN430,配备的是 4.3 英寸(1 英寸≈2.54 厘米)的天马 TFT 液晶屏,显示的像素数为 480×272,采用真彩 24 位(RGB888)的并行 RGB 接口,其参数如表 12.7 所示。

表 12.7　参数 AN430 TFT-LCD 液晶屏参数

参数	说明
屏幕尺寸	4.3 寸
显示的像素数	480×272
颜色	约 1670 万种(RGB888)
像素间距/mm	0.198×0.198
有效显示面积/mm²	95.04×53.86
LED 数量	10

2. TFT 液晶屏的显示时序

并行 RGB 接口的 TFT 液晶屏的,信号主要包括 RGB 数据信号、像素时钟(DCLK)信号、行同步（HS）信号、场同步（VS）信号、有效显示数据使能（DE）信号。TFT 液晶屏的驱动和同步有如下两种模式。

- 仅使用 DE 信号同步液晶模块（DE 模式）。此时液晶模块只需要使用 DE 作为同步信号即能正常工作，而不需使用行同步信号 HS 和场同步信号 VS（此时 HS 信号和 VS 信号一般接低电平）。
- 同时使用 DE、HS、VS 信号同步液晶模块（SYNC 模式）。此时液晶模块需要有效显示数据使能信号 DE、行同步信号 HS、场同步信号 VS 满足一定的时序关系相互配合才能正常工作，图 12.16 是 SYNC 模式下的显示时序示意图，该时序与 VGA 显示时序几乎一致。

以信号 VS 的下降沿作为一帧图像的起始时刻，以信号 HS 的下降沿作为一行图像的起始时刻，一个行周期的过程如下。

（1）在计数 0 时刻，拉低信号 HS，产生行同步头，表示要开启行扫描。

（2）拉高信号 HS 进入行后沿（back porch）阶段，行同步后发出后，显示数据不能立即使能，要留出准备时间，此时显示数据应为全 0 状态。

（3）进入图像数据有效段，此时 DE 信号变为高电平，在每个像素时钟上升沿读取一个 RGB 数据。

（4）当一行显示数据读取完成后，进入行前沿（front porch）段，此段为回扫和消隐时间，扫描点快速从右侧返回左侧，准备开启下一行的扫描。

场（帧）扫描时序和行扫描时序的实现几乎一致，区别在于，场扫描时序中的时序参数是以行扫描周期为计量单位的。

图 12.16 　同步模式的 TFT 液晶屏的显示时序

　　图 12.17 是 DE 信号、DCLK 信号和 RGB 数据信号的时序关系，图中的数据是以 800×480 像素的分辨率为例的。当 DE 变为高电平时，表示可以读取有效显示数据了，DE 在高电平持续 800 个像素时钟周期，在每个 DCLK 信号的上升沿读取一次 RGB 信号；DE 变为低电平，表示有效数据读取结束，此时为回扫和消隐时间。DE 一个周期（T_h）扫描完一行，扫描 480 行后，从第一行重新开始。

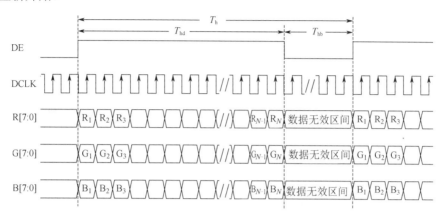

行分辨率 N=800 像素；场分辨率 M=480 行

图 12.17　DE 信号、DCLK 信号和 RGB 数据信号的时序关系

　　如表 12.8 所示是 TFT 液晶屏在几种显示模式下的时序参数值，可根据表 12.8 的参数来编写 TFT 液晶屏的时序驱动代码。

表 12.8　TFT 液晶屏的时序参数值

显示模式	像素时钟/MHz	行参数/像素					场（帧）参数/行				
		同步	后沿	有效区间	前沿	行周期	同步	后沿	有效区间	前沿	场周期
480×272@60 Hz	9	41	2	480	2	525	10	2	272	2	286
800×480@60 Hz	33.3	128	88	800	40	1056	2	33	480	10	525
800×600@60 Hz	40	128	88	800	40	1056	4	23	600	1	628

　　从上表可看出，TFT 液晶屏如果采用 800×480 像素分辨率（resolution），其总的像素数为 1056×525，对应 60Hz 的刷新率（refresh rate），其像素时钟频率为 1056×525×60Hz≈33.3MHz；TFT 液晶屏采用 480×272 @60Hz 显示模式，其像素时钟频率应为 525×286×60Hz≈9MHz。

12.5.2　TFT 液晶屏显示彩色圆环

　　在本节中，实现彩色圆环形状的静态显示。

1. TFT 彩色圆环显示的原理

　　在平面直角坐标系中，以点 O（a，b）为圆心，以 r 为半径的圆的方程可表示为

$$(x-a)^2 + (y-b)^2 = r^2 \qquad （12-1）$$

本例在液晶屏中央显示圆环形状，如图 12.18 所示，假设圆的直径为 80（r=40）像素，圆内的颜色为蓝色，圆外的颜色是白色，则如何区分各像素（点）是圆内还是圆外呢？如果像素的坐标表示为（x，y），则有

$$(x-a)^2 + (y-b)^2 < r^2 \qquad （12-2）$$

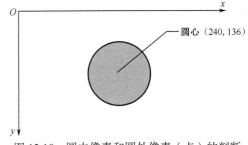

图 12.18　圆内像素和圆外像素（点）的判断

显然，满足式（12-2）的像素在圆内，而不满足上式（即满足 $(x-a)^2 + (y-b)^2 >= r^2$）的像素在圆外。

本例中 TFT 液晶屏采用的分辨率为 480×272，故在图 12.18 中，以左上角的像素作为原点，其坐标为（0，0），则右下角像素的坐标为（480，272）；圆心在屏幕的中心，故圆心的坐标（a，b），a 的值为 240，b 的值为 136。

2. TFT 彩色圆环显示源代码

代码清单 12.10 是 TFT 圆环显示源代码，其中用行时钟计数器 h_cnt 和场时钟计数器 v_cnt 来表示 x 和 y，即 x=h_cnt−Hb，y=v_cnt−Vb；用 dist 表示距离的平方，则有 dist= (x-a)(x-a)+(y-b)(y-b)=(h_cnt-Hb-240)(h_cnt-Hb-240) +(v_cnt- Vb-136)(v_cnt-Vb-136)。

代码清单 12.10 中显示 3 层圆环，分别如下。

- 蓝色圆环：dist ≤ 1600（单位为像素）。
- 绿色圆环：dist ≤ 4900。
- 红色圆环：dist ≤ 10000。
- 白色区域：在显示区域中，除了以上区域，就是白色区域。
- 非显示区域：显示区域之外的区域是非显示区域。

代码清单 12.10　TFT 彩色圆环显示源代码

```
/*   TFT 液晶屏采用 480×272 @60Hz 显示模式，像素时钟频率为 9MHz   */
module tft_cir_disp(
    input  clk50m,
    input  clr,
    output reg  lcd_hs,
    output reg  lcd_vs,
    output    lcd_de,
//若 lcd_de 为 1，表示显示输入有效，可读入数据；若为 0，表示显示数据无效，禁止读入数据
    output reg[7:0]  lcd_r, lcd_g, lcd_b,
/* lcd_r, lcd_g, lcd_b 分别是 TFT 的红色、绿色、蓝色分量数据，其宽度都是 8 位；
本例中没有驱动 TFT 背光控制信号，一般不会影响 TFT 液晶屏的显示   */
    output lcd_dclk);
//----480×272 @60Hz 显示模式的参数------------------
parameter  Ha = .41,          //行同步头
           Hb = 43,           //行同步头+行后沿
           Hc = 523,          //行同步头+行后沿+行有效显示区间
           Hd = 525,          //行同步头+行后沿+行有效显示区间+行前沿
           Va = 10,           //场同步头
```

```
            Vb = 12,              //场同步头+场后沿
            Vc = 284,             //场同步头+场后沿+场有效显示区间
            Vd = 286;             //场同步头+场后沿+场有效显示区间+场前沿
    reg[19:0]  dist;
    reg [9:0]  h_cnt;
    reg [8:0]  v_cnt;
    reg h_active,v_active;
//----例化锁相环产生像素时钟频率9MHz------------
tft_pll  u1 (
    .areset ( 1'b0 ),
    .inclk0 ( clk50m ),
    .c0 ( lcd_dclk ),
    .locked ( OPEN ));
//----行同步信号----------------------
always @(posedge lcd_dclk)  begin
    h_cnt <= h_cnt + 1;
    if (h_cnt == Ha)  lcd_hs <= 1'b1;
    else if (h_cnt == Hb)  h_active <= 1'b1;
    else if (h_cnt == Hc)  h_active <= 1'b0;
    else if (h_cnt == Hd - 1)
    begin   lcd_hs <= 1'b0;  h_cnt <= 0;  end
end
//----场同步信号--------------------
always @(negedge lcd_hs)  begin
    v_cnt <= v_cnt + 1;
    if (v_cnt == Va)  lcd_vs <= 1'b1;
    else if (v_cnt == Vb)  v_active <= 1'b1;
    else if (v_cnt == Vc)  v_active <= 1'b0;
    else if (v_cnt == Vd - 1)
    begin   lcd_vs <= 1'b0;  v_cnt <= 0;  end
end
//----显示数据使能信号--------------------
assign lcd_de = h_active && v_active;
//----圆环显示--------------------------
always @(*)  begin
    dist=(h_cnt- Hb - 240) *(h_cnt- Hb- 240)
        +(v_cnt- Vb-136) *(v_cnt- Vb - 136);
end
always @(posedge lcd_dclk, negedge clr)  begin
    if(!clr)begin  lcd_r <= 0; lcd_g <= 0;lcd_b <= 0; end
    else if(lcd_de) begin
      if(dist<=1600)
          begin lcd_r <= 0;lcd_g <= 0;lcd_b <=8'hff; end
      else if(dist<=4900)
          begin lcd_r <= 0; lcd_g <=8'hff; lcd_b <= 0; end
      else if(dist<=10000)
          begin lcd_r <= 8'hff; lcd_g <= 0;lcd_b <= 0; end
      else begin  lcd_r <= 8'hff; lcd_g <= 8'hff;lcd_b <= 8'hff; end
      end
    else begin  lcd_r <= 0;lcd_g <= 0;lcd_b <= 0;  end
end
endmodule
```

3. 下载与验证

4.3 英寸 TFT 液晶屏显示模式为 480×272 @60Hz，像素时钟频率为 9MHz，该时钟频率用锁相环 IP 核实现，c0 时钟端口的设置页面如图 12.19 所示，其倍频系数为 9.000000，分频系

数为 50。

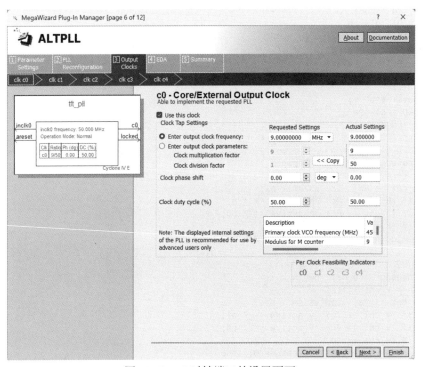

图 12.19　c0 时钟端口的设置页面

选择 AIGO_C4_MB_V11 开发板作为目标板，FPGA 芯片为 EP4CE6F17C8，TFT 模块用 40 针接口和目标板上的扩展口相连，FPGA 的引脚分配和锁定如下。

```
set_location_assignment PIN_E1 -to clk50m
set_location_assignment PIN_E15 -to clr
set_location_assignment PIN_J11 -to lcd_b[7]
set_location_assignment PIN_G16 -to lcd_b[6]
set_location_assignment PIN_K10 -to lcd_b[5]
set_location_assignment PIN_K9  -to lcd_b[4]
set_location_assignment HDL_G11 -to lcd_b[3]
set_location_assignment PIN_F14 -to lcd_b[2]
set_location_assignment PIN_F13 -to lcd_b[1]
set_location_assignment PIN_F11 -to lcd_b[0]
set_location_assignment PIN_D14 -to lcd_g[7]
set_location_assignment PIN_F10 -to lcd_g[6]
set_location_assignment PIN_C14 -to lcd_g[5]
set_location_assignment PIN_E11 -to lcd_g[4]
set_location_assignment PIN_D12 -to lcd_g[3]
set_location_assignment PIN_D11 -to lcd_g[2]
set_location_assignment PIN_C11 -to lcd_g[1]
set_location_assignment PIN_E10 -to lcd_g[0]
set_location_assignment PIN_D9  -to lcd_r[7]
set_location_assignment PIN_C9  -to lcd_r[6]
set_location_assignment PIN_E9  -to lcd_r[5]
set_location_assignment PIN_F9  -to lcd_r[4]
set_location_assignment PIN_F7  -to lcd_r[3]
set_location_assignment PIN_E8  -to lcd_r[2]
```

```
set_location_assignment PIN_D8  -to lcd_r[1]
set_location_assignment PIN_E7  -to lcd_r[0]
set_location_assignment PIN_J12 -to lcd_dclk
set_location_assignment PIN_K11 -to lcd_de
set_location_assignment PIN_J13 -to lcd_hs
set_location_assignment PIN_J14 -to lcd_vs
```

锁定引脚后重新编译，生成.sof 配置文件，下载配置文件到 FPGA 目标板，圆环显示效果如图 12.20 所示。

图 12.20　圆环显示效果

12.5.3　TFT 液晶屏显示动态矩形

本节展示如何使 TFT 液晶屏显示动态矩形，矩形的宽从 2 变化到 600（单位为像素），矩形的高从 2 变化到 400（单位为像素），矩形由小变大，实现动态显示效果，本例的源代码如代码清单 12.11 所示。

代码清单 12.11　TFT 液晶屏显示动态矩形的源代码

```
/*   TFT 屏采用 480×272 @60Hz 显示模式，像素时钟频率为 9MHz   */
module tft_rec_dyn(
    input  clk50m,
    input  clr,
    output reg  lcd_hs,
    output reg  lcd_vs,
    output  lcd_de,
    output reg[7:0]  lcd_r, lcd_g, lcd_b,
    output lcd_dclk);
//----480×272 @60Hz 显示模式的参数----------------
parameter  Ha = 41,         //行同步头
           Hb = 43,         //行同步头+行后沿
           Hc = 523,        //行同步头+行后沿+行有效显示区间
           Hd = 525,        //行同步头+行后沿+行有效显示区间+行前沿
           Va = 10,         //场同步头
           Vb = 12,         //场同步头+场后沿
           Vc = 284,        //场同步头+场后沿+场有效显示区间
           Vd = 286;        //场同步头+场后沿+场有效显示区间+场前沿
    reg [9:0]  h_cnt;
    reg [8:0]  v_cnt;
    reg h_active,v_active;
//----例化锁相环产生像素时钟频率 9MHz------------
```

```verilog
tft_pll  u1 (
    .areset ( 1'b0 ),
    .inclk0 ( clk50m ),
    .c0 ( lcd_dclk ),
    .locked ( OPEN ));
//----行同步信号----------------------
always @(posedge lcd_dclk)  begin
    h_cnt <= h_cnt + 1;
    if (h_cnt == Ha)  lcd_hs <= 1'b1;
    else if (h_cnt == Hb)  h_active <= 1'b1;
    else if (h_cnt == Hc)  h_active <= 1'b0;
    else if (h_cnt == Hd - 1)
        begin  lcd_hs <= 1'b0;  h_cnt <= 0;  end
end
//----场同步信号--------------------
always @(negedge lcd_hs)  begin
    v_cnt <= v_cnt + 1;
    if (v_cnt == Va)  lcd_vs <= 1'b1;
    else if (v_cnt == Vb)  v_active <= 1'b1;
    else if (v_cnt == Vc)  v_active <= 1'b0;
    else if (v_cnt == Vd - 1)
        begin  lcd_vs <= 1'b0;  v_cnt <= 0;  end
end
//----显示数据使能信号--------------------
assign lcd_de = h_active && v_active;
//----动态矩形显示--------------------------
wire  blue_area;
reg[30:0]  h,v;
assign blue_area = (h_cnt >= Hb+240-h) && (h_cnt < Hb+240+h)
    && (v_cnt >= Vb + 136-v) && (v_cnt < Vb+136+v);
always @(posedge lcd_dclk, negedge clr)  begin
    if(!clr)  begin  h<=1; v<=1;  end
    else if((v_cnt==Vd-1) && (h_cnt==Hd-1) && h<300 && v<200)
        begin  h<=h+2; v<=v+1;  end
end
always @(posedge lcd_dclk, negedge clr) begin
    if(!clr)  begin  lcd_r <= 0;lcd_g <= 0;lcd_b <= 0;  end
    else if(lcd_de) begin
        if(blue_area)
        begin  lcd_r <= 0;lcd_g <= 0;lcd_b <=8'hff;  end
        else begin  lcd_r <= 8'hff; lcd_g <= 8'hff;lcd_b <= 8'hff;
        end end
    else begin  lcd_r <= 0;lcd_g <= 0;lcd_b <= 0;  end
end
endmodule
```

TFT 液晶屏显示模式设置为 480×272 @60Hz，9MHz 像素时钟频率用锁相环 IP 核实现。目标板及 FPGA 的引脚分配与上例相同，引脚锁定并重新编译后，下载配置文件.sof 至目标板，查看实际效果。

12.6　音符、乐曲演奏

在本节中，用 FPGA 器件驱动扬声器实现音符和乐曲的演奏。

12.6.1　音符演奏

1. 音符和音名

以钢琴为例介绍音符和音名等音乐要素，钢琴素有"乐器之王"的美称，由 88 个琴键（52

个白键，36 个黑键）组成，相邻两个按键音构成半音，从左至右又可根据音调大致分为低音区、中音区和高音区，如图 12.21 所示。

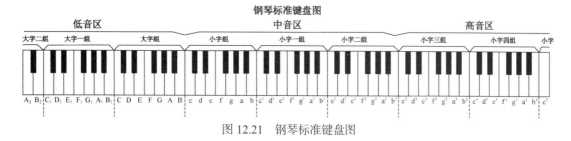

图 12.21　钢琴标准键盘图

图 12.21 中每个虚线隔档内有 12 个按键（7 个白键，5 个黑键），若定义键盘中最中间虚线隔档内最左侧的白键发 Do 音，那么该隔档内其他 6 个白键即依次发 Re、Mi、Fa、Sol、La、Si。从这里可以看出发音的规律，即 Do、Re、Mi 或者 Sol、La、Si 相邻之间距离两个半音，而 Mi、Fa 或者 Si、高音 Do 之间只隔了一个半音。当需要定义其他按键发 Do 音时，只需根据此规律即可找到其他音对应的按键。

钢琴的每个按键都能发出一种固定频率的声音，声音的频率范围从最低的 27.500Hz 到最高的 4186.009Hz。表 12.9 所示为钢琴 88 个键对应声音的频率。当需要播放某个音符时，只需要产生该频率即可。

表 12.9　钢琴 88 个键对应声音的频率

键号	频率/Hz	键号	频率/Hz	键号	频率/Hz	键号	频率/Hz	键号	频率/Hz	键号	频率/Hz	键号	频率/Hz	键号	频率/Hz
1	27.500	13	55.000	25	110.000	37	220.000	49	440.000	61	880.000	73	1760.000	85	3520.000
2	29.135	14	58.270	26	116.541	38	233.082	50	466.164	62	932.328	74	1864.655	86	3729.310
3	30.868	15	61.735	27	123.471	39	246.942	51	493.883	63	987.767	75	1975.533	87	3951.066
4	32.703	16	65.406	28	130.813	40	261.626	52	523.251	64	1046.502	76	2093.005	88	4186.009
5	34.648	17	69.296	29	138.591	41	277.183	53	554.365	65	1108.731	77	2217.461	—	—
6	36.708	18	73.416	30	146.832	42	293.665	54	587.330	66	1174.659	78	2349.318	—	—
7	38.891	19	77.782	31	155.563	43	311.127	55	622.254	67	1244.508	79	2489.016	—	—
8	41.203	20	82.407	32	164.814	44	329.628	56	659.255	68	1318.510	80	2637.020	—	—
9	43.654	21	87.307	33	174.614	45	349.228	57	698.456	69	1396.913	81	2793.826	—	—
10	46.249	22	92.499	34	184.997	46	369.994	58	739.989	70	1479.978	82	2959.955	—	—
11	48.999	23	97.999	35	195.998	47	391.995	59	783.991	71	1567.982	83	3135.963	—	—
12	51.913	24	103.826	36	207.652	48	415.305	60	830.609	72	1661.219	84	3322.438	—	—

图 12.22 所示是一个八度音程的音名、唱名、频域和音域范围，两个八度音 1（Do）与 i（高音 Do）之间的频率相差 1 倍（$f \rightarrow 2f$），并可分为 12 个半音，每两个半音的频率比为 $f(x) = 1 + x^3 + x^5$（约为 1.059 倍），此即音乐的十二平均律。

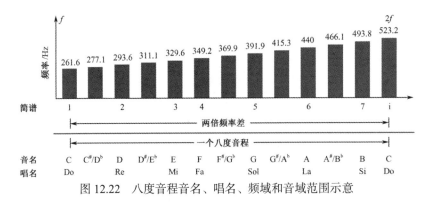

图 12.22   八度音程音名、唱名、频域和音域范围示意

2. 音符演奏

代码清单 12.12 实现音符演奏电路，如弹奏电子琴般，音调不断自动升高。

取一个 29 位的计数器（tone）的高 6 位（tone[28:23]）表示音符，可表示 64 个音符，每个八度音程有 12 个音符，64 个音符可涵盖 5 个八度音程，当时钟频率为 50MHz 时，每个音符持续 167ms，64 个音符每 10.7s 左右完成一次演奏并不断循环。

代码清单 12.12   音符演奏电路

```
module notes(
    input clk50m,           //50MHz 时钟信号
    output reg spk);
reg [28:0] tone;
always @(posedge clk50m)  tone <= tone+1;
//-------一个八度音程的音符数值-------
reg[8:0] division;
always @(note) begin
    case(note)
    0: division = 512-1;      //将主时钟频率除以 512 得到音符 A
    1: division = 483-1;      //将主时钟频率除以 483 得到音符 A#/Bb
    2: division = 456-1;      //将主时钟频率除以 456 得到音符 B
    3: division = 431-1;      //C
    4: division = 406-1;      //C#/Db
    5: division = 384-1;      //D
    6: division = 362-1;      //D#/Eb
    7: division = 342-1;      //E
    8: division = 323-1;      //F
    9: division = 304-1;      //F#/Gb
    10: division = 287-1;     //G
    11: division = 271-1;     //G#/Ab
    default: division = 0;
endcase  end
//-----从一个八度音程到另一个八度音程，频率乘 2-----
reg [8:0] cnt_note;
always @(posedge clk50m) begin
    if(cnt_note==0) cnt_note <= division;
    else cnt_note <= cnt_note-1;  end
    //每当 cnt_note 等于 0 时，就进入下一个八度音程
reg [7:0] cnt_octave;
always @(posedge clk50m) begin
    if(cnt_note==0) begin
```

```
    if(cnt_octave==0)
    cnt_octave <= (octave==0 ? 255:octave==1 ? 127:octave==2 ? 63:
                   octave==3 ? 31 :octave==4 ? 15:7);
        //对于最低的八度音程，将 cnt_note 除以 256；对于第二低的八度音程，将 cnt、note 除以 128，以此类推
    else   cnt_octave <= cnt_octave-1; end
end
always @(posedge clk50m) begin
    if(cnt_note==0 && cnt_octave==0) spk <= ~spk; end
wire [5:0] fullnote = tone[28:23];      //64 个音符
wire [2:0] octave;                      //5 个八度音程，用 3 位来表示
wire [3:0] note;                        //12 个音符，对应整数 0～11，用 4 位来表示
div12  d1(                              //除以 12 模块例化
    .num(fullnote[5:0]), .qout(octave), .rem(note));
endmodule
//-------------除以 12 子模块的源代码-------------
module div12(
    input [5:0] num,
    output reg[2:0] qout,
    output [3:0] rem);
reg [3:0] rem_b3b2;
assign rem = {rem_b3b2, num[1:0]};      //余数
always @(num[5:2]) begin                //除以 3
    case(num[5:2])
    0 : begin qout=0; rem_b3b2=0; end
    1 : begin qout=0; rem_b3b2=1; end
    2 : begin qout=0; rem_b3b2=2; end
    3 : begin qout=1; rem_b3b2=0; end
    4 : begin qout=1; rem_b3b2=1; end
    5 : begin qout=1; rem_b3b2=2; end
    6 : begin qout=2; rem_b3b2=0; end
    7 : begin qout=2; rem_b3b2=1; end
    8 : begin qout=2; rem_b3b2=2; end
    9 : begin qout=3; rem_b3b2=0; end
    10: begin qout=3; rem_b3b2=1; end
    11: begin qout=3; rem_b3b2=2; end
    12: begin qout=4; rem_b3b2=0; end
    13: begin qout=4; rem_b3b2=1; end
    14: begin qout=4; rem_b3b2=2; end
    15: begin qout=5; rem_b3b2=0; end
endcase  end
endmodule
```

代码清单 12.12 中的 div12 模块完成将 fullnote 变量除以 12 的操作，从而得到八度音程变量 octave（5 个八度音程，分别对应整数 0～4，用 3 位表示）和音符变量 note（12 个音符，分别为 0～11，用 4 位表示）。除以 12 的操作具体实现是先除以 4 再除以 3，除以 4 只需要将 fullnote 右移 2 位即可，移出的 2 位作为余数的低两位；剩余的 fullnote 变量高 4 位除以 3，用 case 语句查表实现，最终得到 3 位的商（0～4）和 4 位的余数（0～11）。

基于 DE10-Lite 目标板进行下载，将 spk 锁定至 FPGA 某一 I/O 引脚并接扬声器，扬声器另一脚接地，引脚约束文件（.qsf）如下。

```
set_location_assignment PIN_P11 -to clk50m
set_location_assignment PIN_W10 -to spk
```

引脚锁定后重新编译，下载至目标板验证音符演奏声。

3. 救护车警报声

救护车警报声通过切换两种不同的音调即可实现，可用音符 3 和音符 6 来模拟，其频率分别为 659Hz 和 880Hz。采用 24 位计数器的最高位 tone[23]作为两个频率切换的控制位，实现两个音调的切换，可计算得出每个音调持续的时间约为 0.34s，tone[23]可输出至 LED 灯直观显示音调的切换速度，本例的 Verilog 代码如代码清单 12.13 所示。

代码清单 12.13   救护车警报声发生器的 Verilog 代码

```
module ambulance(
    input  clk50m,
    output  sign,
    output  reg spk);
parameter NOTE3 = 50_000_000 /659 /2;      //音符 3（659Hz）对应的分频系数
parameter NOTE6 = 50_000_000 /880 /2;      //音符 6（880Hz）对应的分频系数
reg[23:0] tone;
reg[14:0] counter;
assign sign=tone[23];                      //切换标识，可用 LED 灯显示
always@(posedge clk50m)
    begin   tone <= tone + 1;  end
always@(posedge clk50m) begin
    if(counter == 0) begin
        counter <= (tone[23] ? NOTE3-1 : NOTE6-1);
        spk <= ~ spk;  end                 //两分频
    else begin  counter <= counter - 1;  end
end
endmodule
```

4. 警车警报声

简单的警车警报声是从低到高，再从高到低的循环的，因此需产生从低到高，再从高到低的一组频率值。

在代码清单 12.14 中，tone 计数器的 15～21 位（tone[21:15]），其值在 0～127（7b'0000000～7b'1111111）递增，其按位取反的值（～tone[21:15]）则在 127～0 递减，此变化规律正好与警车警笛声的音调变化吻合；用 tone[22]位来控制 tone[21:15]和～tone[21:15]的切换，可计算得出 tone[22]为 1 和为 0 的时间均为 0.17s。

"高速追击"警笛声时快时慢，为模拟追击警笛声，使用 tone[21:15]得到快速变化的音调（fastbeep）；使用 tone[24:18]得到慢速变化的音调（slowbeep）。在 fastbeep 前面补两位数据 " 01 "，其尾部补 7 个 0，即 " 0000000 "，这样变量 div 的值在 16'b0100000000000000 ～ 16'b0111111110000000（十进制数 16384～32640）来回变化。当输入时钟频率为 50MHz 时，将产生频率在 765～1525Hz 范围内变化的音调，从而产生类似"高速追击"警笛声的声音。

代码清单 12.14   "高速追击"警笛声发生器的 Verilog 代码

```
module beep(
    input clk50m,
    output  sign,
    output reg spk);
wire[6:0] fastbeep = (tone[22] ? tone[21:15] : ~tone[21:15]);
wire[6:0] slowbeep = (tone[25] ? tone[24:18] : ~tone[24:18]);
wire[15:0] div={2'b01,(tone[27] ? slowbeep : fastbeep),7'b0000000};
```

```
reg [15:0] count;
reg[27:0] tone;
assign sign=tone[27];           //sign 为 0/1,分别表示快速/慢速音调
always @(posedge clk50m)
begin   tone <= tone+1;  end
always @(posedge clk50m)
begin
    if(count==0)  begin count <= div; spk <= ~spk; end      //两分频
    else  count <= count-1; end
endmodule
```

引脚锁定后编译,基于 DE10-Lite 进行下载验证,外接扬声器,实际验证警笛声效果。

12.6.2 乐曲演奏

演奏的乐曲选择《梁祝》片段,其曲谱如图 12.23 所示。

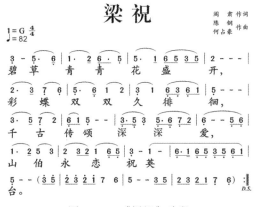

图 12.23 《梁祝》片段

对曲谱的乐理分析如下。

● 曲谱左上角 1=G 表示调号,调号决定了整首乐曲的音高。

● $\frac{4}{4}$ 表示乐曲以四分音符为 1 拍,每小节 4 拍(曲谱中两个竖线间为一小节)。

● 单个音符播放的时长由时值符号标记,包含增时线、附点音符、减时线。

  ■ 增时线:在音符的右边,每多一条增时线,表示增加 1 拍。如"5—",表示四分音符 5 增加 1 拍,即持续 2 拍。

  ■ 附点音符:在音符的右边加"•",表示增加当前音符时长的一半,比如"5•",表示四分音符 5 增加一半时值,即持续 1.5 拍。

  ■ 减时线:写在音符的下边,每多增加一条减时线,表示时长缩短为原音符时长的一半,如音符"5"及"5"分别表示时长为 0.5 拍和 0.25 拍。

各种音符及其时值的表示如表 12.10 所示,以四分音符为 1 拍,则全音符时值为 4 拍,二分音符时值为 2 拍,八分音符时值为 0.5 拍,十六分音符时值为 0.25 拍。

表 12.10　音符及其时值的表示

音符	简谱表示（以 5 为例）	拍数
全音符	5——	4
二分音符	5—	2
四分音符	5	1
八分音符	5̲	0.5
十六分音符	5̳	0.25

- 曲谱左上角的"♩=82"为速度标记，表示以这个时值（♩）为基本拍，每分钟演奏多少基本拍，♩=82 即每分钟演奏 82 个四分音符（每个四分音符大约持续 0.73s）。

上面分析了曲谱的乐理，具体实现时则不必过于拘泥，实际上只要各个音名间的相对频率关系不变，C 作 1 与 G 作 1 演奏出的乐曲听起来都不会"走调"；演奏速度快一点或慢一点也无妨。

1. 音符的产生

选取 6MHz 为基准频率，所有音符均从该基准频率分频得到；为了减小输出的偶次谐波分量，最后输出到扬声器的波形设定为方波，故在输出端增加一个两分频器，因此基准频率为 3MHz。由于音符频率多为非整数，故将计算得到的分频数四舍五入取整。《梁祝》各音符频率及相应的分频系数如表 12.11 所示，表中的分频比是在 3MHz 频率基础上计算并经四舍五入取整得到的。

从表 12.11 中可以看出，最大的分频系数为 9 102，故采用 14 位二进制计数器分频可满足需要，计数器预置数的计算方法是 16 383−分频系数（2^{14}−1=16 383），加载不同的预置数即可实现不同的分频。采用预置分频方法比使用反馈复零法节省资源，实现起来也容易一些。

表 12.11　各音符频率对应的分频比及预置数

音符	频率/Hz	分频系数	预置数	音符	频率/Hz	分频系数	预置数
3̣	329.6	9 102	7 281	5	784	3 827	12 556
5̣	392	7 653	8 730	6	880	3 409	12 974
6̣	440	6 818	9 565	7	987.8	3 037	13 346
7̣	493.9	6 073	10 310	i	1 046.5	2 867	13 516
1	523.3	5 736	10 647	2̇	1 174.7	2 554	13 829
2	587.3	5 111	11 272	3̇	1 319.5	2 274	14 109
3	659.3	4 552	11 831	5̇	1 568	1 913	14 470

如果乐曲中有休止符，只要将分频系数设为 0，即预置数设为 16 383，此时扬声器不会发声。

2. 音长的控制

在本例中，选择《梁祝》片段，如果将二分音符的持续时间设为 1s，则 4Hz 的时钟信号可产生八分音符的时长（0.25s），四分音符的演奏时间为两个 0.25s，为简化程序，本例中对十六分音符做了近似处理，将其视为八分音符。

图 12.24 所示是乐曲演奏电路示意，曲谱产生电路用来控制乐曲的音调和音长。控制音调通过设置计数器的预置数来实现，预置不同的数值就可以使计数器产生不同频率的信号，从而产生不同的音调。控制音长通过控制计数器预置数的停留时间来实现，预置数停留的时间越长，则该音符演奏的时间越长。每个音符的演奏时间都是 0.25 s 的整数倍，对于节拍较长的音符，如全音符，在记谱时将该音符重复记录 8 次即可。

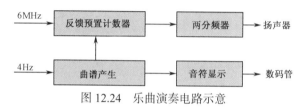

图 12.24 乐曲演奏电路示意

3. 源代码

在代码清单 12.15 中，high[3:0]、med[3:0]、low[3:0]分别用于在数码管上显示高音音符、中音音符和低音音符；为了使演奏能循环进行，另外设置一个时长计数器，当乐曲演奏完，保证能自动从头开始循环演奏。

代码清单 12.15 《梁祝》乐曲演奏电路

```
`timescale 1ns / 1ps
module song(
    input clk50m,                   //输入时钟 50MHz
    output reg spk,                 //激励扬声器的输出信号
    output[6:0] hex2,               //用数码管 hex2 显示高音音符
    output[6:0] hex1,               //用数码管 hex1 显示中音音符
    output[6:0] hex0);              //用数码管 hex0 显示低音音符
wire clk_6mhz;                      //产生各种音阶频率的基准频率
clk_div #(6250000)  u1(            //得到 6.25MHz 时钟
    .clk(clk50m),
    .clr(1),
    .clk_out(clk_6mhz));
wire clk_4hz;                       //用于控制音长（节拍）的时钟频率
clk_div #(4)  u2(                   //得到 4Hz 时钟信号，clk_div 的源代码见代码清单 10.21
    .clk(clk50m),
    .clr(1),
    .clk_out(clk_4hz));
reg[13:0] divider,origin;
always @(posedge clk_6mhz)          //通过置数，改变分频比
begin  if(divider==16383)
    begin divider<=origin; spk<=~spk; end  //置数，两分频
    else  begin divider<=divider+1; end
end
always @(posedge clk_4hz) begin
case({high,med,low})                //根据不同的音符，预置分频比
```

```verilog
'h001:    origin<=4915;      'h002:    origin<=6168;
'h003:    origin<=7281;      'h004:    origin<=7792;
'h005:    origin<=8730;      'h006:    origin<=9565;
'h007:    origin<=10310;     'h010:    origin<=10647;
'h020:    origin<=11272;     'h030:    origin<=11831;
'h040:    origin<=12094;     'h050:    origin<=12556;
'h060:    origin<=12974;     'h070:    origin<=13346;
'h100:    origin<=13516;     'h200:    origin<=13829;
'h300:    origin<=14109;     'h400:    origin<=14235;
'h500:    origin<=14470;     'h600:    origin<=14678;
'h700:    origin<=14864;     'h000:    origin<=16383;
endcase  end
reg[7:0] counter;
reg[3:0] high,med,low;
always @(posedge clk_4hz) begin
    if(counter==158)  counter<=0;          //计时，以实现循环演奏
    else   counter<=counter+1;
case(counter)
0,1,2,3: {high,med,low}<='h003;            //低音 3，二分音符，重复 4 次记谱
4,5,6: {high,med,low}<='h005;              //低音 5，重复 3 次记谱
7:    {high,med,low}<='h006;               //低音 6
8,9,10,13: {high,med,low}<='h010;
11: {high,med,low}<='h020;                 //中音 2
12: {high,med,low}<='h006;
14,15: {high,med,low}<='h005;              //低音 5，四分音符，重复 2 次记谱
16,17,18: {high,med,low}<='h050;
19:    {high,med,low}<='h100;              //高音 1
20:    {high,med,low}<='h060;
21,23:    {high,med,low}<='h050;
22:    {high,med,low}<='h030;
24,25,26,27,28,29,30,31: {high,med,low}<='h020;    //全音符，重复 8 次记谱
32,33,34: {high,med,low}<='h020;
35:    {high,med,low}<='h030;
36,37: {high,med,low}<='h007;
38,39,43: {high,med,low}<='h006;
40,41,42,53: {high,med,low}<='h005;
44,45,50,51,55: {high,med,low}<='h010;
46,47: {high,med,low}<='h020;
48,49: {high,med,low}<='h003;
52,54: {high,med,low}<='h006;
56,57,58,59,60,61,62,63: {high,med,low}<='h005;    //全音符，重复 8 次记谱
64,65,66: {high,med,low}<='h030;
67:    {high,med,low}<='h050;
68,69: {high,med,low}<='h007;
70,71,87,99: {high,med,low}<='h020;
72,85: {high,med,low}<='h006;
73: {high,med,low}<='h010;
74,75,76,77,78,79: {high,med,low}<='h005;          //重复 6 次记谱
80,82,83: {high,med,low}<='h003;
81,84,94: {high,med,low}<='h005;
86: {high,med,low}<='h007;
88,89,90,91,92,93,95: {high,med,low}<='h006;
96,97,98: {high,med,low}<='h010;
100,101: {high,med,low}<='h050;
102,103,106: {high,med,low}<='h030;
104,105,107: {high,med,low}<='h020;
108,109,116,117,118,119,121,127: {high,med,low}<='h010;
110,120,122,126:{high,med,low}<='h006;
111:{high,med,low}<='h005;
112,113,114,115: {high,med,low}<='h003;
123,125,127,128,129,130,131,132:{high,med,low}<='h005;
124:{high,med,low}<='h003;
```

```
133:{high,med,low}<='h300;
134:{high,med,low}<='h500;
135:{high,med,low}<='h200;
136:{high,med,low}<='h300;
137:{high,med,low}<='h200;
138:{high,med,low}<='h100;
139,140:{high,med,low}<='h070;
141,142:{high,med,low}<='h060;
143,144,145,146,147,148,150: {high,med,low}<='h050;
149,152:{high,med,low}<='h030;
151,153:{high,med,low}<='h020;
154:{high,med,low}<='h010;
155,156:{high,med,low}<='h007;
157,158:{high,med,low}<='h006;
default: {high,med,low}<='h000;
endcase
end
hex4_7 u3(.hex(high),              //高音音符显示，hex4_7 源代码见代码清单 10.10
    .g_to_a(hex2));
hex4_7 u4(.hex(med),               //中音音符显示
    .g_to_a(hex1));
hex4_7 u5(.hex(low),               //低音音符显示
    .g_to_a(hex0));
endmodule
```

引脚锁定后重新编译，基于目标板下载，外接扬声器，听到乐曲演奏声，音符则通过 3 个数码管显示，实现动态演奏，可在此实验的基础上进一步增加声、光、电的演奏效果。

练习

1. 由 8 个触发器构成的 m 序列产生器，如图 12.25 所示。
   （a）写出该电路的生成多项式。
   （b）用 Verilog HDL 描述 m 序列产生器，写出源代码。
   （c）编写仿真程序对其仿真，查看输出波形。

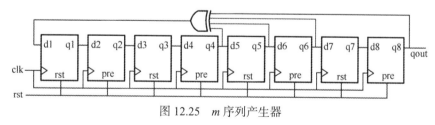

图 12.25 m 序列产生器

2. 设计一个图像显示控制器，自选一幅图像存储在 FPGA 中并显示在 VGA 显示器上，可增加必要的动画显示效果。

3. 用 FPGA 控制数字摄像头，使其输出分辨率为 480×272 像素的视频，FPGA 采集视频数据后放入外部同步动态随机存储器（Synchronous Dynamic Random Access Memory，SDRAM）芯片中缓存，输出至 TFT 液晶屏实时显示。试选择一款数字摄像头，用 Verilog HDL 完成上述功能。

4. 设计模拟乒乓球游戏，要求如下。

    （1）每局比赛开始之前，裁判按动每局开始发球开关，决定由其中一方首先发球，乒乓球光点即出现在发球者一方的球拍上，电路处于待发球状态。

    （2）A 方与 B 方各持一个按钮开关，作为击球用的球拍，有若干个光点作为乒乓球运动的轨迹。球拍按钮开关在球的一个来回中，只有第一次按动才起作用，若再次按动或持续按下不松开，将无作用。在击球时，只有在球的光点移至击球者一方的位置时，第一次按动击球按钮，击球才有效。当击球无效时，电路处于待发球状态，裁判可判由哪方发球。

    以上两个设计要求可由一人完成。另外，可设计自动判球记分、自动判发球电路，可由另一人完成。自动判球记分、自动判发球电路的设计要求如下。

    （1）自动判球记分。只要一方失球，对方记分牌上则自动加 1 分，在比分未达到 20：20 之前，当一方记分达到 21 分时，即告胜利，该局比赛结束；若比分达到 20：20 以后，只有一方净胜 2 分，才告胜利。

    （2）自动判发球。每次比赛结束，机器自动置电路于下一球的待发球状态。每方连续发球 5 次后，自动交换发球。当比分达到 20：20 以后，将轮换发球，直至比赛结束。

5. 设计一个 8 位频率计，所测信号频率的范围为 1～99 999 999Hz，并将被测信号的频率在 8 个数码管上显示出来（或者用字符型液晶进行显示）。

6. 设计乐曲演奏电路，乐曲选择"铃儿响叮当"，或其他熟悉的乐曲。

7. 用脉宽调制（Pulse Width Modulation，PWM）信号驱动蜂鸣器实现乐曲演奏，乐曲选择歌曲《我的祖国》片段，用 PWM 信号驱动蜂鸣器，使输出的乐曲音量可调，用按键控制音量的增减。

8. 设计保密数字电子锁，要求如下。

    （a）电子锁开锁密码为 8 位二进制码，用开关输入开锁密码。

    （b）开锁密码是有序的，若不按顺序输入密码，则发出报警信号。

    （c）设计报警电路，用灯光或音响报警。

9. 用 FPGA 控制 TFT 液晶屏，实现汉字字符的显示。提示：首先设计 ROM 模块，再通过字模提取工具将汉字字模数据存为.mif 文件并指定给 ROM 模块，再从 ROM 模块中把字模数据读取至 TFT 液晶屏显示。

第13章

Verilog 信号处理实例

本章通过超声波测距、整数开方运算、FIR 滤波器、Cordic 算法及实现等设计实例，说明 Verilog HDL 在信号处理领域的应用。

13.1 超声波测距

由于超声波指向性强，能量损耗慢，在介质中传播的距离较远，因而经常用于距离的测量，如测距仪和公路上的超声测速等。超声波测距易于实现，并且在测量精度方面能达到业界要求，成本也相对较低，在机器人、自动驾驶等方面得到了广泛的应用。

1. 超声波测距原理

超声波发射器向某一方向发射超声波，在发射的同时开始计时，超声波在空气中传播，途中碰到障碍物便返回，超声波接收器收到反射波就立即停止计时。假设传播时间共计为 t（单位为 s），声波在空气中的传播速度为 340m/s，易得到发射点距障碍物的距离（S，单位为 m）为

$$S = 340t / 2 = 170t \qquad (13\text{-}1)$$

超声波测距的原理就是利用声波在空气传播时稳定不变的特性以及发射和接收回波的时间差来实现测距。

2. HC-SR04 超声波测距模块

HC-SR04 超声波测距模块可提供 2～400cm 的非接触式距离测量功能，测距精度可高达 3mm，其电气参数如表 13.1 所示。

表 13.1　HC-SR04 超声波测距模块电气参数

性能指标	电气参数
工作电压	5V（直流）
工作电流	15mA
工作频率	40Hz

续表

性能指标	电气参数
最远射程	4m
最近射程	2cm
测量角度	15°
输入触发信号	10μs 的高电平信号
输出回响信号	输出 TTL 电平信号

图 13.1 所示为 HC-SR04 超声波测距模块实物（正、反面），其共有 4 个引脚——电源（+5V）、触发（Trig）信号输入、回响（Echo）信号输出、地线（GND）。

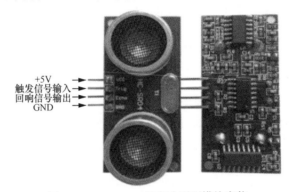

图 13.1   HC-SR04 超声波测距模块实物

HC-SR04 超声波测距模块工作时序如图 13.2 所示。从图中可看出 HC-SR04 超声波测距模块的工作过程如下：初始化时将 Trig 和 Echo 端口都置低电平，再向 Trig 端发送至少 10μs 的高电平脉冲，模块自动向外发送 8 个 40kHz 的脉冲，然后等待捕捉 Echo 端输出上升沿，捕捉到上升沿的同时，打开定时器开始计时，再等待捕捉 Echo 的下降沿，当捕捉到下降沿，读出定时器的时间，即超声波在空气中传播的时间，按照式（13-1）即可计算出距离。

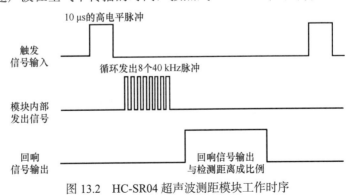

图 13.2   HC-SR04 超声波测距模块工作时序

3. 超声波测距顶层设计

超声波测距是通过测量时间差来实现的，FPGA 通过检测超声波测距的 Echo 端口电平变化控制计时的开始和停止。即当检测到 Echo 信号上升沿时开始计时，检测到 Echo 信号下降沿时停止计时。其顶层模块源代码如代码清单 13.1 所示。

代码清单 13.1　超声波测距顶层模块源代码

```verilog
'timescale 1ns / 1ps
module ultrasound(
    input clk50m,                    //50MHz 时钟
    input wire sys_rst,
    input echo,                      //回响信号，高电平持续时间为 t，距离=340t/2
    output wire[6:0] hex0,           //7 段数码管，显示距离
    output wire[6:0] hex1,
    output wire[6:0] hex2,
    output wire[6:0] hex3,
    output wire trig);               //发送一个持续时间超过 10μs 的高电平
reg [23:0] count;
reg [23:0] distance;
wire  [15:0] data_bin;               //数据缓存
reg echo_reg1,echo_reg2;
wire[15:0] dec_data_tmp;             //用于存储 4 位十进制数
//------------------------------------------
assign  data_bin=17*distance/5000;   //根据脉冲数计算时间差
always@(posedge clk50m, negedge sys_rst)  begin
    if(~sys_rst)  begin
        echo_reg1 <= 0;
        echo_reg2 <= 0;
        count <= 0;
        distance <= 0;  end
    else  begin
        echo_reg1 <= echo;           //当前脉冲
        echo_reg2 <= echo_reg1;      //后一个脉冲
    case({echo_reg2,echo_reg1})      //脉冲数计数，用于计算时间差
    2'b01:begin  count=count+1;  end
    2'b11:begin  count=count+1;  end
    2'b10:begin  distance=count; end
    2'b00:begin  count=0;  end
    endcase end
end
sig_gen u1(
    .clk(clk50m),
    .rst(sys_rst),
    .trig(trig));
bin2bcd
    #(.W(16))                        //二进制数转换为相应十进制数
 u2(.bin(data_bin),
    .bcd(dec_data_tmp));
//---------数码管显示结果，hex4_7 源代码见代码清单 10.10--------
hex4_7 u3(.hex(dec_data_tmp[3:0]),.g_to_a(hex0));
hex4_7 u4(.hex(dec_data_tmp[7:4]),.g_to_a(hex1));
hex4_7 u5(.hex(dec_data_tmp[11:8]),.g_to_a(hex2));
hex4_7 u6(.hex(dec_data_tmp[15:12]),.g_to_a(hex3));
endmodule
```

13

sig_gen 模块用于产生控制信号，其源代码如代码清单 13.2 所示，该模块产生一个持续 10μs 以上的高电平（本例高电平持续时间为 20μs）；为防止发射信号对回响信号产生影响，通常两

次测量间隔控制在 60ms 以上，本例的测量间隔设置为 100ms。

代码清单 13.2　超声波控制信号产生子模块

```verilog
module sig_gen(
    input  clk,
    input  rst,
    output wire  trig);
parameter[11:0]  PWM_N=1000;                //高电平持续 20μs
parameter[23:0]  CLK_N=5_000_000;           //两次测量间隔为 100ms
reg [23:0] count;
always@(posedge clk, negedge rst)  begin
    if(~rst)  begin count=0;end
    else if(count==CLK_N)  count<=0;
    else   count<=count+1;
end
assign trig=((count>=100)&&(count<=100+PWM_N))?1:0;
endmodule
```

4. 二进制数转 8421BCD 码

代码清单 13.1 中的 bin2bcd 是二进制数转 8421BCD 码的子模块，其源代码见代码清单 13.3，采用 Double-Dabble 算法实现，该模块耗用的逻辑单元数量较少，当输入的二进制数的位宽为 20 位时，只需耗用 223 个逻辑单元。

代码清单 13.3 采用了双重 for 循环的组合逻辑实现数制转换，其 RTL 综合视图如图 13.3 所示，可发现主要是由比较器、加法器等组合逻辑模块来实现的，其组合逻辑的延迟链均比较长，而且随着输入的二进制数据的位宽增大，延迟也将增大。因此，如果要将该模块应用于运行速度较高的系统，需进行时序仿真，以验证是否满足系统时序要求。在本例中，该子模块用于数码管显示，对速度要求不高，满足时序要求，不会存在问题。

代码清单 13.3　用 Double-Dabble 算法实现二进制数转 8421BCD 码

```verilog
`timescale 1ns / 1ps
module bin2bcd
  #(parameter  W = 20)               //输入的二进制数位宽
  (input[W-1:0]           bin,       //输入的二进制数
   output reg[W+(W-4)/3:0]  bcd);     //输出的 8421BCD 码
integer i,j;
//--------------------------------------------------
always @(bin)
begin
    for(i = 0; i <= W+(W-4)/3; i = i+1)
        bcd[i] = 0;
        bcd[W-1:0] = bin;              //初始化
    for(i = 0; i <= W-4; i = i+1)
      for(j = 0; j <= i/3; j = j+1)
        if(bcd[W-i+4*j -: 4] > 4)      //if > 4
        bcd[W-i+4*j -: 4] = bcd[W-i+4*j -: 4] + 4'd3;    //加 3
end
endmodule
```

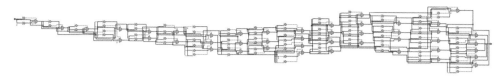

图 13.3　用 Double-Dabble 算法实现二进制数转 8421BCD 码 RTL 综合视图

引脚约束（采用.qsf 文件）如下（基于 DE10-Lite 目标板锁定）。

```
set_location_assignment PIN_P11 -to clk50m
set_location_assignment PIN_C10 -to sys_rst
set_location_assignment PIN_W9 -to echo
set_location_assignment PIN_W10 -to trig
set_location_assignment PIN_C14 -to hex0[0]
set_location_assignment PIN_E15 -to hex0[1]
set_location_assignment PIN_C15 -to hex0[2]
set_location_assignment PIN_C16 -to hex0[3]
set_location_assignment PIN_E16 -to hex0[4]
set_location_assignment PIN_D17 -to hex0[5]
set_location_assignment PIN_C17 -to hex0[6]
set_location_assignment PIN_C18 -to hex1[0]
set_location_assignment PIN_D18 -to hex1[1]
set_location_assignment PIN_E18 -to hex1[2]
set_location_assignment PIN_B16 -to hex1[3]
set_location_assignment PIN_A17 -to hex1[4]
set_location_assignment PIN_A18 -to hex1[5]
set_location_assignment PIN_B17 -to hex1[6]
set_location_assignment PIN_B20 -to hex2[0]
set_location_assignment PIN_A20 -to hex2[1]
set_location_assignment PIN_B19 -to hex2[2]
set_location_assignment PIN_A21 -to hex2[3]
set_location_assignment PIN_B21 -to hex2[4]
set_location_assignment PIN_C22 -to hex2[5]
set_location_assignment PIN_B22 -to hex2[6]
set_location_assignment PIN_F21 -to hex3[0]
set_location_assignment PIN_E22 -to hex3[1]
set_location_assignment PIN_E21 -to hex3[2]
set_location_assignment PIN_C19 -to hex3[3]
set_location_assignment PIN_C20 -to hex3[4]
set_location_assignment PIN_D19 -to hex3[5]
set_location_assignment PIN_E17 -to hex3[6]
```

将本例基于目标板进行下载和验证，HC-SR04 超声波模块连接至目标板的扩展口，用 4 个数码管显示距离，单位是 mm，实际显示效果如图 13.4 所示，经实测准确度较高。

图 13.4　超声波测距下载和验证

13.2　整数开方运算

本节采用逐次逼近算法实现整数开方运算。

假设被开方数 data 为 W 位,则其开方的结果 qout 的位宽是 $W/2$ 位,设置一个试验值 qtp 从最高位到最低位依次置 1,先将试验值 qtp 最高位置 1,用乘法器取平方后与被开方数 data 比较,若小于 data 则保留当前的 1,若大于 data 则最高位置 0,次高位再置 1;然后按照从高往低的顺序,依次将每一位置 1,将试验值的平方后与输入数据比较,若试验值的平方数大于输入值($(qtp)^2 > data$),则此位为 0,反之($(qtp)^2 \leqslant data$),此位为 1;以此迭代到最后一位。

可见,如果被开方数是 W 位的话,那么需要进行 $W/2$ 次迭代($W/2$ 个时钟周期)得到结果。

1.　设计实现

按上述逐次逼近算法实现的整数开方运算源代码如代码清单 13.4 所示。

代码清单 13.4　整数开方运算源代码

```
module sqrt
  #(parameter  DW = 16,
    parameter  QW = DW/2,
    parameter  RW = QW + 1)
   (input clk, clr,
    input en,                             //输入使能信号
    input wire[DW-1:0]  data,             //输入数据
    output reg[QW-1:0]  qout,             //开方结果
    output reg[RW-1:0]  rem,              //余数
    output reg  done);
//-----流水线操作,输出数据的位宽决定了流水线的级数,级数=QW-----
reg[DW-1:0] din[QW:1];                    //保存依次输入进来的被开方数据
reg[QW-1:0] qtp[QW:1];                    //保存每一级流水线的试验值
reg[QW-1:0] qst[QW:1];                    //由试验值与真实值的比较结果确定的最终值
reg flag [QW:1];                          //表示此时寄存器 D 中对应位置的数据是否有效
//--------------------------------------------------
always@(posedge clk, negedge clr)
begin
    if(!clr)
    {din[QW], qtp[QW], qst[QW], flag[QW]} <= 0;
    else if(en)                           //输入使能信号为 1
    begin
    din[QW] <= data;                      //被开方数据
    qtp[QW] <= {1'b1,{(QW-1){1'b0}}};     //设置试验值,先将最高位设为 1
    qst[QW] <= 0;                         //实际计算结果
    flag[QW] <= 1; end
    else  {din[QW], qtp[QW], qst[QW], flag[QW]} <= 0;
end
//-------------迭代计算过程,流水线操作-------------
generate
    genvar i;       //i=3,2,1
    for(i=QW-1;i>=1;i=i-1)
    begin: U
     always@(posedge clk, negedge clr) begin
       if(!clr)
       {din[i], qtp[i], qst[i], flag[i]} <= 0;
       //将数据读入并设置数据有效,开始比较数据
       else if(flag[i+1]) begin
       //确定最高位是否应该为 1 以及将次高位的赋值为 1,准备开始下一次比较
```

```
        if(qtp[i+1]*qtp[i+1] > din[i+1])
        //根据根的试验值最高位置为1后的平方数与真实值的大小比较结果
        begin
        qtp[i] <= {qst[i+1][QW-1:i],1'b1,{{i-1}{1'b0}}};
        //如果试验值的平方数过大，那么就将最高位置为0，次高位置1
        qst[i] <= qst[i+1]; end
        else  begin
        qtp[i] <= {qtp[i+1][QW-1:i],1'b1,{{i-1}{1'b0}}};
        //并将数据从位置i+1移至下一个位置i，而i+1的位置用于接收下一个输入的数据
        qst[i] <= qtp[i+1];end
        din[i] <= din[i+1];
        flag[i] <= 1; end
        else  {din[i], qtp[i], qst[i], flag[i]} <= 0;
        end
end
endgenerate
//---------计算余数与最终平方根--------------------
always@(posedge clk, negedge clr) begin
    if(!clr)  {done, qout, rem} <= 0;
    else if(flag[1])  begin
       if(qtp[1]*qtp[1] > din[1])  begin
       qout <= qst[1];
       rem <= din[1] - qst[1]*qst[1];
       done <= 1;  end
       else  begin
       qout <= {qst[1][QW-1:1],qtp[1][0]};
       rem <= din[1]-{qst[1][QW-1:1], qtp[1][0]}*{qst[1][QW-1:1],qtp[1][0]};
       done <= 1; end
       end
    else {done, qout, rem} <= 0;
end
endmodule
```

2. 仿真验证

代码清单 13.5 是整数开方运算的 Test Bench 测试代码。

代码清单 13.5 整数开方运算的 Test Bench 测试代码

```
'timescale 1ns / 1ns
module sqrt_tb;
parameter DW = 16;
parameter QW = DW /2;
parameter RW = QW + 1;
reg clk;
reg clr;
reg en;
reg[DW-1:0] data;
wire  done;
wire[QW-1:0] qout;
wire[RW-1:0] rem;
sqrt  #(.DW(DW), .QW(QW), .RW(RW))
 u1(.clk(clk),
    .clr(clr),
    .en(en),
    .data(data),
    .done(done),
    .qout(qout),
    .rem(rem));
initial begin  clk <= 0;
```

```
    forever  #5  clk = ~clk; end          //产生 clk 时钟信号
initial begin
    {clr,en, data}<= 0;
    #20;  clr <= 1;
    repeat(5) @(posedge clk)
    begin
    en <= 1;
    data <= {$random} % {DW{1'b1}};       //产生随机数
    end
    #30;  {en, data}<= 0;
    #30;
    repeat(5) @(posedge clk)
    begin   en <= 1;
    data <= {$random} % {DW{1'b1}};       //产生随机数
    end
    #30;  {en, data}<= 0;
    #300; $stop;
end
endmodule
```

在 ModelSim 中运行代码清单 13.5，得到图 13.5 所示的波形，从图中可看出当 en 为 1 时，输入十进制数据 18233，当输出使能信号 done 为 1 时，得到平方根结果——135，余数为 8，经验算功能正确。

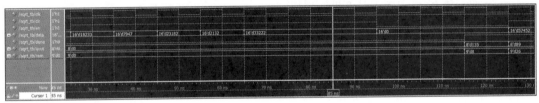

图 13.5　整数开方运算的测试波形

3. 下载与验证

整数开方运算顶层源代码如代码清单 13.6 所示，例中用 bin2bcd 子模块将二进制结果转换为相应的十进制数，并用 hex4_7 子模块将开方结果以十进制形式显示在数码管上。

代码清单 13.6　整数开方运算顶层源代码

```
'timescale 1ns / 1ps
module sqrt_top(
    input sys_clk,
    input sys_rst,
    input en,
    input wire [7:0] sw,           //输入 8 位数据
    output wire [6:0] hex1,
    output wire [6:0] hex0,        //数码管显示
    output wire  done);
parameter DW = 8;
parameter QW = DW /2;
parameter RW = QW + 1;
wire [DW/2-1 :0] qout;
sqrt #(.DW(DW), .QW(QW), .RW(RW))
    u1(.clk(sys_clk),
    .clr(sys_rst),
    .en(en),
```

```
    .data(sw),
    .done(done),
    .qout(qout),
    .rem(   ));
wire[7:0] dec_data;
bin2bcd  #(.W(4))                      //二进制结果转换为相应十进制数
    u2(                                //bin2bcd 源代码见代码清单 13.3
    .bin(qout),
    .bcd(dec_data));
hex4_7 i1(.hex(dec_data[3:0]),.g_to_a(hex0));    //通过数码管显示平方根值
hex4_7 i2(.hex(dec_data[7:4]),.g_to_a(hex1));    //hex4_7 源代码见代码清单 10.10
endmodule
```

本例的引脚锁定如下（以 DE10-Lite 为目标板）。

```
set_location_assignment PIN_P11 -to sys_clk
set_location_assignment PIN_B14 -to sys_rst
set_location_assignment PIN_F15 -to en
set_location_assignment PIN_A14 -to sw[7]
set_location_assignment PIN_A13 -to sw[6]
set_location_assignment PIN_B12 -to sw[5]
set_location_assignment PIN_A12 -to sw[4]
set_location_assignment PIN_C12 -to sw[3]
set_location_assignment PIN_D12 -to sw[2]
set_location_assignment PIN_C11 -to sw[1]
set_location_assignment PIN_C10 -to sw[0]
set_location_assignment PIN_A8 -to done
set_location_assignment PIN_C18 -to hex1[0]
set_location_assignment PIN_D18 -to hex1[1]
set_location_assignment PIN_E18 -to hex1[2]
set_location_assignment PIN_B16 -to hex1[3]
set_location_assignment PIN_A17 -to hex1[4]
set_location_assignment PIN_A18 -to hex1[5]
set_location_assignment PIN_B17 -to hex1[6]
set_location_assignment PIN_C14 -to hex0[0]
set_location_assignment PIN_E15 -to hex0[1]
set_location_assignment PIN_C15 -to hex0[2]
set_location_assignment PIN_C16 -to hex0[3]
set_location_assignment PIN_E16 -to hex0[4]
set_location_assignment PIN_D17 -to hex0[5]
set_location_assignment PIN_C17 -to hex0[6]
```

13

将本例下载至目标板，效果如图 13.6 所示，用目标板上 8 个按键（SW7～SW0）输入待开方的整数（0～255），最左侧按键（SW9）作为输入使能（为 1 的话，输入有效），按键 SW8 作为复位，开方的结果用 2 个数码管显示，做进一步验证。

图 13.6 开方运算下载与验证

13.3 FIR 滤波器

本节介绍如何设计实现有限冲激响应（Finite Impulse Response，FIR）滤波器，基于 MATLAB 设计并仿真 FIR 滤波器的性能，下载至 FPGA 实际验证其滤波效果。

13.3.1　FIR 滤波器的参数设计

在信号处理领域中，对于信号处理实时性、快速性的要求越来越高。而在许多信息处理过程中（如对信号的过滤、检测、预测等）都要用到滤波器。数字滤波器具有稳定性高、精度高、设计灵活、实现方便等优点，避免了模拟滤波器所无法克服的电压漂移、温度漂移和难以去噪等问题，其中 FIR 滤波器能在设计任意幅频特性的同时保证严格的线性相位特性，在语音处理、数据传输中被广泛采用。

1. FIR 滤波器

FIR 滤波器又称为非递归型滤波器，它可以在保证任意幅频特性的同时具有严格的线性相频特性，同时其单位抽样响应是有限长的，因而 FIR 滤波器是稳定的系统。FIR 滤波器在通信、图像处理、模式识别等领域都有着广泛的应用。本例主要从 FIR 滤波器的原理、MATLAB 仿真及硬件实现 3 个方面进行介绍。

数字滤波器的基本构成如图 13.7 所示，首先通过模数转换（Analog-to-Digital conversion，ADC）将模拟信号通过采样转换为数字信号，然后通过数字滤波器完成信号处理，最后再通过数模转换（Digital-to-Analog conversion，DAC）将滤波后的数字信号转换为模拟信号输出。

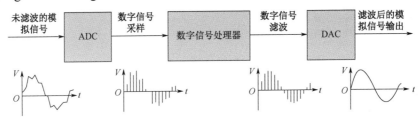

图 13.7　数字滤波器的基本构成

假设低频传输信号 $x_S(t) = \sin(2\pi f_0 t)$（$f_0 = 5\text{kHz}$）受到高频噪声信号 $x_N(t) = \sin(2\pi f_1 t)$（$f_1 = 20\text{kHz}$）干扰，图 13.8（a）与（b）所示分别为叠加噪声前后的信号时域图。

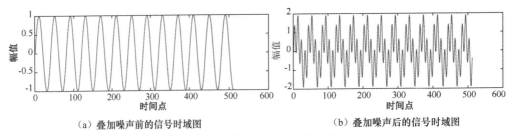

（a）叠加噪声前的信号时域图　　　　　（b）叠加噪声后的信号时域图

图 13.8　叠加噪声前后的信号时域图

若原始信号的傅里叶变换为 $X_S(f)$，噪声信号的傅里叶变换为 $X_N(f)$，则含噪信号的傅里叶变换可表示为

$$X(f) = X_S(f) + X_N(f) \tag{13-2}$$

图 13.9 所示为含噪声信号频谱图，分析频谱图可知，要想滤除高频干扰信号，只需要将该

频谱与一个低通频谱相乘即可。

假设该低通频谱为 $X_L(f)$，理想低通滤波器频谱图如图 13.10 所示。

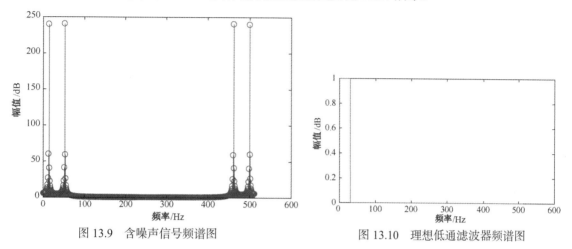

图 13.9　含噪声信号频谱图　　　　图 13.10　理想低通滤波器频谱图

经过低通滤波后的输出信号频谱为

$$X_{out}(f) = X(f)*X_L(f) \qquad (13\text{-}3)$$

通过以上分析可知，从频域的角度来说，只需要将信号与滤波器在频域内相乘即可完成滤波。但由于实际系统是基于时域实现的，所以还需要进一步转换到时域，在时域内完成滤波。频域乘积对应于时域的卷积，而卷积的实质为一系列的乘累加操作。

若 $x_L(t)$ 为 $X_L(f)$ 的傅里叶逆变换，则滤波后的信号在时域内可表示为

$$x_{out}(t) = x(t) \otimes x_L(t) \qquad (13\text{-}4)$$

在离散情况下，上述滤波过程可表示为乘累加的形式。长度为 N 的滤波输出表达如下

$$x_{out}(n) = \sum_{k=0}^{N-1} x(n)x_L(k-n) \qquad (13\text{-}5)$$

可将 FIR 滤波过程用图 13.11 表示。输入序列 $x(n)$ 经过 N 点延时后，和对应的滤波器系数相乘再求和并输出。

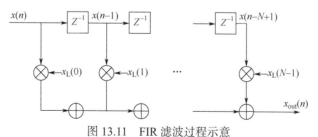

图 13.11　FIR 滤波过程示意

2. 基于 MATLAB 设计 FIR 滤波器

由上述内容可知，设计 FIR 滤波器的关键在于得出符合预期要求的滤波器系数。这里用

MATLAB 工具箱求解 FIR 滤波器系数。

运行 MATLAB 软件，在命令行窗口执行 fdatool 命令，打开滤波器设计工具，图 13.12 所示为滤波器设计工具箱界面，在 Response Type 栏内选择滤波器的种类，有 Lowpass、Highpass、Bandpass、Bandstop 等。在 Design Method 栏内选择 FIR 方法，默认为 Equipple。在 Filtter Order 栏中可以设置滤波器的阶数，有两种方法：当选择 Specify order 时，个人自定义阶数；当选择 Minimum order 时，软件会根据用户设置的其他参数，自动生成满足要求的最小阶数。Options 栏的 Density Factor 是指频率网密度，一般该参数值越高，滤波器越接近理想状态，滤波器复杂度也越高，通常取默认值。Frequency Specifications 栏用于设置采样频率（Fs）、通带截止频率（Fpass）及阻带截止频率（Fstop）等。Magnitude Specifications 栏用于设置通带增益（Apass，通常采用默认值 1dB），Astop 是指阻带衰减，可根据需要进行设置。

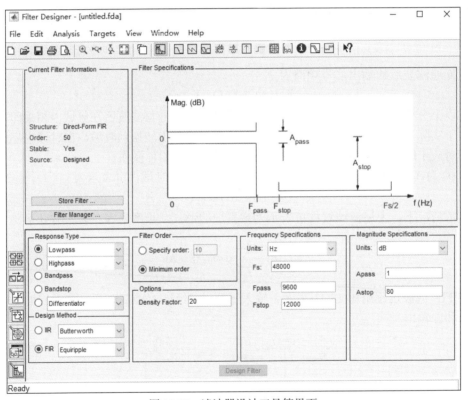

图 13.12　滤波器设计工具箱界面

当设置好参数后，单击 Design Filter 按钮即可完成滤波器设计。该滤波器频率响应会在 Magnitude Response 区域中显示，如图 13.13 所示。

此时，从菜单栏中选择 File→Export，弹出图 13.14 所示的 Export 对话框，自定义系数名称后，单击 Export 按钮，将系数导出至 MATLAB 软件工作区。

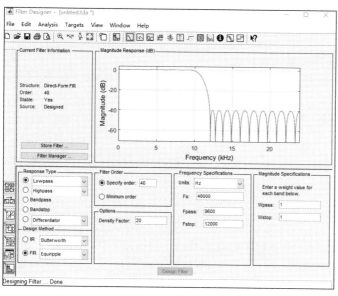

图 13.13 滤波器设计参数及其频率响应曲线

图 13.14 Export 对话框

3. FIR 滤波器效果仿真实验

本例以低通滤波器为例，通过设计 FIR 滤波器，验证其滤波效果。

滤波器的采样频率为 500kHz，通带截止频率为 10kHz，阻带截止频率为 30kHz，具体参数如图 13.15 所示。

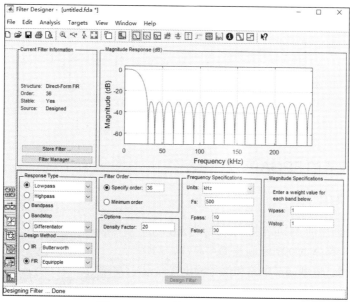

图 13.15 FIR 低通滤波器参数

如代码清单 13.7 所示，编写 MATLAB 代码，使用该滤波器从矩形波中滤出基波分量，验证其滤波效果。

代码清单 13.7   FIR 滤波器滤波效果仿真代码

```
N=512;fs=500e3;f1=10e3;
t=0:1/fs:(N-1)/fs;
in=square(2*pi*f1*t)/2+0.5;
%此处将浮点型滤波器参数放大 2^16 倍并取整，滤波后再缩小，以与后续 FPGA 实现保持一致
Num2=floor(Num1*65536);
out=conv(in,Num2)/65536;
figure;
subplot(2,1,1);
plot(in);
xlabel('频率/Hz');
ylabel('幅值 1dB')
subplot(2,1,2);
plot(out);
xlabel('频率/Hz');
```

信号输入是频率为 10kHz 的方波，采用 FIR 低通滤波后，输出波形为 10kHz 的正弦波，滤波效果较好。滤波前后的波形比对如图 13.16（a）与（b）所示。

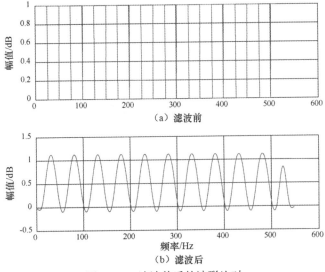

图 13.16   滤波前后的波形比对

13.3.2   FIR 滤波器的 FPGA 实现

1. AD/DA 模块

图 13.17 所示为所用的 AD/DA 模块，型号为 AN108。该模块的数模转换电路由 AD9708 高速 DA 芯片、7 阶巴特沃思低通滤波器、幅度调节电路和信号输出接口组成。AD9708 是 8 位、125MSPS（Million Samples Per Second，每秒百万次采样）的 DA 芯片，内置 1.2V 参考

图 13.17   AD/DA 模块

电压；7 阶巴特沃斯低通滤波器的带宽为 40MHz；信号输出范围为−5～5V。

　　该模块的模数转换电路由 AD 芯片 AD9280、衰减电路和信号输入接口组成。AD9280 是 8 位、最大采样率为 3200MSPS 的 AD 芯片。信号输入范围为−5～5V。信号在输入 AD 芯片前，使用衰减电路将信号幅度降为 0～2V。

2. FIR 滤波器的 Verilog 实现

　　将 MATLAB 中求得的 FIR 滤波器系数放大 65 536（2^{16}）倍后保存在数组中，由于该系数具有对称性，故而只需要存储一半的数据（代码中的变量名为 coef）。

　　代码清单 13.8 展示了 FIR 滤波器的 Verilog 实现源代码。

代码清单 13.8　FIR 滤波器的 Verilog 实现源代码

```verilog
'timescale 1ns / 1ps
module myfir(
    input clk,rst,
    input wire signed [8:0] datain,
    output wire signed [8:0] dataout);
wire signed [47:0] datatmp;
parameter n=37;
integer i;
//----------------------------------------
reg signed [15:0] coef [18:0];      //(n+1)/2
    initial begin
    coef[0]<=-16'd1225;    coef[1]<=-16'd471;
    coef[2]<=-16'd492;     coef[3]<=-16'd454;
    coef[4]<=-16'd343;     coef[5]<=-16'd151;
    coef[6]<=16'd128;      coef[7]<=16'd495;
    coef[8]<=16'd944;      coef[9]<=16'd1462;
    coef[10]<=16'd2032;    coef[11]<=16'd2631;
    coef[12]<=16'd3232;    coef[13]<=16'd3807;
    coef[14]<=16'd4326;    coef[15]<=16'd4762;
    coef[16]<=16'd5093;    coef[17]<=16'd5298;
    coef[18]<=16'd5368;
    end
reg signed [8:0] delay [n-1:0];
wire signed [31:0] tap [n-1:0];
//----------------------------------------
assign tap[0]=delay[0]*coef[0],      tap[1]=delay[1]*coef[1],
    tap[2]=delay[2]*coef[2],      tap[3]=delay[3]*coef[3],
    tap[4]=delay[4]*coef[4],      tap[5]=delay[5]*coef[5],
    tap[6]=delay[6]*coef[6],      tap[7]=delay[7]*coef[7],
    tap[8]=delay[8]*coef[8],      tap[9]=delay[9]*coef[9],
    tap[10]=delay[10]*coef[10],   tap[11]=delay[11]*coef[11],
    tap[12]=delay[12]*coef[12],   tap[13]=delay[13]*coef[13],
    tap[14]=delay[14]*coef[14],   tap[15]=delay[15]*coef[15],
    tap[16]=delay[16]*coef[16],   tap[17]=delay[17]*coef[17],
    tap[18]=delay[18]*coef[18],   tap[19]=delay[19]*coef[17],
    tap[20]=delay[20]*coef[16],   tap[21]=delay[21]*coef[15],
    tap[22]=delay[22]*coef[14],   tap[23]=delay[23]*coef[13],
    tap[24]=delay[24]*coef[12],   tap[25]=delay[25]*coef[11],
    tap[26]=delay[26]*coef[10],   tap[27]=delay[27]*coef[9],
    tap[28]=delay[28]*coef[8],    tap[29]=delay[29]*coef[7],
    tap[30]=delay[30]*coef[6],    tap[31]=delay[31]*coef[5],
```

13

```
        tap[32]=delay[32]*coef[4],    tap[33]=delay[33]*coef[3],
        tap[34]=delay[34]*coef[2],    tap[35]=delay[35]*coef[1],
        tap[36]=delay[36]*coef[0];
assign datatmp= tap[0]+tap[1]+tap[2]+tap[3]+tap[4]+tap[5]+
    tap[6]+tap[7]+tap[8]+tap[9]+tap[10]+tap[11]+tap[12]+
    tap[13]+tap[14]+tap[15]+tap[16]+tap[17]+tap[18]+
    tap[19]+tap[20]+tap[21]+tap[22]+tap[23]+tap[24]+
    tap[25]+tap[26]+tap[27]+tap[28]+tap[29]+tap[30]+
    tap[31]+tap[32]+tap[33]+tap[34]+tap[35]+tap[36];
assign dataout=datatmp>>>17;
//-----------------------------------------
always@(posedge clk, negedge rst)
begin
    if(~rst) begin
    for(i=0;i<=36;i=i+1)              //for 语句
    delay[i]<=8'd0; end
    else begin
      delay[36]<=datain;
      for(i=0;i<=35;i=i+1)            //for 语句
      delay[i]<=delay[i+1]; end
end
endmodule
```

3. FIR 滤波器顶层设计

FIR 滤波器的顶层源代码如代码清单 13.9 所示，调用 clk_div 模块产生数码管片选时钟（5kHz）、AD/DA 模块时钟（500kHz）以及按键检测时钟（5Hz）；用 myfir 模块实现信号滤波。

代码清单 13.9   FIR 滤波器的顶层源代码

```
module fir_top(
    input clk50m,
    input sys_rst,
    input wire[7:0] ad_data,               //AD 模块输入
    output wire[7:0] da_data,              //输出到 DA 模块
    output wire da_clk,ad_clk              //AD/DA 模块时钟信号
    );
wire signed[8:0] firin;
wire signed[8:0] firout;
assign ad_clk=da_clk;
assign firin=$signed({1'b0,ad_data});     //输入转换为有符号数
assign da_data=$unsigned(firout);         //输出转换为无符号数
//--------------------------------------------------------
clk_div  #(500000) u1(                    //产生 500kHz AD/DA 模块时钟信号
    .clk(clk50m),
    .clr(1),
    .clk_out(da_clk));
myfir #(37) u2(
    .clk(da_clk),
    .rst(sys_rst),
    .datain(firin),
    .dataout(firout));
endmodule
```

4. 下载与验证

引脚约束如下。

```
set_location_assignment PIN_E1 -to clk50m
set_location_assignment PIN_E15 -to sys_rst
set_location_assignment PIN_J14 -to ad_clk
set_location_assignment PIN_E8  -to da_clk
set_location_assignment PIN_F7 -to da_data[7]
set_location_assignment PIN_F9 -to da_data[6]
set_location_assignment PIN_E9 -to da_data[5]
set_location_assignment PIN_C9 -to da_data[4]
set_location_assignment PIN_D9 -to da_data[3]
set_location_assignment PIN_E10 -to da_data[2]
set_location_assignment PIN_C11 -to da_data[1]
set_location_assignment PIN_D11 -to da_data[0]
set_location_assignment PIN_J13 -to ad_data[7]
set_location_assignment PIN_J12 -to ad_data[6]
set_location_assignment PIN_J11 -to ad_data[5]
set_location_assignment PIN_G16 -to ad_data[4]
set_location_assignment PIN_K10 -to ad_data[3]
set_location_assignment PIN_K9 -to ad_data[2]
set_location_assignment PIN_G11 -to ad_data[1]
set_location_assignment PIN_F14 -to ad_data[0]
```

基于 C4_MB 目标板进行下载和验证,其实际滤波效果如图 13.18 所示,图中的输入为 10kHz 的方波信号,经 FIR 滤波器在输出端得到了 10kHz 的正弦波,从方波中滤掉奇数次谐波,只保留基波信号,当然这属于定性测量,如果要定量测得滤波器性能指标,应采用更为具体的测量方法。

图 13.18　FIR 滤波器效果测试

13.4　Cordic 算法及实现

在计算机普及之前,一般通过查找三角函数表来计算任意角度的三角函数值。在计算机普及后，计算机可以利用级数展开（比如泰勒级数展开）来逼近三角函数，只要项数取得足够多就能以任意精度来逼近函数值。但这些方法本质上都是用多项式函数来近似计算三角函数，计算过程中必然涉及大量的浮点运算。在缺乏硬件乘法器的简单设备（比如没有浮点运算单元的单片机）上，用这些方法来计算三角函数会非常麻烦。为了解决此问题，J.Volder 于 1959 年提出了一种快速算法，称为 Cordic（Coordinate Rotation Digital Computer，坐标数字旋转计算机）算法，该算法只利用移位、加、减运算，就能得出常用三角函数（如 sin、cos、sinh、cosh）的值。

本节基于 FPGA 实现 Cordic 算法，将复杂的三角函数运算转化成普通的加法、减法和乘法实现，其中乘法运算可以用移位运算代替。

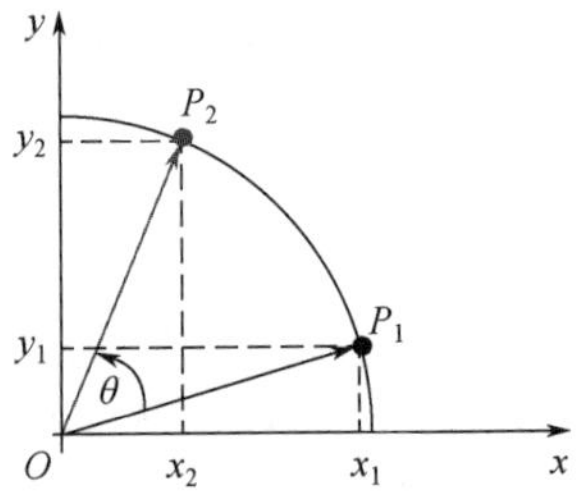

图 13.19　Cordic 算法原理

13.4.1　Cordic 算法

如图 13.19 所示，假设在直角坐标系中有一个点 P_1 (x_1, y_1)，将点 P_1 绕原点旋转 θ 角后得到点 P_2 (x_2, y_2)。

于是可以得到 P_1 和 P_2 的关系：

$$\begin{cases} x_2 = x_1 \cos\theta - y_1 \sin\theta = \cos\theta(x_1 - y_1 \tan\theta) \\ y_2 = y_1 \cos\theta + x_1 \sin\theta = \cos\theta(y_1 + x_1 \tan\theta) \end{cases} \quad (13\text{-}6)$$

转化为矩阵形式为

$$\begin{bmatrix} x_2 \\ y_2 \end{bmatrix} = \cos\theta \begin{bmatrix} 1 & -\tan\theta \\ \tan\theta & 1 \end{bmatrix} \begin{bmatrix} x_1 \\ y_1 \end{bmatrix} \quad (13\text{-}7)$$

根据以上公式，当已知一个点 P_1 的坐标，并已知该点旋转的角度 θ，则可以根据上述公式求得目标点 P_2 的坐标。为了兼顾顺时针旋转的情形，可以设置一个标志，记为 flag，其值为 1 时，表示逆时针旋转，其值为 -1 时，表示顺时针旋转。将以上矩阵改写为

$$\begin{bmatrix} x_2 \\ y_2 \end{bmatrix} = \cos\theta \begin{bmatrix} 1 & -\mathrm{flag}\tan\theta \\ \mathrm{flag}\tan\theta & 1 \end{bmatrix} \begin{bmatrix} x_1 \\ y_1 \end{bmatrix} \quad (13\text{-}8)$$

容易归纳出以下通项公式：

$$\begin{bmatrix} x_{n+1} \\ y_{n+1} \end{bmatrix} = \cos\theta_n \begin{bmatrix} 1 & -\mathrm{flag}_n \tan\theta_n \\ \mathrm{flag}_n \tan\theta_n & 1 \end{bmatrix} \begin{bmatrix} x_n \\ y_n \end{bmatrix} \quad (13\text{-}9)$$

为了简化计算过程，可以令旋转的初始位置为 0°，旋转半径为 1，则 x_n 和 y_n 的值为旋转后余弦值和正弦值。并规定每次旋转的角度为特定值：

$$\begin{cases} x_0 = 1 \\ y_0 = 0 \\ \tan\theta_n = \dfrac{1}{2^n} \end{cases} \tag{13-10}$$

通过迭代可以得出：

$$\begin{aligned}
\begin{bmatrix} x_{n+1} \\ y_{n+1} \end{bmatrix} &= \cos\theta_n \begin{bmatrix} 1 & -\mathrm{flag}_n \tan\theta_n \\ \mathrm{flag}_n \tan\theta_n & 1 \end{bmatrix} \begin{bmatrix} x_n \\ y_n \end{bmatrix} \\
&= \cos\theta_n \begin{bmatrix} 1 & -\mathrm{flag}_n \tan\theta_n \\ \mathrm{flag}_n \tan\theta_n & 1 \end{bmatrix} \cos\theta_{n-1} \begin{bmatrix} 1 & -\mathrm{flag}_{n-1} \tan\theta_{n-1} \\ \mathrm{flag}_{n-1} \tan\theta_{n-1} & 1 \end{bmatrix} \begin{bmatrix} x_{n-1} \\ y_{n-1} \end{bmatrix} \\
&= \cos\theta_n \begin{bmatrix} 1 & -\mathrm{flag}_n \tan\theta_n \\ \mathrm{flag}_n \tan\theta_n & 1 \end{bmatrix} \cdots \begin{bmatrix} 1 \\ 0 \end{bmatrix} \\
&= \prod_{i=0}^{n} \cos\theta_i \prod_{i=0}^{n} \begin{bmatrix} 1 & -\mathrm{flag}_i \tan\theta_i \\ \mathrm{flag}_i \tan\theta_i & 1 \end{bmatrix} \begin{bmatrix} 1 \\ 0 \end{bmatrix} \\
&\xrightarrow{\ \ \diamondsuit K = \prod_{i=0}^{n} \cos\theta_i\ \ } = \prod_{i=0}^{n} \begin{bmatrix} 1 & -\mathrm{flag}_i / 2^i \\ \mathrm{flag}_i / 2^i & 1 \end{bmatrix} \begin{bmatrix} K \\ 0 \end{bmatrix}
\end{aligned}$$

$$\tag{13-11}$$

　　分析以上推导过程可知，只要在 FPGA 中存储适当数量的角度值，即可以通过反复迭代完成正余弦函数计算。从公式中可以看出，计算结果的精度受 K 的值以及迭代次数的影响，下面分析计算精度与迭代次数之间的关系。

　　可以证明 K 的值随着 n 的变大逐渐收敛。图 13.20 所示为 K 值随迭代次数的变化曲线，从中可以看出迭代 10 次，即有很好的收敛效果，K 值收敛于 0.607 252 935。

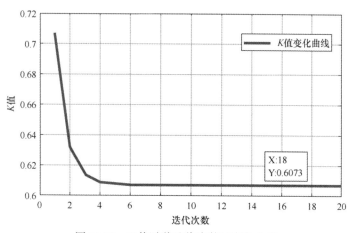

图 13.20　K 值随着迭代次数的变化曲线

使用 MATLAB 软件模拟使用 Cordic 算法实现角度逼近如图 13.21 所示。从图中可以看出，当迭代次数超过 15 时，该算法可以很好地逼近待求角度。

综上可知，当迭代次数超过 15 时，计算的精度基本可以得到满足。

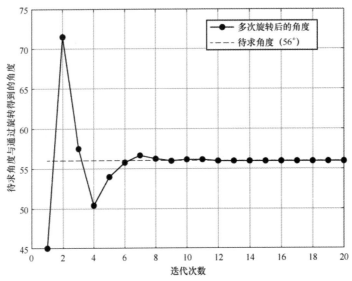

图 13.21　使用 Cordic 算法实现角度逼近

13.4.2　Cordic 算法的 Verilog 实现

在 Cordic 算法的 Verilog 实现过程中，着重解决如下的问题。

（1）输入角度象限的划分：三角函数值都可以转化到 0°～90°范围内计算，所以考虑对输入的角度进行预处理，进行初步的范围划分，分为 4 个象限，如表 13.2 所示，然后将其转化到 0°～90°范围内进行计算。

表 13.2　角度范围划分

划分象限	象限	划分象限	象限
00	第一象限	10	第三象限
01	第二象限	11	第四象限

（2）由于 FPGA 综合时只能对定点数进行计算，所以要进行数值的扩大，从而导致结果也扩大。因此要进行后处理，乘相应的因子，使数值变为原始的结果。

本例采用 8 位拨码开关作为角度输入，则角度的输入范围为 0°～255°。使用数码管作为输出显示，由于计算结果有正负，故用一位数码管作为正负标志，A 表示结果为正，F 表示结果为负，为了使计算结果能精确到 0.00001 位，采用 20 次迭代。

首先根据以下计算公式，使用 MATLAB 软件计算出 20 个特定角度值并放大 232 倍，如表 13.3 所示。

$$\theta_n = \arctan \frac{1}{2^n} \qquad (13\text{-}12)$$

表 13.3　20 个特定旋转角度

n	角度值/°	n	角度值/°
0	45	10	0.055 952 892
1	26.5650 511 8	11	0.027 976 453
2	14.036 243 47	12	0.013 988 227
3	7.125 016 349	13	0.006 994 114
4	3.576 334 375	14	0.003 497 057
5	1.789 910 608	15	0.001 748 528
6	0.895 173 71	16	0.000 874 264
7	0.447 614 171	17	0.000 437 132
8	0.223 810 5	18	0.000 218 566
9	0.111 905 677	19	0.000 109 283

（3）实际编程时，当输入的角度转换到第一象限后较小时（小于 5°）或者较大时（大于 85°），计算结果都会溢出。通过 MATLAB 仿真，发现当待求角度较小时，旋转过程中会出现负角情况，即计算出的 y_n 值为负，针对此问题，可通过在计算过程中加入判定语句，调整计算过程解决此问题，代码如下所示。同样地，当角度较大时，x_n 也会出现类似情况，也需进行类似调整。

```
if ((phase_tmp[DW-1]==0&&phase_tmp<=phase_reg)||phase_tmp[DW-1]==1)
            //角度小于 5°，容易旋转至第四象限，即 y 为负数
    begin
    if(phase_tmp[DW-1]==1)  x<=x+((~y+1)>>i);  else  x<=x-(y>>i);
```

（4）图 13.22 所示为待求角度为 0°时的角度迭代过程。放大最后的迭代结果细节发现，该迭代曲线以小于 0°的方式趋近 0°。即表示，最终还是以负值作为近似 0°，从而导致计算结果出错。同样的问题也会出现在 90°、180°等位置。

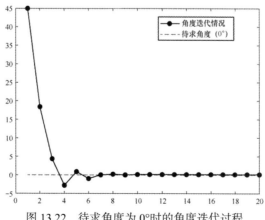

图 13.22　待求角度为 0°时的角度迭代过程

由于计算 0° 的三角函数值与其从正值趋近还是从负值趋近无关，故采用如下的代码直接将负数变为正数，以解决前面的问题。

```
else if (i=='d20) begin
if(y[DW-1]==1) y=~y+1;                    //计算完成时值依然为负数的，调整为正数
if(x[DW-1]==1) x=~x+1;
```

（5）至此，完成了 Cordic 算法编程实现，其 Verilog 源代码如代码清单 13.10 所示。

代码清单 13.10　实现 Cordic 算法的 Verilog 源代码

```
module cordic(
    input clk,
    input reset,
    input[7:0] phase,                       //输入角度值
    input sinorcos,
    output[DW-1+20:0] out_data,             //防止溢出，加 20 位
    output reg[1:0] symbol                  //正负标记，0 表示正，1 表示负
    );
parameter DW=48;
parameter K=40'h009B74EDA8;                 //K=0.607253*2^32,40'h9B74EDA8
integer i=0;
reg [1:0]quadrant;
reg signed [DW-1:0]x;
reg signed [DW-1:0]y;
reg[DW-1:0] sin, cos;
reg[DW-1:0] phase_reg;                       //0°～90°
wire[DW-1:0] phase_regtmp;                    //待计算的角度
assign phase_regtmp=phase<<32;                //存储当前的角度
reg signed [DW-1:0] phase_tmp;
reg [39:0] rot[19:0]   /* romstyle = "block" */;
initial begin
    rot[0]=40'h2D00000000;
    rot[1]=40'h1A90A731A6;
    rot[2]=40'h0E0947407D;
    rot[3]=40'h072001124A;
    rot[4]=40'h03938AA64C;
    rot[5]=40'h01CA3794E5;
    rot[6]=40'h00E52A1AB2;
    rot[7]=40'h007296D7A1;
    rot[8]=40'h00394BA51C;
    rot[9]=40'h001CA5D9B7;
    rot[10]=40'h000E52EDC1;
    rot[11]=40'h00072976FD;
    rot[12]=40'h000394BB82 ;
    rot[13]=40'h0001CA5DC2;
    rot[14]=40'h0000E52EE1;
    rot[15]=40'h0000729770;
    rot[16]=40'h0000394BB8;
    rot[17]=40'h00001CA5DC;
    rot[18]=40'h00000E52EE;
    rot[19]=40'h0000072977;
end
always@(posedge clk, negedge reset)
begin
    if(~reset) begin x<=K;   y<=40'b0; phase_tmp=0; end
    if(phase_regtmp<44'h05A00000000) begin             //小于 90°
        phase_reg<=phase_regtmp;  quadrant<=2'b00;  end
    else if(phase_regtmp<44'h0B4_0000_0000) begin      //小于 180°
        phase_reg<=phase_regtmp-44'h05A00000000;
```

```
                quadrant<=2'b01;   end
        else if(phase_regtmp<44'h10E00000000)begin                 //小于270°
           phase_reg<=phase_regtmp-44'h0B400000000;
                quadrant<=2'b10;   end
        else begin                                                  //小于360°
           phase_reg<=phase_regtmp-44'h10E00000000;
                quadrant<=2'b11;   end
        end
        else begin
        if(i<'d20) begin
        if((phase_tmp[DW-1]==0&&phase_tmp<=phase_reg)||phase_tmp[DW-1]==1)
                //小角度，小于 5°，容易旋转至第四象限，即 y 为负数
        begin
        if(phase_tmp[DW-1]==1) x<=x+((~y+1)>>i);
        else x<=x-(y>>i);   y<=y+(x>>i);
                phase_tmp<=phase_tmp+rot[i];   i<=i+1;   end
          else begin   x<=x+(y>>i);
        if(phase_tmp>44'h05A00000000) y<=y+((~x+1)>>i);
                //大角度，大于 85°，容易旋转至第二象限，即 x 为负数
        else y<=y-(x>>i);   phase_tmp<=phase_tmp-rot[i];
                i<=i+1;   end
         end
        else if(i=='d20)begin
        if(y[DW-1]==1) y=~y+1;          //计算完成时值依然为负数的，调整为正数
        if(x[DW-1]==1) x=~x+1;
        case(quadrant)
        2'b00:
        //角度值在第一象限
           begin
           cos<=x;   sin<=y;
           symbol<=2'b00; end
        2'b01:
        //角度值在第二象限
           begin
           cos <=y;
           sin <=x;
           symbol<=2'b10; end
        2'b10:
        //角度值在第三象限
           begin
           cos <= x;
           sin <= y;
           symbol<=2'b11; end
        2'b11:
        //角度值在第四象限
           begin
           cos <= y;
           sin <= x;
           symbol<=2'b01; end
        endcase
        i<=i+1;
        end
        else begin   phase_tmp<=0;   x<=K;   y<=40'b0;   i<=0;   end
end   end
assign out_data=((sinorcos?sin:cos)*15625)>>26;
        //为防止溢出，提前做了部分运算
endmodule
```

（6）在实现 Cordic 算法的基础上，增加数码管显示等模块构成顶层设计，如代码清单 13.11 所示。

代码清单 13.11　Cordic 算法设计顶层源代码

```verilog
'timescale 1ns / 1ps
module cordic_top(
    input sys_clk,
    input sys_rst,
    input sinorcos,                 //正弦和余弦切换
    input wire [7:0] sw,            //输入角度值
    output wire [6:0] hex0,         //数码管显示
    output wire [6:0] hex1,
    output wire [6:0] hex2,
    output wire [6:0] hex3,
    output wire [6:0] hex4,
    output wire [6:0] hex5,
    output wire  dp);
wire clkcsc;
wire [1:0] symbol;
wire [39:0] data_tmp;
wire [31:0] dec_data1;
reg [3:0] dec_tmp;
assign dp=1'b0;
//-----------------------------------------
always@(posedge sys_clk)
begin
    if(sinorcos) begin              //判断符号
        if(symbol[0]) dec_tmp<='hf;  else dec_tmp<='ha; end
    else begin
        if(symbol[1]) dec_tmp<='hf;  else dec_tmp<='ha;end
end
cordic i1(
    .clk(sys_clk),
    .reset(sys_rst),
    .phase(sw),
    .out_data(data_tmp),
    .sinorcos(sinorcos),
    .symbol(symbol));
bin2bcd  #(.W(40))                  //二进制结果转换为相应十进制数
  i2(
    .bin(data_tmp),
    .bcd(dec_data1));
hex4_7 u1(.hex(dec_tmp),.g_to_a(hex5));                    //数码管显示
hex4_7 u2(.hex(dec_data1[27:24]),.g_to_a(hex4));
hex4_7 u3(.hex(dec_data1[23:20]),.g_to_a(hex3));
hex4_7 u4(.hex(dec_data1[19:16]),.g_to_a(hex2));
hex4_7 u5(.hex(dec_data1[15:12]),.g_to_a(hex1));
hex4_7 u6(.hex(dec_data1[11:8]),.g_to_a(hex0));
endmodule
```

引脚约束如下。

```
set_location_assignment PIN_P11 -to sys_clk
set_location_assignment PIN_F15 -to sys_rst
set_location_assignment PIN_B14 -to sinorcos
set_location_assignment PIN_A14 -to sw[7]
set_location_assignment PIN_A13 -to sw[6]
set_location_assignment PIN_B12 -to sw[5]
set_location_assignment PIN_A12 -to sw[4]
set_location_assignment PIN_C12 -to sw[3]
set_location_assignment PIN_D12 -to sw[2]
set_location_assignment PIN_C11 -to sw[1]
set_location_assignment PIN_C10 -to sw[0]
set_location_assignment PIN_F17 -to dp
```

```
set_location_assignment PIN_J20 -to hex5[0]
set_location_assignment PIN_K20 -to hex5[1]
set_location_assignment PIN_L18 -to hex5[2]
set_location_assignment PIN_N18 -to hex5[3]
set_location_assignment PIN_M20 -to hex5[4]
set_location_assignment PIN_N19 -to hex5[5]
set_location_assignment PIN_N20 -to hex5[6]
set_location_assignment PIN_F18 -to hex4[0]
set_location_assignment PIN_E20 -to hex4[1]
set_location_assignment PIN_E19 -to hex4[2]
set_location_assignment PIN_J18 -to hex4[3]
set_location_assignment PIN_H19 -to hex4[4]
set_location_assignment PIN_F19 -to hex4[5]
set_location_assignment PIN_F20 -to hex4[6]
set_location_assignment PIN_F21 -to hex3[0]
set_location_assignment PIN_E22 -to hex3[1]
set_location_assignment PIN_E21 -to hex3[2]
set_location_assignment PIN_C19 -to hex3[3]
set_location_assignment PIN_C20 -to hex3[4]
set_location_assignment PIN_D19 -to hex3[5]
set_location_assignment PIN_E17 -to hex3[6]
set_location_assignment PIN_B20 -to hex2[0]
set_location_assignment PIN_A20 -to hex2[1]
set_location_assignment PIN_B19 -to hex2[2]
set_location_assignment PIN_A21 -to hex2[3]
set_location_assignment PIN_B21 -to hex2[4]
set_location_assignment PIN_C22 -to hex2[5]
set_location_assignment PIN_B22 -to hex2[6]
set_location_assignment PIN_C18 -to hex1[0]
set_location_assignment PIN_D18 -to hex1[1]
set_location_assignment PIN_E18 -to hex1[2]
set_location_assignment PIN_B16 -to hex1[3]
set_location_assignment PIN_A17 -to hex1[4]
set_location_assignment PIN_A18 -to hex1[5]
set_location_assignment PIN_B17 -to hex1[6]
set_location_assignment PIN_C14 -to hex0[0]
set_location_assignment PIN_E15 -to hex0[1]
set_location_assignment PIN_C15 -to hex0[2]
set_location_assignment PIN_C16 -to hex0[3]
set_location_assignment PIN_E16 -to hex0[4]
set_location_assignment PIN_D17 -to hex0[5]
set_location_assignment PIN_C17 -to hex0[6]
```

将本例下载至 DE10-Lite 目标板，效果如图 13.23 所示，用目标板上右边的 8 个拨码开关（SW7～SW0）输入角度值（0°～255°）；最左侧拨码开关（SW9）起到启动按键或使能的作用，每次重新计算时，应将此拨码从 0 至 1 切换一下；SW8 作为正弦和余弦切换按键，其为 1 时，显示正弦值，为 0 时显示余弦值；用 6 个数码管显示 Cordic 运算结果，最左边数码管显示正负（A 表示正，F 表示负），后面 5 个数码管显示数值结果，整数位为 1 位。图 13.23 中当前输入角度为 255°，其正弦值显示为 F0.9659，结果正确。本例的精度可达到 10^{-5}（本例只显示了 4 位小数），如需进一步提高精度，可通过修改迭代次数实现。

图 13.23　Cordic 算法演示效果

13

练习

1. 设计一个基于直接数字式频率合成器（Direct Digital Synhesizer，DDS）结构的数字相移信号发生器。

2. 用 Verilog 设计并实现一个 11 阶固定系数的 FIR 滤波器，滤波器的参数指标可自定义。

3. 用 Verilog 设计并实现一个 32 点的快速博里叶变换运算模块。

4. 某通信接收机的同步信号为巴克码 1110010。设计一个检测器，其输入为串行码 x，当检测到巴克码时，输出检测结果 $y=1$。

5. 用 FPGA 实现对步进电机的驱动和细分控制，首先实现用 FPGA 对步进电机转角进行细分控制；然后实现对步进电机的匀加速和匀减速控制。

6. 用 Verilog 编程实现通用异步接收发送设备（Universal Asynchronous Receiver/Transmitter，UART）串口通信，在 PC 的通用串行总线（Universal Serial Bus，USB）口与目标板的 UART 串口间实现信息传输。

Verilog HDL 关键字

以下是 Verilog-1995（IEEE 1364-1995）标准中的关键字，它们不可用作标识符。

always	force	posedge
and	forever	primitive
assign	fork	pull0
begin	function	pull1
buf	highz0	pullup
bufif0	highz1	pulldown
bufif1	if	rcmos
case	ifnone	real
casex	initial	realtime
casez	inout	reg
cmos	input	release
deassign	integer	repeat
default	join	rnmos
defparam	large	rpmos
disable	macromodule	rtran
edge	medium	rtranif0
else	module	rtranif1
end	nand	scalared
endcase	negedge	small
endmodule	nmos	specify
endfunction	nor	specparam
endprimitive	not	strong0
endspecify	notif0	strong1
endtable	notif1	supply0
endtask	or	supply1
event	output parameter	table
for	pmos	task

time	triand	weakl
tran	trior	while
tranif0	trireg	wire
tranif1	vectored	wor
tri	wait	xnor
tri0	wand	xor
tril	weak0	

以下是 Verilog-2001 标准中新增的关键字，它们不可以用作标识符。

automatic	genvar	noshowcancelled
cell	incdir	pulsestyle_onevent
config	include	pulsestyle_ondetect
design	instance	showcancelled
endconfig	liblist	signed
endgenerate	library	unsigned
generate	localparam	use

Verilog-2005 中新增的关键字是 uwire，它不可以用作标识符。